普通高等教育"十二五"规划教材

建筑结构试验与检测

吴晓枫　主编

邓华锋　黄小红　肖云风　编

U0366555

化学工业出版社

·北京·

本书介绍了建筑结构试验的任务、目的和分类，建筑结构试验设计，其中包括荷载、试件、模型、加载装置以及观测和试验方案的设计，介绍了结构试验的加载设备、测试技术和量测仪表。详细介绍了试验数据处理的方法，误差的分析和处理，数据的表达等。同时还介绍了建筑结构静力试验，结构试验的现场检测技术，包括混凝土钢结构和砌体的现场检测技术、路基路面现场检测技术以及地基及桩基础的检测等具体的试验要求、操作过程和主要仪器以及结果分析等内容。

　　本书可作为土木工程专业和其他有关专业基础技术课教材，也可供从事各类工程结构设计与施工的工程技术人员参考。

图书在版编目（CIP）数据

建筑结构试验与检测/吴晓枫主编 . —北京：化学工业
出版社，2011.4（2022.6重印）
普通高等教育"十二五"规划教材
ISBN 978-7-122-10606-3

Ⅰ．建⋯　Ⅱ．吴⋯　Ⅲ．①建筑结构-结构试验-高等
学校-教材②建筑结构-检测-高等学校-教材　Ⅳ．TU3

中国版本图书馆 CIP 数据核字（2011）第 028818 号

责任编辑：满悦芝　　　　　　　　　　文字编辑：韩亚南
责任校对：陶燕华　　　　　　　　　　装帧设计：尹琳琳

出版发行：化学工业出版社（北京市东城区青年湖南街 13 号　邮政编码 100011）
印　　装：北京虎彩文化传播有限公司
787mm×1092mm　1/16　印张 11¼　字数 285 千字　　2022 年 6 月北京第 1 版第 7 次印刷

购书咨询：010-64518888　　　售后服务：010-64518899
网　　址：http://www.cip.com.cn
凡购买本书，如有缺损质量问题，本社销售中心负责调换。

定　　价：45.00 元　　　　　　　　　　　　　　　　版权所有　违者必究

前　言

　　建筑结构试验与检测是土木工程专业的一门专业技术课程。本教材紧密结合人才培养模式，使课程的设置与教学内容符合当今土木工程专业的教学计划和教学大纲的规定，在编写过程中，力求涵盖土木工程结构试验和检测的各学科领域，并反映最新的科学技术发展和工程应用成就。本书主要内容包括：建筑结构试验设计，加载设备，结构试验测试技术和量测仪表，结构试验数据处理，现场检测技术以及地基和桩基础检测技术等新内容，并力求体现内容精简、分量适当、主次合理、重点突出、语言通俗等特点。

　　本教材反映了国家现行相关规范和其他有关规定，采用新的国际通用符号和我国法定计量单位。

　　本书由常州工学院吴晓枫任主编，三峡大学邓华锋、中南林业科技大学肖云风、常州工学院黄小红参加了编写工作。具体分工如下：第1章、第2章、第4章、第5章、第9章由吴晓枫编写，第3章由肖云风编写，第6章、第7章由邓华锋编写，第8章由黄小红编写。由吴晓枫对全书进行了统稿和修改工作。

　　本书可作为土木工程专业基础技术课教材，也可供从事各类工程结构设计与施工的工程技术人员参考。

　　在本书编写过程中，参考了相关文献资料，特此向作者表示感谢。

　　由于作者的学识和水平有限，书中不妥之处，敬请读者批评指正。

编者
2011 年 3 月

目　　录

第 1 章 绪   论

建筑结构试验是研究和发展结构计算理论的重要手段。从确定工程材料的力学性能到验证由各种材料构成的不同类型的承重结构或构件（梁、板、柱等）的基本计算方法，以及近年来发展的大量大跨、超高、复杂结构体系的计算理论，都离不开试验研究。特别是混凝土结构、钢结构、砖石结构、公路桥涵和地基基础等设计规范所采用的计算理论，几乎全部是以试验研究的直接结果作为基础的。近几年来，计算方法的发展和计算机技术的广泛应用，为采用数学模型方法对结构进行计算分析创造了条件，尽管可以减少一定数量的试验研究，但由于实际结构的复杂性和结构在整个生命周期中可能遇到各种风险，试验研究仍是必不可少的主要手段。

同时，建筑工程学科的发展又推动了试验检测技术的发展。随着超高层建筑、大跨度桥涵结构、高速公路以及核反应堆压力容器、海洋石油平台、地铁、隧道、大型港口设施等各种工程结构物的出现，对结构整体工作性能、结构动力特性、结构非线性性能等问题的研究已经日益突出，这就使结构试验由过去的单个构件试验向整体结构试验和足尺试验发展。目前，所采用的各种结构的伪静力试验、拟动力试验和振动台试验等已打破了过去静载试验和动载试验的界限，能较准确地再现各种复杂荷载作用，加之传感技术的发展应用和量测数据的快速自动采集以及试验数据的分析处理方法等方面的进步，促使试验检测技术的发展发生了根本性的变化。在结构动力分析方面，为了对地震和风荷载等产生的结构动力反应进行实测和实施结构控制，近年来迅速发展的实验模态分析方法和系统识别技术也引起专家们的普遍关注，并开始进入应用阶段。

试验检测技术的发展和各种现代科学技术的发展密切相关，尤其是各类学科的交叉发展和相互渗透所做出的贡献功不可没。近几年来国内外推出的光纤传感量测技术就是典型的例子。大跨度桥梁和超高层建筑的"健康"监测技术的开发研究，就综合运用了光纤传感技术、微波通信、卫星跟踪监控等多项新技术，并已经在中国香港青马大桥、江阴长江大桥、南京长江第二大桥和深圳帝王大厦等重要工程中实施与应用，并对这些工程的安全使用发挥了重要作用。另外在非破损检测方面，混凝土结构雷达和红外热成像仪等新技术的出现为结构损伤检测开辟了新的途径。这些发展无疑使试验检测技术产生了质的飞跃。由此可以看出，试验检测技术是由各学科知识的综合运用而发展起来的，其本身已逐步成为一门真正的试验科学，今后也将有更深入的发展。

1.1 建筑结构试验的任务

建筑结构试验是土木工程的专业基础课，其研究对象是建设工程的结构物。这门学科的任务是在试验对象上应用科学的试验组织程序，以仪器设备为工具，利用各种实验手段，在荷载或其他因素作用下，通过量测与结构工作性能有关的各种参数，从强度、刚度和抗裂性能以及结构实际破坏形态来判明结构的实际工作性能，估计结构的承载能力，确定结构对使用要求的符合程度，并用以检验和发展结构的计算理论。

所以，建筑结构试验是以试验方式测定有关数据，由此反映结构或构件的工作性能、承载能力和相应的安全度，为结构的安全使用和设计理论的建立提供重要根据的学科。

1.2 建筑结构试验的目的

在实际工作中，根据试验目的的不同，建筑结构试验可以分为生产鉴定性试验（简称鉴定性试验）和科学研究性试验（简称科研性试验）两大类。

1.2.1 生产鉴定性试验

鉴定性试验经常具有直接生产目的，是以实际建筑物或结构构件为试验对象，经过试验对具体结构得出正确的技术结论。此类试验经常解决以下问题。

（1）鉴定结构设计和施工质量的可靠程度

比较重要的结构与工程，除需在设计阶段进行必要而大量的试验研究外，在实际结构建成以后，还应通过试验综合性地鉴定其质量的可靠程度。上海南浦大桥和杨浦大桥建成后的荷载试验以及秦山核电站安全壳结构整体加压试验均属于此类。

（2）鉴定预制构件的产品质量

构件厂或现场成批生产的钢筋混凝土预制构件出厂或在现场安装之前，必须根据科学抽样试验的原则，依据预制构件质量检验评定标准和试验规程的要求，进行试件的抽样检验，以推断一批产品的质量。

（3）工程改建或加固时通过试验判断结构的实际承载能力

既有建筑扩建加层或进行加固，单凭理论计算难以得到确切结论时，常常需要通过试验确定结构的实际承载能力。旧结构缺少设计计算书和图纸资料时，在需要改变结构实际工作条件的情况下进行结构试验更有必要。

（4）为处理受灾结果和工程事故提供技术依据

遭受地震、火灾、爆炸等灾害而受损的结构或在建造和使用过程中发现有严重缺陷的危险性建筑，必须进行详细的检验。唐山地震后，北京农业展览馆主体结构由于加固的需要，曾进行环境随机振动试验，利用传递函数谱进行结构模态分析，通过振动分析最终获得该结构模态函数。

（5）通过已建结构可靠性检验推定结构剩余寿命

已建结构随建造年代和使用时间的增长，结构物出现不同程度的老化现象，甚至进入老龄期、退化期或更换期，有的进入危险期。为保证已建建筑的安全使用，延长使用寿命，防止发生破坏、倒塌等重大事故，国内外对建筑物的使用寿命，特别是对剩余使用期限特别关注。通过对已建建筑的观察、检测和分析，依据可靠性鉴定规程评定结构的安全等级，可推断结构可靠性并估算其剩余寿命。可靠性鉴定大多采用非破损检测的试验方法。

1.2.2 科学研究性试验

科研性试验的任务是验证结构设计理论和各种科学判断、推理、假设以及概念的正确性，为发展新的设计理论，发展和推广新结构、新材料及新工艺提供实践经验和设计依据。

（1）验证结构计算理论的各种假定

在结构设计中，为计算上的方便，经常对结构计算图式或结构关系进行某些简化假定。这些假定是否成立，可通过试验加以验证。在构建静力和动力分析中结构关系的模型化，完全是通过试验加以确定的。

（2）为发展和推广新结构、新材料与新工艺提供实践经验随着建筑科学和基本建设的发展，新结构、新材料和新工艺不断涌现。如轻质、高强、高效能材料的应用，薄壁、弯曲轻型钢结构的设计，升板、滑模施工工艺的发展以及大跨度结构、高层建筑与特种结构的设计及施工工艺的发展，都离不开科学试验。

（3）为制定设计规范提供依据

为了制定我国的设计标准、施工验收标准、试验方法标准和结构可靠性鉴定标准等，对钢筋混凝土结构、钢结构、砌体结构以及木结构等，从基本构件的力学性能到结构体系的分析优化，进行了系统的科研性试验，提出了符合我国国情的设计理论、计算公式、试验方法标准和可靠性鉴定分级标准，进一步完善了规范体系。事实上，现行规范采用的钢筋混凝土结构构件和砖石结构的计算理论，几乎全部是以试验研究的分析结果为基础建立起来的。这也进一步体现了结构试验学科在发展设计理论和改进设计方法上的作用。

1.3 建筑结构试验和检测的分类

建筑结构试验可按试验目的、荷载性质、试验对象、试验周期、试验场合等因素进行分类。

1.3.1 静力试验和动力试验

（1）静力试验

静力试验是建筑结构试验中最常见的基本试验，一般可以通过重力或各种类型的加载设备来实现和满足加载要求。"静力"一般是指试验过程中，结构本身运动的加速度效应可以忽略不计。静力试验分为单调静力加载试验、拟静力试验和拟动力试验。

单调静力加载试验的加载过程是荷载从零开始逐步递增一直到结构破坏为止，也就是在一个不长的时间段内完成试验加载的全过程。

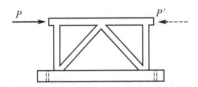

图 1.1 结构伪静力试验示意图

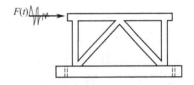

图 1.2 结构拟动力试验示意图

拟静力试验也称低周反复荷载试验或伪静力试验。为了探索结构的抗震性能，在实验室常采用一对使结构来回产生变形的水平集中力 P 和 P' 来代替结构地震所产生的力，把水平集中力 P 和 P' 称为结构试验抗震静力，用图 1.1 所示的方式来模拟地震作用进行试验。它是一种采用一定的荷载控制或变形控制的周期性反复静力荷载试验，加之试验频率比较低，为区别于一般单调静力加载试验，称之为低周反复荷载试验；又因为低周反复静力加载试验是采用静力试验手段来验证结构部分动力性能的，所以也称之为伪静力试验。

拟动力试验是模拟某地震力慢动作作用于试验对象上的过程。在拟动力试验中，首先是通过计算机将实际基底地震加速度转换成作用在结构上的位移以及与次位移相应的加振力 $F(t)$。随着地震波加速度时程曲线的变化，作用在结构上的位移和加振力也随之变化，这样就可以得出失真情况下，某一实际地震波作用后结构连续反应的全过程（图 1.2）。

静力试验的最大优点是加载设备相对来讲比较简单，荷载可以逐步施加，还可以停下来仔细观测结构变形的发展，给人们以最明确、最清晰的破坏概念。

（2）动力试验

对于那些在实际工作中主要承受动力作用的结构或构件，为了研究结构在施加动力荷载作用下的工作性能，一般要进行结构动力试验。如研究厂房在吊车及动力设备作用下的动力性能，吊车梁的疲劳强度与疲劳寿命问题，高层建筑和高耸构筑物在风载作用下的动力问题，结构抗爆炸、抗冲击问题等，特别是结构抗震性能的研究中除了用上述静力加载模拟以外，更为理想的是直接施加动力荷载进行试验。目前抗震动力试验一般用电液伺服加载设备或地震模拟振动台等设备来进行，对于现场或野外的动力试验，利用环境随机振动试验测定结构动力特性模态参数也日益增多。另外还可以利用人工爆炸产生人工地震的方法，甚至直接利用天然地震对结构进行试验。

由于荷载特性的不同，动力试验的加载设备和测试手段也与静力试验有很大的差别，并且要比静力试验复杂得多。

结构动力试验包括结构动荷载试验、结构动力特性试验、结构动力反应试验和结构疲劳试验等。

1.3.2　真型试验和模型试验

（1）真型试验

真型是实际结构或者是按实物结构足尺复制的结构或构件。真型试验一般用于生产性试验，例如秦山核电站安全壳加压整体性的试验就是一种非破坏性的真型试验。对于工业厂房结构的刚度试验、楼盖承载能力试验等均在实际结构上加载量测，另外在高层建筑上直接进行风振测试和通过环境随机振动测定结构动力特性等均属于此类。

由于结构抗震研究的发展，国内外开始重视对结构整体性能的试验研究，因为通过对这类足尺结构物进行试验，可以对结构构造、各构件之间的相互作用、结构的整体刚度以及结构破坏阶段的实际工作等进行全面观测了解。

（2）模型试验

结构的真型试验，具有投资大、周期长的特点。当进行真型试验在物质上或技术上存在某些困难或在结构设计方案阶段进行初步探索以及在对设计理论、计算方法进行探讨研究时，都可以采用比原型结构小的模型进行试验。

① 相似模型试验　模型是仿照原型并按照一定比例关系复制而成的试验代表物，它具有实际结构的全部或部分特征，但尺寸却比原型小。

模型的设计制作与试验根据是相似理论。模型是用适当的比例尺和相似材料制成的与原型几何相似的试验对象，在模型上施加相似力系能使模型重现原型结构的实际工作状态。根据相似理论即可由模型试验结果推算实际结构的工作情况。模型要求一定的模拟条件，即要求几何相似、力学相似和材料相似等。

② 缩尺模型试验及小构件试验　是结构试验常用的研究形式之一，它有别于相似模型试验。

采用小构件进行试验，无须依靠相似理论，无须考虑相似比例对试验结果的影响，即试验不要求满足严格的相似条件，是用试验结果与理论计算进行对比校核的方法研究结构的性能，验证设计假定与计算方法的正确性，并认为这些结果所证实的一般规律与计算理论可以推广到实际结构中去。

1.3.3　短期荷载试验和长期荷载试验

（1）短期荷载试验

对于主要承受静力荷载的结构构件实际上荷载经常是长期作用的。但是在进行结构试验时限于试验条件、时间和基于解决问题的步骤，不得不大量采用短期荷载试验，即荷载从零开始施加到最后结构破坏或到某阶段进行卸载的时间总和只有几十分钟、几小时或者几天。对于承受动荷载的结果，即使是结构的疲劳试验，整个加载过程也仅在几天内完成，与实际工作有一定差别。对于爆炸、地震等特殊荷载作用，整个试验加载过程只有几秒甚至是微秒或毫秒级，这种试验实际上是一种瞬态的冲击试验。所以严格地讲这种短期荷载试验不能代替长期荷载试验。这种由于具体客观因素或技术的限制所产生的影响，在分析试验结果时必须加以考虑。

（2）长期荷载试验

对于结构在长期荷载作用下的性能研究，如混凝土结构的徐变、预应力结构中的钢筋松弛等就必须进行静力荷载的长期试验。这种长期荷载试验也可以称为持久试验，它将连续进行几个月或几年时间，通过试验以获得结构变形随时间变化的规律。

1.3.4　实验室试验和现场试验

结构和构件的试验可以在有专门设备的实验室内进行，也可以在现场进行。

（1）实验室试验

实验室试验由于具备良好的工作条件，可以应用精密灵敏的仪器设备，具有较高的准确度，甚至可以人为地创造一个适宜的工作环境，以减少或消除各种不利因素对试验的影响，所以适宜于进行研究性试验。这样有可能突出研究主要方向，消除一些对试验结构实际工作有影响的次要因素。

（2）现场试验

现场试验与室内试验相比，由于客观环境条件的影响，不宜使用高精确度的仪器设备进行观测，相对来看，进行试验的方法也可能比较简单，所以试验精确度较差。现场试验多数用以解决生产性的问题，所以大量的试验是在生产和施工现场进行的。有时研究的对象是已经使用或将要使用的结构物，现场试验可以获得实际工作状态下的数据资料。

1.3.5　结构检测

结构检测是为评定结构工程的质量或鉴定既有结构的性能等所实施的检测工作。结构检测的含义应是广义的，不应单纯局限于仪器量测的数据。检测包括检查和测试。检查一般是指利用目测了解结构或构件的外观情况，如结构是否有裂缝，基础是否有沉降，混凝土结构表面是否存在蜂窝、麻面，钢结构焊缝是否存在夹渣、气泡，连接构件是否松动等。检查主要是进行定性判别；测试是指通过工具或仪器测量了解结构构件的力学性能和几何特征。对观察到的情况要详细记录，对量测的数据要做好原始记录，并对原始记录进行必要的统计和计算。

结构检测可分为结构工程质量的检测和既有结构性能的检测。

（1）结构工程质量的检测

结构工程质量的检测目的在于控制新建结构在施工过程中可能出现的质量问题，处理工程质量事故，评估新结构、新材料和新工艺的应用等。当遇到下列情况之一时，应进行结构工程质量的检测。

① 涉及结构安全的试块、试件及有关材料检验数量不足。

② 对施工质量的抽检检测结果达不到设计要求。

③ 对施工质量有怀疑或争议，需要通过检测进一步分析结构的可靠性。

④ 发生工程事故，需要通过检测分析事故的原因及对结构可靠性的影响。

（2）既有结构性能的检测

既有结构性能的检测目的在于评估既有结构的安全性和可靠性，为结构的改造和加固处理提供依据。检测对象为已建成并投入使用的结构。当其遇到下列情况之一时，应对其现状缺陷、损伤结构构件承载力和结构变形等涉及结构性能的项目进行检测。

① 结构的安全鉴定。

② 结构的抗震鉴定。

③ 大修前结构的可靠性鉴定。

④ 改变用途、改造、加层或扩建前的结构鉴定。

⑤ 达到设计使用年限要继续使用的技术鉴定。

⑥ 受到灾害、环境侵蚀等影响建筑的安全鉴定。

⑦ 对既有结构的工程质量有怀疑或争议时的工程质量鉴定。

思　考　题

1. 建筑结构试验分为几类？有何作用？

2. 简述土木工程结构试验与检测技术的发展。

第 2 章　建筑结构试验设计

2.1　结构试验设计概述

结构试验设计是整个结构试验中极为重要的并且带有全局性的一项工作，它的主要内容是对所要进行的结构试验工作进行全面的设计与规划，从而使设计的计划与试验大纲能对整个试验起着统管全局和具体指导的作用。

在进行结构试验的总体设计时，首先应该反复研究试验的目的，充分了解本项试验研究或生产鉴定的任务要求，因为结构试验所具有的规模与所采用的试验方式都因试验研究的目的任务要求不同而不同。试件的设计制作、加载量测方法的确定等各个环节不可单独考虑，而必须将各种因素相互联系综合起来才能使设计结果在执行与实施中达到预期的目的。

在明确试验目的后，可通过调查研究并收集有关资料，确定试验的性质与规模、试件的形式，然后根据一定的理论做出试件的具体设计。试件设计必须考虑本试验的特点与需要，在设计构造上做出相应的措施，在设计试件的同时，还需要分析试件在加载试验过程中各个阶段的预测内力和变形，特别是对具有代表性的并能反映整个试件工作状况的部位所测定的内力、变形数值，以便在试验过程中加以控制，随时校核；还要选定试验场所，拟定加载与量测方案；设计专用的试验设备、配件和仪表附件夹具，制定技术安全措施等。除技术上的安排外，还必须针对试验的规模，组织试验人员，并提出试验经费预算以及消耗性器材数量与试验设备清单。

在上述规划的基础上，提出试验研究大纲及试验进度计划。试验规划是一个指导试验工作具体进行的技术文件，对每个试验、每次加载、每个测点及每个仪表都应该有十分明确的目的性与针对性，切忌盲目追求试验次数多，仪表测点多，以及不切实际地要求提高量测精确度。

对于以具体结构为对象的工程现场鉴定性试验，在进行试验设计前必须对结构进行实地考察，对该结构的现状和现场条件建立初步认识。在考虑试验对象的同时，还必须通过调查研究，收集有关文件、资料，包括设计资料，如设计图纸、计算书及作为设计依据的原始资料、施工文件、施工日志、材料性能试验报告及施工质量检查验收记录等。关于使用情况则需要深入现场向使用者（生产操作工人、居民）调查了解，对于受灾损伤的结构，还必须了解受灾的起因、过程与结构的现状。对于实际调查的结果要加以整理（书面记录、草图、照片等）作为拟定试验方案，进行试验设计的依据。

由于仪器设备和测试技术的不断发展，大量新型的加载设备和测量仪器被应用到结构试验领域，这对试验工作者又提出了新的技术要求，对这方面的知识不足和微小疏忽，均会导致对整个试验不利的后果。所以在进行试验总体设计时，要求对所使用的仪器设备性能进行综合分析，要求对试验人员事先组织学习，掌握这方面知识，以利于试验工作的顺利进行。

结构试验是一项细致而复杂的工作，必须进行很好的组织与设计，按照试验的任务制定试验计划与大纲，并通过试验计划与大纲的执行来实现与完成提出的要求。在整个试验工作中，必须十分严肃认真，否则，不仅主观的愿望无法实现，同时会带来人力物力与时间上的浪费，影响试验结果，以致整个试验失败或发生安全事故。对一个结构，必须在试验前做好各项试验的设计规划准备工作，了解情况要具体、细致，计划准备要全面周到，对试验过程中可能出现的情况要事先有所估计，并采取相应的措施，对试验成果必须珍惜，要及时整理分析，充分加以利用，总之，要求用最小的耗费，达到试验预期要求，并且取得最大的成果。

2.2　结构试验的试件设计

在进行结构强度和变形试验时，作为结构试验的试件可以取为实际结构的整体或是它的一部分，当不能采用足尺的真型结构进行试验时，也可用其缩尺的模型。采用模型试验可以大大节省材料、试验工作量并缩短试验时间，用缩尺模型进行结构试验时，应考虑试验模型与试验结构之间力学性能的相关关系，但是要想通过模型试验的结果来正确推断实际结构的工作，模型设计必须根据相似理论按比例缩小，对于一些比较复杂的结构要使模型结构和实际结构在各个物理现象间均满足相似条件往往有困难，此时应根据试验目的设法使主要的试验内容能满足相似条件。如能用真型结构进行结构试验，可以得到反映真型形状的试验结果。但由于真型结构试验规模大、试验设备的容量和费用也大，所以大多数情况下还是采用缩尺的模型试验。就我国目前开展试验研究工作的实际情况来看，整体真型结构的试验还是少数，在规范编制过程中所进行的基本构件的基本性能试验大多是用缩尺的构件，但它不一定存在缩尺比例的模拟问题，经常将这类试件试验结果所得的数据，直接作为分析的依据。

试件设计应包括试件形状的选择、试件尺寸与数量的确定以及构造措施的研究考虑，同时必须满足结构与受力的边界条件、试验的破坏特征、试验加载条件的要求，最后以最少的试件数量获得最多的试验依据，反映研究的规律，满足研究任务的需要。

2.2.1　试件形状

在试件设计中设计试件形状时，虽然和试件的比例尺无关，但是重要的是要构造和设计目的相一致的应力状态。这个问题对于静定体系中的单一构件，如梁、柱、桁架等一般构件的实际形状都能满足要求，问题比较简单。但对于从整体结构中取出部分构件单独进行试验时，特别是在比较复杂的超静定体系中必须要注意其边界条件的模拟，使其能如实反映该部分结构构件的实际工作。

当进行图 2.1(a) 所示受水平荷载作用的框架结构应力分析时，若分析 $A—A$ 部位的柱脚、柱头部分时，试件要设计成图 2.1(b) 所示的形式；若进行 $B—B$ 部位的试验，试件设计成图 2.1(c) 所示的形式；对于梁设计成图 2.1(f)、(g) 所示的形式，则应力状态可与设计目的相一致。

进行钢筋混凝土柱的试验研究时，若要探讨其挠曲破坏性能，可使用图 2.1(d) 所示的试件，但若进行剪切性能的探讨，则图 2.1(d) 中反弯点附近的应力状态与实际应力情况有所不同，为此有必要采用图 2.1(e) 所示的适用于反对称加载的试件。

在做梁柱连接的节点试验时，试件受轴向力、弯矩和剪力的作用，这样的复合应力使节点部分发生复杂的变形，但其中主要是剪切变形，以致节点部分由于大剪力作用发生剪切破坏。为了明确节点的强度和刚度，使其应力状态能充分反映，避免在试验过程中梁柱部分先于节点破坏，在试件设计时必须事先对梁柱部分进行加固，使整个试验能达到预期的效果。这时十字形试件如图 2.1(h) 所示，节点两侧梁柱的长度一般取 1/2 梁跨和 1/2 柱高，即按

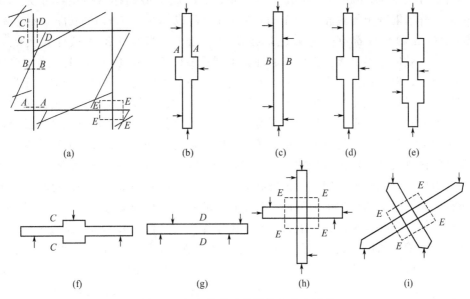

图 2.1　框架结构中的梁柱和节点试件

框架承受水平荷载时产生弯矩的反弯点（$M=0$）的位置来决定。边柱节点可采用 T 字形试件。当试验目的是为了解初始设计应力状态下的性能，并同理论做对比时，可以采用图 2.1 (i) 所示的 X 形试件。为了在 X 形试件中再现实际的应力状态，必须根据设计条件给定的各个力的大小来确定试件的尺寸。

以上所介绍的任一种试件的设计，其边界条件的实现与试件的安装、加载装置与约束条件等有密切关系，必须在试验总体设计时进行周密考虑，才能付诸实施。

2.2.2　试件尺寸

根据结构试验所用试件的尺寸的大小，试件从总体上分为真型（实物或足尺结构）、模型和小试件三类。

从国内外已发表的试验研究文献来看，钢筋混凝土试件中的小尺寸试件可以小到构件截面边长只有几厘米，大尺寸可以大到结构物的真型。

国内试验研究中采用框架截面尺寸大约为真型的 1/4～1/2，还做过 3～5 层的足尺轻板框架试验。

在框架节点方面，国内外一般都做得比较大，为真型的 1/2～1 倍，这和节点中要求反映配筋特点有关。

作为基本构件性能研究，压弯构件的截面为（16cm×16cm）～（35cm×35cm），短柱（偏压剪）为（15cm×15cm）～（50cm×50cm），双向受力构件为（10cm×10cm）～（30cm×30cm）。

在剪力墙方面单层墙体的外形尺寸为（80cm×100cm）～（178cm×274cm），多层的剪力墙为真型的 1/10～1/3。我国昆明、南宁等地区曾先后进行过装配式混凝土和空心混凝土大板结构的足尺房屋试验。

砖石及砌块的砌体试件尺寸一般取为真型的 1/4～1/2。我国兰州、杭州与上海等地先后做过砖石和砌块多层以及若干单层足尺房屋的试验。

一般来说，静力试验试件的合理尺寸应该是不大又不小，太小的试件要考虑尺寸效应。

对于微型混凝土截面在 4cm×6cm 或 5cm×5cm 以内或微型砌体（砖块尺寸为 1.5cm×3cm×6cm），普通混凝土的截面小于 10cm×10cm，砖砌体小于 74cm×36cm，砖块砌体小于 60cm×120cm 的试件都有尺寸效应，必须加以考虑。当砌块砌体试件大到 120cm×240cm 时，尺寸效应才不显著。因此普通混凝土试件截面边长在 12cm 以上，砌体墙最好是真型的 1/4 以上，对于比例小于 1/4 的不但灰缝和砌筑等方面的条件难以相似，而且容易出现失稳破坏。但是，在满足构造模拟要求的条件下太大的试件尺寸也没有必要。虽然足尺结构具有反映实际构造的优点，但试验所耗费的经费和人工如用来做小比例尺试件试验，可以大大增加试验数量和品种，而且实验室的条件比野外现场要好，测试数据的可信度也高。

局部性的试件尺寸可取为真型的 1/4～1 倍，整体性的结构试验试件可取 1/10～1/2。

对于动力试验，试验尺寸经常受试验激振加载条件等因素的限制，一般可在现场的真型结构上进行试验，量测结构的动力特征。对于在实验室内进行的动力试验，可以对足尺结构进行疲劳试验，至于在模拟振动台上试验时，由于受振动台台面尺寸和激振力大小等参数限制，一般只能做缩尺的模型试验。国内在地震模拟振动台上已经完成了一批比例为 1/50～1/4 的结构模型试验。日本为了能满足原子能反应堆的足尺试验的需要，研制了负载为 1000t，台面尺寸为 15cm×15cm 垂直水平双向同时加振的大型模拟地震振动台。

2.2.3 试件数目

在进行试件设计时，除了对试件的形状尺寸应进行仔细研究外，对于试件数目即试验量的设计也是一个不可忽视的重要问题，因为试验量的大小直接关系到能否满足试验的目的、任务以及整个试验的工作量问题，同时也受试验研究、经费预算和时间期限的限制。

对于生产性试验，一般按照试验任务的要求有明确的试验对象。对于预制厂生产的一般工业与民用建筑钢筋混凝土和预应力混凝土预制构件的质量检验和评定，可以按照《预制混凝土构件质量检验评定标准》（GBJ 321—90，下文简称《标准》）中结构性能检验规定，确定试件数量。

按《标准》（GBJ 321—90）规定成批生产的构件，应按统一工艺，正常生产的 1000 件，但不超过三个月的同类型产品为一批（不足 1000 件者亦为一批），在每批中随机抽取一个构件作为试件进行检验。这里的"同类型产品"是指采用同一钢种、同一混凝土强度等级、同一工艺、同一结构形式的构件。对同类型产品进行抽样检验时，试件宜从设计荷载最大、受力最不利或生产数量最多的构件中抽取。

当连续抽取 10 批，每批的结构性能均能符合《标准》规定的要求时，对同一工艺、正常生产的构件，可改以 2000 件，但亦不超过三个月的同类型产品为一批，在每批中仍随机抽取一个试件进行检验。

对于科研性试验，其试验对象是按照研究要求而专门设计的，这类结构的试验往往是属于某一研究专题工作的一部分，特别是对于结构构件基本性能的研究，由于影响构件基本性能的参数较多，所以要根据各参数构成的因子数和水平数来决定试件数目，参数多则试件的数目也自然会增加。

因子是对试验研究内容有影响的发生变化的影响因素，因子数是试验中变化着的影响因素的个数，不变化的影响因素不是因子数。水平即为因子可改变的试验档次，水平数则为变化着的影响因素的试验档次数。

试验数量的设计方法有四种，即优选法、因子法、正交法和均匀法。这四种方法是四门独立的学科，下面就其特点做简要介绍。

（1）优选设计法

针对不同的试验内容，利用数学原理合理安排试验点，用步步逼近、层层选优的方式以求迅速找到最佳试验点的试验方法称为优选法。

单因素问题设计方法中的 0.618 法是优选法的典型代表。优选法对单因素问题试验数量设计的优势最为显著，其多因素问题设计方法已被其他方法所代替。

（2）因子设计法

因子设计法又称全面试验法或全因子设计法，试验数量等于以水平数为底以因子数为指数的幂函数，即

$$试验数＝水平数^{因子数}$$

因子设计法试验数的设计值见表 2.1。

由表 2.1 可见，因子数和水平数稍有增加，试件的个数就呈几何级数倍地增加，所以因子设计法在结构试验中不常采用。

表 2.1　用因子法计算试验数量

因子数	水平数				因子数	水平数			
	2	3	4	5		2	3	4	5
1	2	3	4	5	4	16	81	256	625
2	4	9	16	25	5	32	243	1024	3125
3	8	27	64	125					

（3）正交设计法

在进行钢筋混凝土柱剪切强度的基本形式试验研究中，以混凝土强度、配筋率、配箍率、轴向应力和剪跨比作为设计因子，如果利用全因子设计法设计，当每个因子各有 2 个水平数时，试验试件数为 32 个。当每个因子有 3 个水平数时，则试件的数量将猛增为 243 个，即使混凝土强度等级取一个级别，即采用 C20，试验试件数仍需要 81 个，这样多的试件实际上是很难做到的。

为此试验工作者在试验设计中经常采用一种解决多因素问题的试验设计方法——正交试验设计法，主要应用根据均衡分散、整齐可比的正交理论编制的正交表来进行整体设计和综合比较，科学地解决了各因子和水平数相对结合可能带来的影响，也解决了实际所做少量试验与要求全面掌握内在规律之间的矛盾。

现仍以钢筋混凝土柱剪切强度基本性能研究问题为例，用正交试验法做试件数目设计。如果同前面所述主要影响因素为 5，而混凝土只用一种强度等级 C20，这样实际因子数就只为 4，当每个因子各有 3 个档次，即水平数为 3。详见表 2.2。

表 2.2　钢筋混凝土柱剪切强度试验分析因子与水平数

主要分析因子		因子档次（因子数）			主要分析因子		因子档次（因子数）		
代号	因子名称	1	2	3	代号	因子名称	1	2	3
A	钢筋配筋率	0.4	0.8	1.2	D	剪跨比	2	3	4
B	配箍率	0.2	0.33	0.5	E	混凝土强度等级 C20	13.5MPa		
C	轴向应力	20	60	100					

根据正交表 $L_9(3^4)$，试件主要因子组合如表 2.3 所示。这一问题通过正交设计法进行

设计，原来需要 81 个试件可以综合为 9 个试件。

表 2.3　钢筋混凝土柱剪切强度试验分析主要因子与水平数

试件数量	A	B	C	D	E
	配筋率	配箍率	轴向应力	剪跨比	混凝土强度
1	0.4	0.20	20	2	C20
2	0.4	0.33	60	3	C20
3	0.4	0.50	100	4	C20
4	0.8	0.20	60	4	C20
5	0.8	0.33	100	2	C20
6	0.8	0.50	20	3	C20
7	1.2	0.20	100	3	C20
8	1.2	0.33	20	4	C20
9	1.2	0.50	60	2	C20

上述例子的特点是：各个因子的水平数均相等，试验数恰好等于水平数的平方，即

$$试验数 = (水平数)^2$$

当试验对象各个因子的水平数互不相等时，试验数与各个因子的水平数之间存在下面的关系：

$$试验数 = (水平数\ 1)^2 \times (水平数\ 2)^2 \times \cdots$$

正交设计表中多数试验数能够符合这一规律，例如正交表 $L_4(2^3)$ 的试验数就等于 $2^2 = 4$，$L_{16}(4 \times 2^{12})$ 的试验数就等于 $4^2 = 16$。

正交表除了 $L_9(3^4)$、$L_4(2^3)$、$L_{16}(4 \times 2^{12})$ 外，还有 $L_{16}(4^5)$、$L_{16}(4^2 \times 2^9)$、$L_{16}(4^3 \times 2^6)$ 等。L 表示等角设计，其他数字的含义见下式（注意：其中"水平数$1^{相应因子数}$×水平数$2^{相应因子数}$"不是计算公式）：

$$L_{试验数}(水平数\ 1^{相应因子数} \times 水平数\ 2^{相应因子数})$$

$L_{16}(4^2 \times 2^9)$ 的含义是某试验对象有 11 个影响因素，其中 4 个水平数的因素有两个，两个水平数的因素有 9 个，其试验数为 16。

试件数量设计是一个多因素的问题，在实践中应该使整个试验的数目少而精，以质取胜，切忌盲目追求数量；要使所设计的试件尽可能做到一件多用，即以最少的试件，最小的人力、经费，得到最多的数据；要使通过设计所决定的试件数量经试验得到的结果能反映试验研究的规律性，满足研究目的的要求。

（4）均匀设计法

均匀设计法是由我国著名数学家方开泰、王元在 20 世纪 90 年代合作创建的以数理学和统计学为理论基础，以分散均匀为设计原则的全新设计方法，其最大的优势是能以最少的试验数量，获得最理想的试验结果。

利用均匀法进行设计时，一般地，不论设计因子数有多少，试验数与设计因子的最大水平数相等，即

$$试验数 = 最大水平数$$

设计表用 $U_n(q^s)$ 表示，其中 U 表示均匀设计法，n 表示试验次数，q 表示因子的水平数，s 表示表格的列数，s 也是设计表中能够容纳的因子数。

根据均匀设计表 $U_6(6^4)$，试件主要因子组合如表 2.4 和表 2.5 所示。

表 $U_6(6^4)$ 中，s 可以是 2、3 或 4，即因子数可以是 2、3 或 4，但最多只能是 4。在这里不难看出，s 越大，均匀设计法的优势越突出。

钢筋混凝土柱剪切强度基本性能研究问题若应用均匀设计法进行设计，原来需要 9 个试件可以综合为 6 个试件，且水平数由原来的 3 个增加到 6 个。

表 2.4　U_6（6^4）使用表

s	列号	D
2	1 3	0.1875
3	1 2 3	0.2656
4	1 2 3 4	0.2990

注：D 值表示刻划均匀度的偏差，偏差值越小，表示均匀度越好。

表 2.5　U_6（6^4）设计表

列号		1	2	3	4
水平数	1	1	2	3	6
	2	2	4	6	5
	3	3	6	2	4
	4	4	1	5	3
	5	5	3	1	2
	6	6	5	4	1

每个设计表都附有一个使用表。试验数据采用回归分析法处理。

2.2.4　试件设计的构造要求

在进行试件设计中，当确定了试件形状、尺寸和数量后，在每个具体试件的设计和制作过程中，还必须同时考虑试件安装、加载、量测的需要，在试件上做出必要的构造（图2.2），这对于科研试验尤为重要。例如混凝土试件的支撑点应埋设钢垫板以及在试件承受集中荷载的位置上应埋设钢板，以防止试件受局部承压而破坏。

试件加载面倾斜时，应做出凸缘，以保证加载设备的稳定设置。

在钢筋混凝土框架做恢复力特性试验时，为了框架端部侧面施加反复荷载的需要，应设置预埋构件以便与加载用的液压加载器或测力传感器连接，为保证框架柱脚部分与试验台的固结，一般设置加大截面的基础梁。

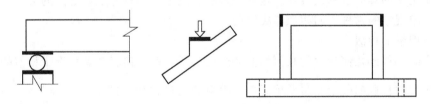

图 2.2　试件设计时考虑加载需要的构造措施

在做砖石或砌块的砌体试件试验时，为了使施加在试件上的垂直荷载能均匀传递，一般在砌体试件的上下均预先浇捣混凝土垫块，下面的垫梁可以模拟基础梁，使之与试验台座固定，上面的垫梁模拟过梁传递竖向荷载。

在做钢筋混凝土偏心受压构件试验时，在试件两端做牛腿以增大端部承压面，以便于施加偏心荷载，并在上下端加设分布钢筋网。

这些构造是根据不同加载方法而设计的，但在验算这些附加构造的强度时必须保证其强度储备大于结构本身的强度安全储备，这不仅要考虑计算中可能产生的误差，而且还必须保证它不产生过大的变形以致改变加载点的位置或影响试验精度。当然更不允许因附加构造的先期破坏而妨碍试验的继续进行。

在试验中为了保证结构或构件在预定的部位破坏，以期得到必要的测试数据，需要对结构或构件的其他部位事先进行局部加固。

为了保证试验量测的可靠性和仪表安装方便，在试件内必须预设埋件或预留孔洞。对于为测定混凝土内部的应力而预埋的元件或专门的混凝土应变计、钢筋应变计等，应在浇注混凝土前，按相应的技术要求用专门的方法就位固定，安装埋设在混凝土内部。这些要求在试件的施工图上应该明确标出，注明具体做法和精度要求，必要时试验人员还需亲临现场参加试件的施工制作。

2.3 结构试验的模型设计

结构中的构件研究是局部问题的研究，大多数采用足尺结构试验，而对整体结构则考虑试验设备能力和经济条件等因素，通常是做缩尺比例的结构模型试验。

结构模型试验所采用的模型，是仿照实际结构按一定相似关系复制而成的代表物，它具有实际结构的全部或部分特征。只要设计的模型满足相似条件，则通过模型试验所获得的结果，可以直接推算到相似的原型结构上去。

2.3.1 模型的相似

在进行结构模型试验时，除了必须遵循试件设计的准则外，结构相似模型还应严格按照相似理论进行设计。要求模型和原型尺寸按一定比例保持几何相似；要求模型和原型的材料相似或具有某种相似关系；要求施加于模型的荷载按原型荷载的某一比例缩小或放大；要求确定模型结构试验过程中各参与的物理量的相似常数，并由此求得反映相似模型整个物理过程的相似条件。这里所讲的相似是指模型和真型相对应的物理量的相似，它比通常所讲的几何相似概念更广泛些。在进行物理变化的系统中，第一过程和第二过程相应的物理量之间的比例为常数，这些常数间又存在互相制约的关系，这种现象称为相似现象。

在相似理论中，系统是按一定关系组成的同类现象的集合，现象就是由物理量所决定的、发展变化中的具体事物或过程。这就是系统、现象和物理量三者之间的关系。两个现象相似是由决定现象的物理量的相似所决定的。

（1）物理量的相似

物理量的相似比几何学中的几何相似概念更广泛，但几何相似是物理量相似的前提。

几何学中的相似如两个三角形相似，要求对应边成比例（图 2.3），即 $\dfrac{a}{a'} = \dfrac{b}{b'} = \dfrac{c}{c'} = S_l$，$S_l$ 称为长度相似常数。结构模型和原型满足几何相似，即要求模型和原型结构之间所有对应部分尺寸成比例，模型比例即为长度相似常数。对一矩形截面，模型和原型结构的面积比、截面抵抗矩之比和惯性矩比分别满足 $\dfrac{A_p}{A_m} = S_l^2$；$\dfrac{W_p}{W_m} = S_l^3$；$\dfrac{I_p}{I_m} = S_l^4$ 的条件。

除了几何相似外，和结构性能有关的物理量的相似有以下几种。

① 荷载相似（图 2.4） 如果模型所有位置上作用的荷载与原型在对应位置上的荷载方向一致，大小成比例，称为荷载相似，即 $\dfrac{a_p}{a_m} = \dfrac{b_p}{b_m} = S_l$，$\dfrac{P_{1p}}{P_{1m}} = \dfrac{P_{2p}}{P_{2m}} = S_P$。$S_P$ 称为荷载相似常数。如果只有一个集中荷载，则只要作用在对应点上且方向一致，就能满足荷载相似。当

同时需要考虑结构自重时，还需要考虑重量分布的相似，即 $S_{mg}=\dfrac{m_p g_p}{m_m g_m}=S_m S_g$。通常 $S_g=1$，$S_m=\dfrac{\rho_p V_p}{\rho_m V_m}=S_\rho S_l^3$，此时要求有统一的荷载相似常数，即 $S_P=S_\rho S_l^3$。

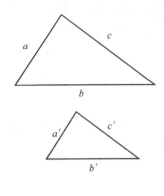

图 2.3　几何相似

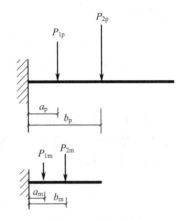

图 2.4　荷载相似

② 刚度相似　研究和结构变形有关的问题时，要用到刚度。表示材料刚度的参数是弹性模量 E 和 G，若模型和实物各对应点处材料的拉、压弹性模量和剪切弹性模量成比例，则材料的弹性模量相似。

$$\frac{E_{1p}}{E_{1m}}=\frac{E_{2p}}{E_{2m}}=\frac{E_{3p}}{E_{3m}}=S_E$$

$$\frac{G_{1p}}{G_{1m}}=\frac{G_{2p}}{G_{2m}}=\frac{G_{3p}}{G_{3m}}=S_G$$

式中，S_E 为材料拉、压弹性模量的相似常数；S_G 为材料剪切弹性模量的相似常数。

③ 质量相似　在研究振动等问题时，要求结构的质量分布相似，即对应部分的质量成比例：

$$\frac{m_{1p}}{m_{1m}}=\frac{m_{2p}}{m_{2m}}=\frac{m_{3p}}{m_{3m}}=S_m$$

式中，S_m 为质量相似常数。

在关于荷载相似的讨论中已提到 $S_m=S_\rho S_l^3$，但常常限于对材料力学特性的要求而不能同时满足 S_P 的要求，此时需在模型结构上附加质量块以满足 S_m 的要求。

④ 时间相似　不一定是相同时刻，而是指对应的时间间隔保持同一比例，时间相似常数定义为

$$\frac{t_{1p}}{t_{1m}}=\frac{t_{2p}}{t_{2m}}=\frac{t_{3p}}{t_{3m}}=S_t$$

式中，S_t 为时间相似常数；t 为时间间隔物理量。

（2）物理过程的相似

两个物理过程的相似要求它们的各相应物理量在对应地点和对应时刻成比例。各个比例值即为各物理量的相似常数。由于物理过程中各物理量之间是相互联系的，它们需要满足一定的客观规律，相似物理过程的各物理量的相似常数之间也存在一定的关系。相似常数之间所应满足的一定关系就是两个物理现象相似的条件，也是结构模型试验中进行模型设计时需要遵循的原则。

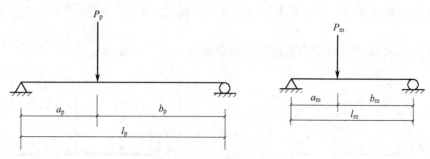

图 2.5 简支梁相似

下面举例说明两个相似物理过程中各相似常数间应满足的关系，为研究一简支梁（图 2.5）在集中荷载作用点处的应力和挠度设计一个小模型试验梁。

首先应满足几何相似：

$$\begin{cases} \dfrac{l_p}{l_m} = \dfrac{a_p}{a_m} = \dfrac{b_p}{b_m} = S_l \\[2mm] \dfrac{A_p}{A_m} = S_l^2 \\[2mm] \dfrac{W_p}{W_m} = S_l^3 \\[2mm] \dfrac{I_p}{I_m} = S_l^4 \end{cases} \qquad (2.1)$$

由结构力学可知，集中荷载作用下：

$$\sigma = \frac{Pab}{Wl} \qquad (2.2)$$

$$f = \frac{Pa^2b^2}{3lEI} \qquad (2.3)$$

原型梁和模型梁相似，则在对应点上的应力和挠度都应符合式(2.2) 和式(2.3)。

对于原型梁，有

$$\sigma_p = \frac{P_p a_p b_p}{W_p l_p} \qquad (2.4)$$

$$f_p = \frac{P_p a_p^2 b_p^2}{3 l_p E_p I_p} \qquad (2.5)$$

将 S_l，S_P，S_E，$S_\sigma\left(=\dfrac{\sigma_p}{\sigma_m}\right)$，$S_f\left(=\dfrac{f_p}{f_m}\right)$ 等相似常数代入式(2.4) 和式(2.5)，得

$$\sigma_m S_\sigma = \frac{P_m a_m b_m}{W_m l_m} \times \frac{S_P}{S_l^2} \qquad (2.6)$$

$$f_m S_f = \frac{P_m a_m^2 b_m^2}{3 l_m E_m I_m} \times \frac{S_P}{S_E S_l} \qquad (2.7)$$

显然，仅当

$$\frac{S_\sigma S_l^2}{S_P} = 1 \qquad (2.8)$$

$$\frac{S_f S_E S_l}{S_P} = 1 \qquad (2.9)$$

才符合

$$\sigma_m = \frac{P_m a_m b_m}{W_m l_m} \tag{2.10}$$

$$f_m = \frac{P_m a_m^2 b_m^2}{3 l_m E_m I_m} \tag{2.11}$$

也就是仅当 $\dfrac{S_\sigma S_l^2}{S_P}=1$，$\dfrac{S_f S_E S_l}{S_P}=1$ 时，模型梁才和原型梁相似。式 (2.8) 和式 (2.9) 是模型梁和原型梁应满足的相似条件。当模型梁和原型梁的相似常数间满足式 (2.8) 和式 (2.9) 时，就可以由模型试验获得的数据乘以相应的常数推算出原型结构的数据。

因此，模型结构和原型结构相似必须满足：几何相似；相应的物理量成比例，各相应物理量的比值称为相似常数；各相似常数之间需满足一定的组合关系。一般将组合关系表示为等于 1 的形式，并称这种数值上等于 1 的相似常数组合关系为相似条件。

模型设计的关键是找出相似条件。

2.3.2　量纲分析法

确定相似条件的方法有方程式分析法和量纲分析法两种。上述即为方程式分析法推导相似条件的一个简单例子。用方程式分析法建立相似条件非常方便明确，但必须在进行模型设计前对所研究的物理过程中各物理量之间的函数关系，即对试验结果和试验条件之间的关系提出明确的数学方程式。这却常常是需要通过试验研究才能提出的，尤其当结构或荷载条件较复杂，人们还没有完全掌握其间的客观规律时，在进行模型设计前一般不能提出明确的函数方程式。这时，就可用量纲分析法进行模型设计。量纲分析法仅需明确哪些物理量影响该物理现象以及量测这些物理量的单位系统的量纲就够了。

量纲（或称因次）的概念是在研究物理量的数量关系时产生的，它用来说明量测物理量时所用单位的性质。如量测距离用米、厘米、英尺等不同的单位，但它们都属于长度的性质，因此把长度称为一种量纲，以 [L] 表示。时间用时、分、秒等单位表示，是有别于长度的另外一种量纲，以 [T] 表示。每种物理量都对应一种量纲。有些物理量是无量纲的，用 [1] 表示；有些物理量是由量测与它有关的量后间接求出来的，其量纲由与它有关的物理量的量纲导出，称为导出量纲。在一般的结构工程问题中，各物理量的量纲都可由长度、时间、力这三个量纲导出，故可将长度、时间、力三者确定为基本量纲，称为绝对系统。另一组常用的基本量纲为长度、时间、质量，称为质量系统。还可以选用其他量纲作为基本量纲，但基本量纲必须是互相独立和完整的，即在这组基本量纲中，任何一个量纲不可能由其他量纲组成，而且所研究的物理过程中的全部有关物理量的量纲都可由这组基本量纲组成。

关于量纲可简要归结如下。

① 两个物理量相等，不仅要求它们的数值相同，而且要求它们的量纲也相同。

② 两个同量纲的物理量的比值是无量纲参数，其值不随所取单位的大小而变。

③ 一个物理方程式中，等式两边各项的量纲必须相同。常把这一性质称为"量纲和谐"。量纲和谐是量纲分析法的基础。

④ 导出量纲可和基本量纲组成无量纲组合，但基本量纲之间不能组成无量纲组合。

⑤ 若在一个物理过程中共有 n 个物理参数、k 个基本量纲，则可组成 $n-k$ 个独立的无量纲参数组合。无量纲参数组合简称"π 数"。

⑥ 一个物理方程式若含 n 个参数 X_1，X_2，$\cdots$，X_n 和 k 个基本量纲，则此物理方程式可改写成 $n-k$ 个独立的 π 数方程式，即

$$f(X_1, X_2, \cdots, X_n) = 0$$

可改写成

$$\phi(\pi_1,\pi_2,\cdots,\pi_{n-k})=0$$

就是说，任何一种可以用数学方程定义的物理现象都可以用与单位无关的量——无量纲数 π 来定义。若两个物理过程相似，其 π 函数 ϕ 相同，相应各物理量之间仅是数值大小不同。根据上述量纲的基本性质，可证明这两个物理过程的相应 π 数相等。仍以上述简支梁为例来说明如何用量纲分析法求相似条件。如前所述，用量纲分析法求相似条件不需要事先提出代表物理过程的方程式，仅需知道参与物理过程的主要物理量即可。

根据已掌握的知识，受集中荷载的梁（图 2.5），其应力 σ 和位移 f 是长度 l，荷载 P，拉、压弹性模量 E 的函数，可表示为

$$F(\sigma,l,P,E,f)=0$$

$n=5$，$k=2$，其 π 函数为

$$\phi(\pi_1,\pi_2,\pi_3)=0$$

由有量纲参数组成 π 数的一般形式为

$$\pi=X_1^{a_1} X_2^{a_2} X_3^{a_3} \cdots X_n^{a_n} \qquad (2.12)$$

其中 a_1，a_2，a_3，$\cdots$，a_n 为待求的指数，此时的 π 数为

$$\pi=\sigma^{a_1} l^{a_2} P^{a_3} E^{a_4} f^{a_5}$$

以量纲式表示为

$$[1]=[F]^{a_1}[L]^{-2a_1}[L]^{a_2}[F]^{a_3}[F]^{a_4}[L]^{-2a_4}[L]^{a_5}$$

根据量纲和谐的要求应满足如下条件。

对量纲 $[F]$：$a_1+a_3+a_4=0$

对量纲 $[L]$：$-2a_1+a_2-2a_4+a_5=0$

两个方程包含 5 个未知数，是不定方程式。可先确定其中 3 个未知数从而获得其解，若先确定 a_1，a_4，a_5，则

$$\pi=\sigma^{a_1} l^{2a_1+2a_4-a_5} P^{-a_1-a_4} E^{a_4} f^{a_5}$$

$$=\left(\frac{\sigma l^2}{P}\right)^{a_1} \left(\frac{E l^2}{P}\right)^{a_4} \left(\frac{f}{l}\right)^{a_5}$$

若分别取

$$a_1=1,\ a_4=a_5=0$$
$$a_4=1,\ a_1=a_5=0$$
$$a_5=1,\ a_1=a_4=0$$

可得 3 个独立的 π 数：

$$\pi_1=\frac{\sigma l^2}{P},\ \pi_2=\frac{E l^2}{P},\ \pi_3=\frac{f}{l}$$

若 a_1，a_4，a_5 取其他数值，则可得其他 π 数，但相互独立的是这 3 个。

模型结构和原型结构相似的条件是相应的 π 数相等：

$$\frac{\sigma_m l_m^2}{P_m}=\frac{\sigma_p l_p^2}{P_p},\ \frac{E_m l_m^2}{P_m}=\frac{E_p l_p^2}{P_p},\ \frac{f_m}{l_m}=\frac{f_p}{l_p}$$

将各相似常数代入，即得模型梁和原型梁的相似条件：

$$\frac{S_\sigma S_l^2}{S_P}=1,\ \frac{S_f S_E S_l}{S_P}=1$$

它们和用方程式分析法得出的相似条件式(2.8) 和式(2.9) 相同。

至此，可将量纲分析法归纳为：列出与所研究的物理过程有关的物理参数，根据 π 定律和量纲和谐的概念找出 π 数，并使模型和原型的 π 数相等，从而得出模型设计的相似条件。

需要注意的是 π 数的取法有着一定的任意性，而且当参与物理过程的物理量较多时，可组成的 π 数很多。若要全部满足这些 π 数相应的相似条件，条件将十分苛刻，有些是不可能达到也不必要达到的。另一方面，若在列物理参数时遗漏了那些对问题有主要影响的物理参数，就会得出错误的结论或得不到解答。因此，需要恰当地选择有关的物理参数。量纲分析法本身不能解决物理参数选择是否正确的问题。物理参数的正确选择取决于模型试验者的专业知识以及对所研究的问题初步分析的正确程度。也可以认为，如果不能正确选择有关的参数，量纲分析法就无助于模型设计。在进行模型试验时，研究人员的结构方面的知识十分重要。

在实际应用时，由于技术和经济等方面的原因，一般很难完全满足相似条件做到模型和实物完全相似。常常简化和减少一些次要的相似要求，采用不完全相似的模型。只要能够抓住主要影响因素，略去某些次要因素并利用结构的某些特性来简化相似条件，不完全相似的模型试验仍可保证结果的准确性。例如在一般梁的模拟中，对材料的刚度相似要求常常略去 G 而只要求 E 相似。此时，模型和实物材料的波松比不相等，是不完全刚度相似，但并不影响梁的试验结果。对于钢筋混凝土结构的模型，由于很难使模拟结构中钢筋和混凝土两者之间的黏结情况和实际结构中的黏结情况完全相似，当进入塑性阶段产生大变形后，力的平衡关系需按变形后的几何位置得出，要求模型和原结构材料的应变相等、刚度相似，这些要求很难满足。因此对钢筋混凝土结构，很难做到模型和原型结构的完全相似。目前用于模型混凝土的材料仅能基本满足要求。但已有的钢筋混凝土模型试验结果表明，只要在模型设计时正确抓住主要的相似要求，小比例的钢筋混凝土模型试验可以相当成功。这里还要再强调模型设计者的专业知识，不完全相似模型试验的成功与否，在很大程度上取决于模型设计者的结构知识和经验。

2.4 结构试验的荷载设计

2.4.1 结构试验荷载图式的选择与设计

试验荷载图式要根据试验目的来决定。试验时的荷载应该使结构处于某种实际可能的最不利的工作情况。

试验时荷载的图式要与结构设计计算的荷载图式一致。这样，结构试件的工作状态才能与其实际情况最为接近。例如，在钢筋混凝土楼盖中，支承楼板的次梁的试验荷载应该是均布的；支承次梁的主梁，应该是按次梁间距作用有几个集中荷载；而工业厂房的屋面大梁则承受间距为屋面板宽度或檩条间距的等距集中荷载，在天窗脚下另加较大的集中荷载；对于吊车梁则按其抗弯或抗剪最不利时的实际轮压位置布置相应的集中荷载。

但是，在试验时也常常采用不同于设计计算所规定的荷载图式，一般是由于下列原因：对设计计算时采用的荷载图式的合理性有所怀疑，因而，在试验时采用某种更接近于结构实际受力情况的荷载布置方式；在不影响结构的工作和试验成果分析的前提下，由于受试验条件的限制和为了加载的方便，改变加载的图式。

当做承受均布荷载的梁或屋架的试验时，为了试验方便和减少所加的荷载数量，常用几个集中荷载来代替均布荷载。集中荷载的数量与位置应尽可能地符合均布荷载所产生的内力值，集中荷载可以用少数几个液压加载器或杠杆产生，这样简化了试验装置，大大减轻试验

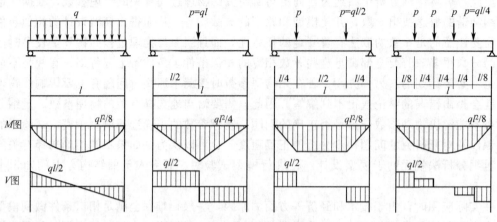

图 2.6   等效荷载示意图

加载的劳动量。采用这样的方法时试验荷载的大小要根据相应等效条件换算得到，因此称为等效荷载（图 2.6）。

采用等效荷载时，必须全面验算由于荷载图式改变而对结构产生的各种影响。必要时应对结构构件做局部加强或对某些参数进行修正。当构件满足强度等效，而不能满足整体变形条件等效时，则需对所测变形值进行修正。取弯矩等效时尚需验算剪力对构件的影响。

2.4.2   试验加载装置的设计

为了保证试验工作的正常进行，对于试验加载用的设备装置，也必须进行专门的设计。在使用实验室内现有的设备装置时，也要按每项试验的要求对装置的强度、刚度进行复核计算。

（1）试验加载装置应有足够的强度储备

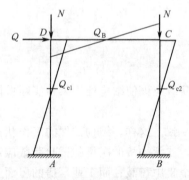

图 2.7   框架试验加载图示

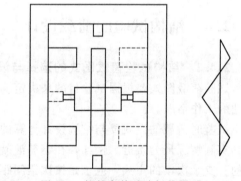

图 2.8   柱的弯剪试验加载图示

加载装置的强度，首先要满足试验最大荷载量的要求，保证有足够的安全储备，同时，要考虑结构受载后有可能使局部构件的强度有所提高。如图 2.7 所示，钢筋混凝土框架在 D 点上施加水平力 Q，柱上施加轴向力 N 时，则梁 DC 增加了轴向压力。特别当梁的屈服荷载由最大试验荷载决定时，梁所受的轴力使其强度提高，有时能提高 50%。这样的强度提高，就会使原来按梁上无轴力情况的理论荷载所设计出来的加载装置不能将试件加载到破坏。图 2.8 所示为柱的弯剪试验加载。对于 X 形节点试件，随着梁、柱、节点处轴力 N、剪力 V 的增大，其强度也按比例提高。根据使用材料的性质及其误差，即使考虑了上述的轴力的影响，试件的最大强度也常比预计的大。这样，在做试验设计时，加载装置的承载能力总要求提高 70% 左右。

（2）试验加载装置要满足刚度的要求

试验加载装置在满足上述强度要求的同时，还必须考虑刚度要求。正如混凝土应力-应变曲线下降段测试一样，在结构试验时如果加载装置刚度不足，将难以获得试件极限荷载后的性能。

（3）试验加载装置要满足试件的边界条件和受力变形的真实状态

试验加载装置设计还要求能符合结构构件的受力条件，要求能模拟结构构件的边界条件和变形条件，否则就失去了受力的真实性。例如，两种短柱受水平荷载的试验，试验装置可采用图 2.9 所示的连续梁式加载，也可采用图 2.9(b) 所示的加载装置进行加载，这种加载方法能保持上下端面平行，对窗间短柱而言，这种装置更符合受力条件，连续梁式加载不能保证受剪的端面平行。

在砖石或砌块的墙体推压试验中，图 2.10(a) 所示的施加竖向荷载用的拉杆对墙体的横向变形产生约束，而图 2.10(b) 所示的加载方式就能消除约束，较好地符合实际墙体的受力情况。

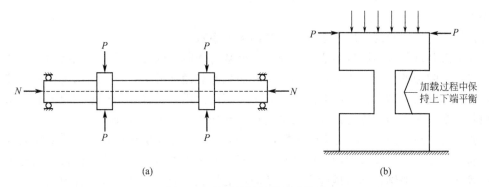

(a)　　　　　　　　　　　　　　　　　(b)

图 2.9　偏压剪短柱的试验装置

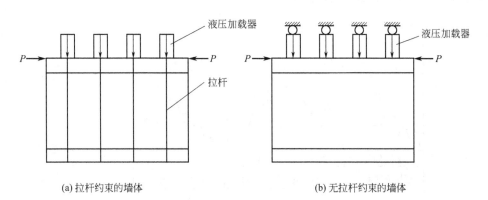

(a) 拉杆约束的墙体　　　　　　　　(b) 无拉杆约束的墙体

图 2.10　墙体推压试验装置

在加载装置中还必须注意试件的支承方式，前述受轴力和水平力的柱的试验，两个方向加载设备的约束会引起较为复杂的应力状态。在梁的弯剪试验中，在加载点和支承点的摩擦力均会产生次应力，使梁所受的弯矩减小。在梁柱节点试验中，如采用 X 形试件，若加载点和支承点的摩擦力较大，就会接近于抗压试验的情况。支承点的滚轴可按接触承压应力进行计算。实际试验时多采用细圆钢棒作滚轴。当支承反力较大时，滚轴可能产生变形，甚至接近塑性，此时会产生非常大的摩擦力，导致试验结果出现误差。试验过程中应随时观察，以便及时调整。

试验加载装置除了在设计时应满足上述要求以外，还要尽可能使它的构造简单，组装时花费时间较少，特别是当要做若干同类型试件的连续试验时，还应考虑试件的安装方便，并缩短其安装调整的时间。如有可能最好设计成多功能的，以满足各种试件试验的要求。

2.4.3 结构试验荷载值和加载制度的设计

根据《建筑结构可靠度设计统一标准》（GB 50068—2001）和结构设计规范规定，结构的极限状态分为承载能力极限状态和正常使用极限状态，规定结构构件在满足承载力要求的前提下，还应进行稳、变形、抗裂和裂缝宽度的验算。在进行结构静力试验时，首先要按不同试验要求确定各种工作状态的试验荷载值。

对于混凝土结构，试验荷载值确定时一般应考虑下列情况：对结构构件的刚度、裂缝宽度进行试验时，应确定正常使用极限状态的试验荷载值；对结构构件的抗裂性进行试验时，应确定开裂试验荷载值；对结构构件进行承载能力试验时，应确定极限承载能力试验荷载值；按荷载作用时间的不同，正常使用极限状态的试验荷载值可分为短期试验荷载值和长期试验荷载值。由于大部分试验是在短时间内进行，故应按规范要求，考虑长期效应组合影响进行修正。

进行结构动力试验时，应考虑动力荷载的动力系数。

试验加载制度是指结构试验进行期间控制荷载与加载时间的关系。它包括加载速度的快慢、加载时间间隙的长短、分级荷载的大小和加载卸载循环的次数等。结构构件的承载能力和变形性质与其所受荷载作用的时间特征有关。不同性质的试验必须根据试验的要求制定不同的加载制度。对于结构静力试验一般采用包括预加载、标准荷载和破坏荷载等三个阶段的一次单调静力加载（图 2.11）。结构抗震静力试验采用控制荷载或变形的低周反复加载，而结构拟动力试验则由计算机控制，按结构受地震地面运动加速度作用后的位移反应时程曲线进行加载试验。一般结构动力试验采用正弦激振的加载试验，而结构抗震动力试验则采用模拟地震地面运动加速度的随机激振试验。

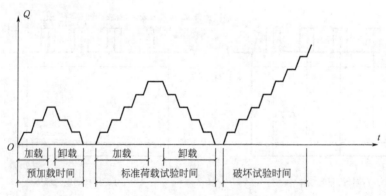

图 2.11 静力试验加载程序

2.5 结构试验的观测设计

在进行结构试验时，为了对结构物或试件在荷载作用下的实际工作有全面的了解，真实而正确地反映结构的工作状态，这就要求利用各种仪器设备测量出结构反映的某些参数，为分析结构工作状态提供科学依据。因此，在正式试验前，应拟定测试方案。

测试方案通常包括以下几方面内容。

① 按整个试验目的要求，确定试验测试的项目。

② 按确定的测量项目要求，选择测点位置。

③ 选择测试仪器和测定方法。

拟定的测试方案要与加载程序密切配合，在拟定测试方案时应该把结构在加载过程中可能出现的变形等数据计算出来，以便在试验时能随时与实际观测读数比较，及时发现问题。同时，这些计算的数据对确定仪器的型号、选择仪器的量程和精度等也是完全必要的。

2.5.1　观测项目的确定

结构在荷载作用下的各种变形可以分为两类：一类反映结构的整体工作状态，如梁的挠度、转角、支座偏移等，称为整体变形；另一类反映结构的局部工作状况，如应变、裂缝、钢筋滑移等，称为局部变形。

在确定试验的观测项目时，试验者首先应该考虑整体变形。因此，在所有测试项目中，各种整体变形往往是最基本的。对梁来说，首先就是挠度。通过挠度的测定，不仅能知道结构的刚度，而且能够知道结构的弹性和非弹性工作性质，挠度的不正常发展还能反映出结构中某些特殊的局部现象。因此，在缺乏必要的测量仪器情况下，一般的试验就仅仅测定挠度一项。转角的测定往往用来分析超静定连续结构。

对某些构件，局部变形也是很重要的。例如，钢筋混凝土结构的裂缝的出现，能直接说明其抗裂性能。再如，在做非破坏性试验进行应力分析时，控制截面上的最大应变往往是推断结构极限强度的最重要指标。根据试验目的，经常需要测定一些局部变形的项目。

总的来说，破坏性试验本身能充分地说明问题。因此，观测项目和测点可以少些，而非破坏性试验的观测项目和测点布置，则必须满足分析和推断结构工作状况的最低需要。

2.5.2　测点的选择与布置

利用结构试验仪器对结构物或试件进行变形和应变测量时，由于一个仪表一般只能测量一个试验数据，因此在测量一个结构物的强度、刚度和抗裂性等力学性能时，往往需要利用较多数量的测量仪表。一般来说，量测的点位愈多愈能了解结构物的应力和变形情况。但是，在满足试验目的的前提下，测点宜少不宜多，这样可以节省仪器设备，避免人力浪费，使试验工作重点突出，提高效率和保证质量。任何一个测点的布置都应该是有目的的，服从于结构分析的需要，不应错误地为了追求数量而不切实际地盲目设置测点。因此，在测量工作之前，应该利用已知的力学和结构理论对结构进行初步估算，然后合理地布置测量点位，力求减少试验工作量而尽可能获得必要的数据资料。

对于一个新型结构或科研的新课题，由于对它缺乏认识，可以采用逐步逼近由粗到细的办法，先测定较少点位的试验数据，经过初步分析后再补充适量的测点，再分析再补充，直到能足够了解结构物的性能为止。有时也可以做一些简单的试验进行定性后再决定测量点位。

测点的位置必须要有代表性，以便于分析和计算。结构物的最大挠度和最大应力的数据，通常是设计和试验工作者最感兴趣的数据，利用它可以比较直接地了解结构的工作性能和强度储备。在这些最大值出现的部位上必须布置测量点位。例如，挠度的测点位置可以从比较直观的弹性曲线（或曲面）来估计，经常是布置在跨度中点的结构产生最大挠度处；应变的测点就布置在最不利截面的最大受力纤维处，最大应力的位置一般出现在最大弯矩截面上、最大剪力截面上或者弯矩剪力都不是最大而是二者同时出现在较大数值的截面上，以及产生应力集中的孔洞边缘或者截面剧烈改变的区域上。如果试验目的不是要说明局部缺陷的影响，那么就不应该在有显著缺陷的截面上布置测点，这样才能便于计算分析。

在测量工作中，为了保证测量数据的可靠性，还应该布置一定数量的校核性测点。由于在试验量测过程中部分测量仪器可能会工作不正常、发生故障，以及很多偶然因素影响量测数据的可靠性，不仅在需要知道应力和变形的位置上布置测点，也要求在已知应力和变形的位置上布点，这样就可以获得两组测量数据，前者称为测量数据，后者称为控制数据或校核数据。如果控制数据在量测过程中是正常的，可以推断测量数据是比较可靠的；反之，则测量数据的可靠性较差。这些控制数据的校核测点可以布置在结构物的边缘凸角上，此处没有外力作用，应变为零；当结构物没有凸角可找时，校核测点可以放在理论计算比较有把握的区域上。此外还应经常利用结构本身和荷载作用的对称性，在控制测点相对称的位置上布置一定数量的校核测点。在正常情况下，相互对应的测点数据应该相等。校核性测点一方面能验证观测结果的可靠程度；另一方面在必要时，也可以将对称测点的数据作为正式数据，供分析时采用。

测点的布置应有利于试验时操作和测读。为了测量方便，减少观测人员，测点的布置宜适当集中，便于一人管理若干台仪器。同时要妥善考虑安全措施，或者选择特殊的仪器或测定方法来满足测量的要求。

2.5.3　仪器的选择

试验量测仪器的选择，应遵循下列原则。

① 在选择仪器时，必须从试验实际需要出发，使所用仪器能很好地符合量测所需的精度与量程要求，但要防止盲目选用高准确度和高灵敏度的精密仪器。一般的试验，要求测定结果的相对误差不超过5%。

必须注意，精密量测仪器的使用，要求有比较良好的工作环境和条件。如果条件不够理想，其后果不是仪器遭受损伤，就是观测结果不可靠。仪器选择时既要保证精度，也要避免盲目追求高精度，应使仪表的最小刻度值不大于5%的最大被测值。

② 仪器的量程应该满足最大应变或挠度的需要。仪器最大被测值宜在满量程的$1/5\sim 2/3$范围内，一般最大被测值不宜大于选用仪表的最大量程的80%。

③ 如果测点的数量很多而且测点又位于很高很远的部位，这时采用电阻应变仪多点测量或远距测量就很方便，对埋入结构内部的测点只能用电测仪表。此外，机械式仪表一般附着于结构上，要求仪表的自重轻、体积小，不影响结构的工作。

④ 选择仪表时必须考虑测读方便省时，必要时需采用自动记录装置。

⑤ 为了简化工作，避免差错，量测仪器的型号规格应尽可能选用同样的，种类愈少愈好。有时为了控制观测结果的正确性，常在校核测点上使用不同类型的仪器，用以比较。

⑥ 动测试验使用的仪表，尤其应注意仪表的线性范围、频响特性和相位特性要满足试验量测的要求。

2.5.4　仪器的测读原则

试验过程中，仪器仪表的测读应按一定的程序进行，具体的测定方法与试验方案、加载程序有密切的关系。在拟定加载试验方案时，要充分考虑观测工作的方便与可能；反之，确定测点布置和考虑测读程序时，也要根据试验方案所提供的客观条件，密切结合加载程序加以确定。

在进行测读时，原则上必须同时测读全部仪器的读数，至少要基本上同时。因为结构的变形与时间有关，只有同时得到的读数联合起来才能说明结构在当时的实际状况。因此，如果仪器数量较多，应分区同时由几人测读，每个观测人员测读的仪器数量不能太多，如用静态电阻应变仪做多点测量，当测点数量较多时，就应该考虑用多台预调平衡箱并分组用几台应变仪来控制测读。目前，大多使用多点自动记录应变仪进行自动巡回检测，对于进入弹塑性阶段的试件可跟踪记录。

试验中，观测时间一般应选在荷载过程中的加载间歇时间内，最好在每次加载完毕后的某一时间（例如 5min）开始按程序测读一次；到加下一级荷载前，再观测一次读数。根据试验的需要也可以在加载后立即记取个别重要测点仪器的数据。

有时荷载分级很细，某些仪器的读数变化非常小或对于一些次要的测点，可以每隔两级或更多级的荷载才测读一次。如每级荷载作用下的结构徐变变形不大或者为了缩短试验时间，往往只在每级荷载下测读一次数据。

当荷载维持较长时间不变时（如在标准荷载下恒载 12h 或更多）应该按规定时间，如加载后的 5min、10min、30min、1h，以后每隔 3～6h 记录读数一次，同样当结构卸载完毕空载时，也应按规定时间记录变形的恢复情况。

应该注意的是每次记录仪器读数时，应该同时记录周围的温度和湿度。

重要的数据应边做记录，边做初步整理，同时算出每级荷载下的读数差，与预计的理论值进行比较，及时判断量测数据的正确性，并确定下一级荷载的加载情况。

2.6　建筑结构试验的安全与防护措施设计

在建筑结构试验设计和实施过程中，特别需要关注的还有安全问题。试验安全问题要全面细致地进行考虑。无论是试件的安全措施，还是试验仪器的安全措施，人身安全的保障措施都是试验成功的关键所在。这不仅关系到试验工作能否顺利进行和很好完成预定的试验任务，更重要的是它关系到试验人员的生命安全和国家财产是否受到损失。对于大型结构试验和机构抗震破坏性试验，安全问题尤为重要。因此，在试验设计时必须考虑并制定和采取安全防护措施，贯彻"安全第一、预防为主"的方针。

2.6.1　结构静力试验的安全防护措施

结构试件、试验设备和荷载装置等在起重运输、安装就位以及电气设备线路的架设与连接过程中，必须注意安全操作，遵守我国现行有关建筑安装和电器使用的技术安全规程。

试件的起吊安装要注意起吊点位置的选择，应防止和避免混凝土试件在自重作用下开裂。

进行屋架、桁架等大型构件试验时，因试件自身平面外刚度较弱，为防止其受载后发生侧向失稳，试件安装后必须设置侧向支撑或安全架，并利用试验台座加以固定。

试验人员必须熟悉加载设备的性能和操作注意事项。对于大型结构试验机、电液伺服加载系统等，必须指派专人负责，并严格遵守设备的操作规程。

对于采用重力加载或杠杆加载的试验，为防止试件破坏时所加重物或杠杆随试件一起倒塌，必须在试件和杠杆、荷载吊篮下设置安全托架或支墩垫块。

当采用液压加载时，安装在试件上的液压加载器、分配梁等加载设备必须安装稳妥，并有保护措施，防止试件在破坏时倒塌。试件下也应设置安全托架或支墩垫块。

安装于试件上的附着式机械仪表，如百分表、千分表、水准式倾角仪等，必须设有保护装置，防止试件在进入破坏阶段时由于过大变形或测点处材料酥松，导致仪表脱落摔坏。当加载达到极限荷载的85%左右时可将大部分仪表拆除。对于保留下来继续量测的部分控制仪表，应注意加强保护。

对于有可能发生突然脆性破坏的试件（如高强混凝土构件和后张无黏结预应力构件等）应采取防护措施，以防止混凝土碎块或钢筋飞出危及人身安全、损坏仪表设备，造成严重后果。

2.6.2   结构动力试验的安全防护措施

结构试件、试验设备和荷载装置等在起重运输、安装就位以及用电安全等方面与静力试验一样，必须遵守我国现行有关建筑和电器使用的技术安全规程。由于动力试验的荷载性质、试验对象和加载设备等更具复杂性，因此，必须采取专门的安全防护措施。

在地震模拟振动台进行抗震试验的整体模型吊装时，应注意试件中心与吊点的位置，防止试件开裂或倾覆。试件就位后应将试件与振动台台面用螺栓固定。

用于结构疲劳试验的荷载装置，除应具有足够的强度和刚度外，还必须验算加载装置的动力特性和疲劳强度，防止产生共振或疲劳破坏。结构疲劳破坏试验机应设有自控停机装置，保证试件破坏后能自动停机，以免发生事故。

结构动力试验的加载设备如振动台、偏心激振器、结构疲劳试验机等，都要求指派专人操作并严格遵守设备的操作规程。地震模拟振动台试验时，由于整个试验过程始终处于运动状态，并且大部分试验要进行到构件破坏阶段，因此对于可能产生的脆性破坏的砖石和砌体结构应重点防护。在即将进入破坏阶段时，一切人员均应远离危险区，要采取措施防止倒塌的试件砸坏台面、加振器或损坏油路系统，应保证振动台设备系统以及试验人员的安全。

动力试验的测试仪在试验过程中随试件一起运动，必须妥善固定在试件上，防止脱落损坏。测试用的导线也必须加以固定，防止剧烈晃动带来量测误差。

进行结构现场动力试验时更应注意安全。采用初位移法测量结构动力特性时，拉线与结构物和测力计的连接要可靠，防止拉线断裂反弹伤人。施力用的绞车亦应采取安全防护措施。共振法激振用的偏心激振器在进行试机检查后方可吊装就位，激振器与结构连接的螺栓要埋设牢固。使用反冲激振器或利用人工爆炸激振时，要严格遵守使用炸药的操作规定，防止发生意外安全事故。

2.7   结构试验大纲和基本文件

2.7.1   结构试验大纲的内容

结构试验规划设计阶段的主要任务，就是通过结构试验设计拟定试验大纲，并将所有相关文件进行汇总。试验大纲是进行整个试验的指导文件。

试验大纲内容的详略程度视不同的试验而定，但一般应包括以下部分。

① 试验目的要求，即通过试验最后应得出的数据，如破坏荷载值、设计荷载下的内力分布和挠度曲线及荷载-变形曲线等。

② 试件设计及制作要求，包括试件设计的依据及理论分析、试件数量及施工图、对试件原材料、制作工艺及制作精度等的要求。

③ 辅助试验内容，包括辅助试验的目的、试件的种类、数量尺寸、试件的制作要求及试验方法等。

④ 试件的安装与就位，包括试件的支座装置，保证侧向稳定装置等。

⑤ 加载方法，包括荷载数量及种类、加载设备、加载装置、加载图式及加载程序。

⑥ 量测方法，包括测点布置、仪表型号选择、仪表标定方法、仪表的布置与编号、仪表安装方法及量测程序。

⑦ 试验过程的观察方案，包括试验过程中除仪表读数外在其他方面应做的记录。

⑧ 安全措施，包括安全装置、脚手架及技术安全规定等。

⑨ 试验进度计划。

⑩ 经费使用计划，即试验经费的预算计划。

⑪ 附件，如设备、器材及仪器仪表清单等。

2.7.2 结构试验的基本文件

除上述结构试验大纲外，每个建筑结构试验从规划到最终完成，还应收集整理以下各种文件资料。

① 试件施工图及制作要求说明书。

② 试件制作过程及原始数据记录，包括各部分实际尺寸等情况。

③ 自制试验设备加工图纸及设计资料。

④ 加载装置及仪表编号布置图。

⑤ 仪表读数记录表（原始记录）。

⑥ 测量过程记录，包括照片、绘图及试验过程的录像等。

⑦ 试件材料及原材料性能的测定报告。

⑧ 试验数据的整理分析及试验结果总结，包括整理分析所依据的计算公式，整理后的数据图表等。

⑨ 试验工作日志。

以上文件都是原始材料，在试验结束后均应整理装订归档保存。

另外，试验报告是全部试验工作的集中反映，它概括了其他文件的主要内容。编写试验报告，应简明扼要。试验报告有时也不单独编写，而作为整个研究报告中的一部分。

试验报告内容一般包括：试验目的、试验对象的简介、试验方法及依据、试验情况及问题、试验结果处理与分析、试验技术结论、附录等。

建筑结构试验必须在一定的理论指导下才能有效地进行，试验结果又为理论计算提供了宝贵的资料和依据。绝不可只凭借一些观察到的表面现象，为结构的工作妄下断语，一定要经过周详的考察和理论分析，才可能对结构的工作状况做出正确且符合实际情况的结论。因此，不应该认为结构试验纯属经验式的试验分析，相反，它是根据丰富的试验资料对工程结构工作的内在规律进行更深层次的理论研究。

思 考 题

1. 加载装置的设计应符合哪些要求？

2. 如何确定研究性试验的试验荷载？

3. 检验性试验的试验荷载如何确定？

第3章　结构试验的加载设备

3.1　概述

试验中产生荷载的方法和加载设备种类很多，按照荷载的性质可分为静力试验设备和动力试验设备；按照加载方法分为重力加载、机械力加载、普通液压加载和电液伺服加载、人工爆炸、环境激振加载、惯性力加载、电磁系统激振、压缩空气或真空作用加载以及地震模拟振动台加载等。每种方法都使用相应的加载设备，具有各自的特点。加载方法及加载设备随着科学技术的发展不断发展。

3.2　重力加载法

重力加载是静力加载方法，其原理是利用物体的重力，作用在试验对象上，通过重物数量控制加载值的大小。常用的加载重物有专门铸造的标准铸铁砝码、水、砂、石、砖、钢锭、混凝土块、载有重物的汽车等。重力加载可分为重力直接加载和间接加载。

3.2.1　重力直接加载

重力直接加载是将物体的重力直接作用于结构上的一种加载方法，即在结构表面堆放重物模拟构件表面的均布荷载（图3.1）。试验时可将重物按分级重量逐级堆放；或在结构表面围设水箱（图3.2），利用防水膜止水，再向水箱内灌水。水的重力作用最接近于结构的重力状态，易于施加和排放，加卸载便捷，适合大面积的平板试件。但用水加载要求水箱具有良好的防水性能，水深随结构的挠度而变化，且对结构表面平整度要求较高，同时观测仪表布置较为困难。

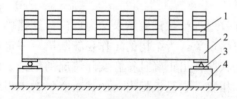

图3.1　重物直接加载

1—重物；2—试件；3—支座；4—支墩

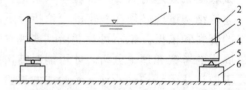

图3.2　用水加载均布荷载

1—水；2—防水膜；3—水箱；
4—试件；5—支座；6—支墩

3.2.2　重力间接加载

为了减少重力加载时的工作量或将荷载转变为集中荷载，常利用杠杆原理把荷载放大作用在结构试件上（图3.3）。利用杠杆支点间的比例关系，可减少劳动工作量5倍以上。在试件支点处使用分配梁还可以实现对试件的两点加载（图3.4）。杠杆加载装置应根据实验室或现场试验条件按力的平衡原理设计。根据荷载大小可采用单梁式、组合式或桁架式杠杆。试验时杠杆和挂篮的自重是直接作用于试件上的荷载，试验前需称量其重量，并作为第一级荷载加于试件上，杠杆各支点位置必须准确测量，实际加载值需根据各支点的比例关系计算得到。

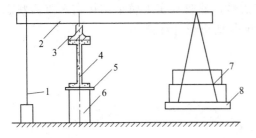

图 3.3　杠杆机构加载原理

1—锚杆；2—杠杆；3—杠杆支点；4—试件；5—
支座；6—支墩；7—重物荷载；8—荷载挂篮

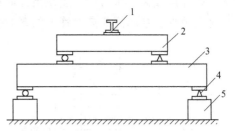

图 3.4　杠杆加载采用荷载分配梁装置

1—杠杆；2—分配梁；3—试件；4—支座；5—支墩

3.3　机械力加载法

机械力加载是利用简单的机械原理对结构试件加载，建筑结构试验中采用的有卷扬机加载法、倒链加载法、机械千斤顶加载法及弹簧加载法等。

机械力加载装置（图 3.5）由卷扬机、钢丝绳、链条测力计或测力传感器、滑轮组及锚固装置等组成，通过钢丝绳或链条对试验结构施加拉力荷载，或使结构产生初位移。荷载大小由测力计或测力传感器进行测量。

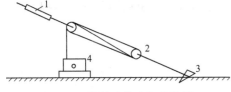

图 3.5　机械式拉力加载装置

1—拉力测力计或拉力传感器；2—滑轮组；
3—固定桩；4—绞盘或卷扬机

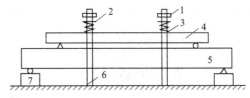

图 3.6　弹簧加载的试验装置

1—螺母；2—压力计；3—弹簧；4—分配
梁；5—试件；6—螺杆；7—支墩

机械式千斤顶加载是利用螺旋千斤顶对结构施加压力荷载，荷载大小由压力传感器测量。螺旋千斤顶加载值可达 600kN。

弹簧加载法是利用弹簧压缩变形的恢复力对结构施加压力荷载，荷载大小由弹簧刚度与弹簧的压缩变形决定，图 3.6 所示是利用弹簧加载装置对简支梁进行试验。该试验装置在加载前使弹簧产生相应荷载值的变形，使弹簧保持压缩状态，依靠弹簧的回弹力施加荷载。弹簧加载法常用于长期加载试验。

3.4　气压加载法

气压加载是利用压缩气体或真空负压对结构施加荷载，这种加载方式对试验对象施加的是均布荷载。气压正压加载方式是通过橡胶气囊给试验对象施加荷载（图 3.7）。气囊安置在结构试件表面和反力支撑板之间，压缩空气通过管道阀门进入气囊，气囊充气膨胀对物体施加荷载，荷载大小通过连接于气囊管道上的气压表或阀门进行测量。真空负压加载是气压加载的另一种形式，试验对象为面积大、形状复杂的密封结构时，真空负压加载特别适用于壳体结构。试件应制成中空的密封结构。如图3.8所示，试验时从试件空腔向外抽出气体，使结构内外形成大气压力差，实现由外向内均布加载，能较真实地模拟结构实际受力状态。试验时利用真空泵阀门或连接管上的真空表对所施加的荷载进行测量。

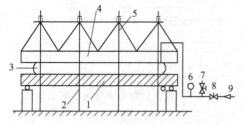
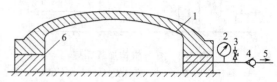

图3.7　气压加载装置示意图
1—试件；2—荷载支撑装置；3—气囊；4—支撑板；
5—反力桁架；6—气压表；7—排气阀；
8—进气阀；9—压缩空气进口

图3.8　真空加载试验
1—试验壳体；2—真空表；3—进气阀；
4—单向阀；5—接真空泵；
6—橡胶支撑密封垫

气压加载能真实地模拟面积大、外形复杂结构的均布受力状态；加卸载方便可靠；荷载值稳定易控；需要采用气囊或将试件制作成密封结构，试件制作工作量大；施加荷载值不能太大；构件内表面无法直接观测；气温变化易引起荷载波动。

气压加载要求气囊或真空内腔采用适当方式进行密封处理。有时需要在真空室或气囊壁上开设调节孔，以便控制荷载大小。基础、反力架等要有足够的强度。为防气温变化引起荷载波动，应增加恒压控制装置，使气体压力保持在允许的控制范围内。空气囊不宜伸出试验结构构件的外边缘，确定加载量时，应考虑充气囊与结构表面接触的实际作用面积，按气囊中的气压值计算确定。

3.5　液压加载法

液压加载的加载能力很大，目前国内最大的结构试验机加载能力可达20000kN，可以直接对大承载力的结构进行原型试验。液压加载装置体积小，便于安装和搬运。由液压加载系统、电液伺服阀和计算机构成先进的闭环控制加载系统，可用于振动台的动力系统，也可制作成多通道协同工作的加载系统。

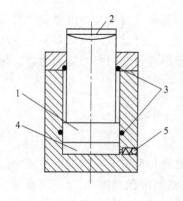

图3.9　液压千斤顶构造图
1—活塞；2—荷载盘；3—密封圈；
4—工作液压缸；5—进油口

3.5.1　液压千斤顶的工作原理

液压千斤顶是液压加载系统中的主要部件，主要由活塞、液压缸和密封装置等构成（图3.9）。当油泵将具有一定压力的液压油压入千斤顶的工作液压缸时，活塞在压力油的作用下向前移动，与试件接触后，活塞便向结构施加荷载，荷载值的大小由液压油的压强和活塞工作面积决定。

液压千斤顶分为单作用式、双作用式及张拉千斤顶等，单作用式千斤顶液压缸只有一个供油口。这种千斤顶只能对试件施加单向作用力（压力），可用于结构静力试验。

双作用式千斤顶有前后两个工作油腔及两个供油口（图3.10）。工作时一个供油口供油，另一个供油口回油，通过管路系统中的换向阀可以改变供油与回油的路径。后油腔供油、前油腔回油时，施加推力，反之则施加拉力。通过换向阀交替液压缸的供油和回油，可使活塞对结构产生拉力或压力的双向作用，施加反复荷载，这种千斤顶适用于低周反复荷载试验。

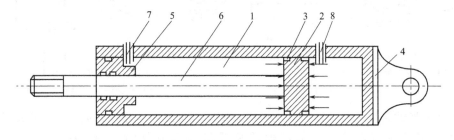

图 3.10　双作用液压加载器
1—工作液压缸；2—活塞；3—油封装置；4—固
定座；5—端盖；6—活塞杆；7,8—进出油孔

电液伺服作动器是专门用于电液伺服系统的加载器，如图 3.11 所示，这种加载器也分为单作用和双作用，双作用作动器又分为单出杆式（图 3.10）和双出杆式（图 3.11）两种。电液伺服作动器的制作工艺与双作用千斤顶不同，电液伺服作动器的活塞与液压缸之间的摩擦力小，工作频率高，频响范围宽，可施加动力荷载。为满足控制要求，液压缸上装有位移传感器、荷载传感器及电液伺服阀等。电液伺服作动器是电液伺服振动台的起振器，多个电液伺服加载器可构成多通道加载系统，可完成静力试验、拟动力试验、疲劳试验及动力试验等结构试验。

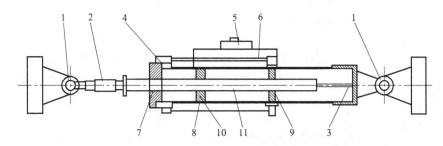

图 3.11　电液伺服作动器的构造简图
1—工作液压缸；2—拉压力传感器；3—位移传感器；
4—进出油口；5—电液伺服阀；6—油管；
7,8,9—密封件；10—活塞；11—活塞杆

3.5.2　静力试验液压加载装置的工作原理

静力试验液压加载用千斤顶可分为手动液压千斤顶（图 3.12）和电动液压千斤顶（图3.13）。手动液压千斤顶工作时，油的工作压力由人力产生，工作系统由手动液压泵、液压千斤顶、油路及压力表等组成。工作系统可以制成一体式或分体式。一体式将液压千斤顶、手动液压泵和油路连接在一起，制成一个整体设备。分体式千斤顶，手动液压泵和油路是分开的，工作时通过油管将千斤顶和手动液压泵的供油孔连接起来，工作完成后可以拆卸。手动液压千斤顶工作时，先关闭回油阀，摇动手动液压泵的手柄，驱使储油箱中的液压油通过单向阀（油液只能单向流通的液压阀）进入工作液压缸，推动活塞外伸对结构施加作用力。卸载时，打开回油阀，在外力作用下使工作液压缸中的油流回储油箱，活塞回缩卸载。

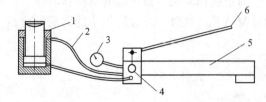
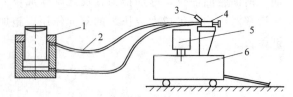

图 3.12　手动分体式液压千斤顶示意图
1—千斤顶；2—油管；3—压力表；4—换向
阀；5—手动泵；6—摇臂

图 3.13　电动式液压千斤顶示意图
1—千斤顶；2—油管；3—压力表；4—
调压阀；5—电动泵；6—油箱

　　手动液压加载装置轻便，适合人工搬运，便于现场或高空作业，适用于单点加载或通过分配梁进行多点加载，但手动液压加载装置需要人力驱动油源，加载能力一般不超过 1000kN。

　　电动液压加载装置的构成与手动分体式加载装置类似，手动液压泵被电动液压泵取代，由电动机提供能源，组成电动液压加载装置。千斤顶可采用单作用式或双作用式。使用时，启动电动机使液压泵工作，缓慢调节调压阀增加压力，直至压力达到指定压力。电动液压加载装置操作简便，加载能力强，普通液压加载千斤顶加载能力可达 10000kN 以上，系统最大工作压强可达 $60 \sim 80 MPa$。一台油泵通过油路分配装置可与多个千斤顶连接，实现多点同步加载。

3.5.3　大型结构试验机

　　大型结构试验机本身就是一种比较完善的液压加载系统，由液压操作台、液压千斤顶、试验机架和管路系统组成，是集液压加载、反力机构、控制与测量于一体的专用加载系统，如图 3.14 所示的长柱结构试验机就是最典型的实例。长柱结构试验机，其试验空间可达 3m 以上，最大吨位超过 30000kN。电液伺服式结构试验机除了具有普通液压试验机的功能外还增加了电液伺服阀和计算机控制系统。这种试验机利用电液伺服阀控制试验加载的速度，可进行行力的控制和位移控制，加载试验精度高，并配有专门的数据采集和处理系统，操作和处理能自动完成，是近几年发展起来的最先进的结

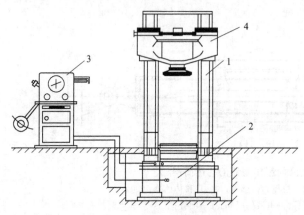

图 3.14　长柱结构试验机
1—试验机架；2—液压千斤顶；
3—液压控制台；4—升降横梁

构试验机，吨位最大可达 10000kN 以上。

　　由于科研生产的需要，大型结构试验机作为结构实验室专门的试验设备应用越来越广泛，这种试验机可以进行柱、墙板、砌体、节点、梁等大型构件的受压与受弯试验。

3.5.4　电液伺服试验加载系统

　　电液伺服加载系统是一种闭环控制加载系统，最早于 20 世纪 50 年代应用于材料试验，后在 20 世纪 70 年代引入结构试验领域。它的出现是材料和结构试验技术的一个重大突破，这种设备能精确地模拟结构的实际受力过程，使研究人员最大限度地了解结构的性能。多通

道电液伺服加载系统最早是为专门进行结构构件的拟动力试验而设计的，后被广泛应用于结构的各种试验。通过计算机编程技术可以模拟产生各种波谱，如正弦波、三角波、梯形波、随机波等对结构进行动力试验、精确的静力试验、低周反复荷载试验、疲劳试验、力控与位控之间方式转换的试验和拟动力试验等，试验精度高，自动化程度高。多通道电液伺服加载系统是一种多功能的加载系统，是结构实验室最理想的试验设备，特别是能真实地模拟地震、海浪等动荷载波谱的作用，特别适合于地震模拟振动台的激振系统。

多通道电液伺服加载系统主要由液压源、液压管路、电液伺服作动器、电液伺服阀、模拟控制器、测量传感器及计算机等组成（图 3.15）。液压源及管路系统为整个电液伺服系统提供液压动力能源，其技术要求比普通液压源高，电液伺服作动器是电液伺服加载系统的动作执行者。电液伺服阀是将电信号转化为液压信号的高精密元件。模拟控制器将位移、力等控制信号首先转换成电信号传输给电液伺服阀，电液伺服阀根据电信号控制作动器产生运动，完成对试件推、拉等加载过程。模拟控制器由测量反馈器、运算器、D/A 转换器等构成，是向电液伺服阀发出命令信号的电子部件。工作时完成波形产生、运算、信号转换、输出、反馈调节等一系列复杂过程，指挥电液伺服作动器，完成期望的试验加载过程。

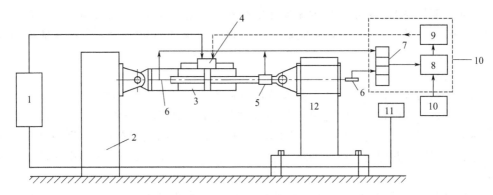

图 3.15　电液伺服加载系统工作原理

1—液压源；2—反力墙；3—作动器；4—伺服阀；5—力传感器；
6—位移传感器；7—测量反馈器；8—运算器；9—D/A 转换器；
10—模拟控制器；11—油源控制器；12—试件

3.5.5　电液伺服振动台

电液伺服振动台是进行结构抗震试验的一种先进试验设备，是一种跨学科的复杂高科技产品，其设计和建造涉及土建、机械、液压、电子技术、自动控制和计算机技术等多个学科，主要由台面和基础、高压油源、管路系统、电液伺服作动器、模拟控制系统、计算机控制系统和数据采集处理系统七大部分组成。图 3.16 所示为地震模拟振动台系统。

（1）振动台

振动台台面是有一定尺寸的平板结构，需要有足够的刚度和承载力，通常采用钢结构。振动台应安装在质量很大的基础上，基础的重量一般为可动部分重量或激振力的 10～20 倍以上，这样可以改善系统的高频特性，并减小对周围建筑和其他设备的影响。

（2）液压驱动和动力系统

液压驱动系统是向振动台施加巨大推力的设备。目前，世界上已经建成的大中型模拟地震振动台，基本上采用电液伺服系统来驱动，它在低频时能产生巨大的推力。根据输入信号（周期波或地震波），由电液伺服阀控制进入作动器的液压油流量的大小和方向，从而由作动

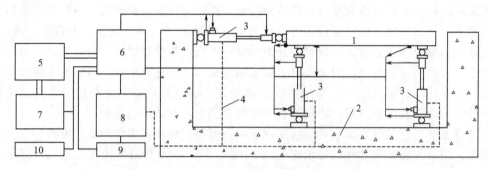

图 3.16　地震模拟振动台系统示意图
1—台面；2—基础；3—液压加载器；4—管路；5—控制系
统；6—伺服控制器；7—测试和分析系统；8—液压源；
9—供电控制系统；10—监视终端

器推动台面能在垂直轴或水平轴方向上产生正弦运动或随机运动。

液压动力系统是一个巨大的液压功率源，能供给作动器所需要的高压油，满足巨大推力和台身运动速度的要求。目前建成的振动台中都配有大型蓄能器，根据蓄能器容量的大小瞬时流量可为平均流量的 1～8 倍，它能产生具有极大能量的短暂突发力，更好地模拟地震作用。

（3）控制系统

模拟地震振动台的控制系统主要由模拟控制和数字控制两部分组成。

模拟控制方法有两种：一种是采用位移反馈控制的 PID 控制方法，并采用压差反馈作为提高系统稳定的补偿，德国的 SCHENCK 公司采用的是这种控制方法；另一种方法是将位移、速度和加速度共同进行反馈的三参量反馈控制方法，美国 MTS 公司采用的是这种控制方法。

数字控制目前采用计算机进行数字迭代的补偿技术控制方法，实现台面地震波的再现。试验时，振动台台面输出的波形是期望再现的某个地震记录或是模拟设计的人工地震波。由于包括台面、试件在内的系统的非线性影响，由计算机的台面输出信号与系统本身的传递函数求得下一次驱动台面所需的补偿量和修正后的输入信号。即在每次驱动振动台后，将台面再现的结果与期望信号进行比较，根据二者的差异对驱动信号进行修正后再次驱动振动台，并再一次比较台面再现结果与期望信号，经过多次迭代，直到台面输出反应信号与原始输入信号之间的误差小于预先给定的值，完成迭代补偿并得到满意的地震波形。

（4）测试分析系统

测试系统一般测量位移、加速度和应变等参数，总通道数可达百余点。位移测量多数采用差动变压器式和电位计式位移计，可测量模型相对于台面的位移或相对于基础的位移；加速度测量采用应变式、压电式加速度计，近年来也采用差容式或伺服式加速度计。

数据的采集可以在直视式示波器或磁带记录器上将反映的时间历程记录下来，或经过模数转换送到数字计算机储存，并进行分析处理。对模型的破坏过程可采用摄像机进行记录。

3.6　惯性力加载法

惯性力加载法用于对结构施加动力荷载，激发结构产生动力反应，采集其动力反应时程，分析结构自振频率、阻尼等动力特性参数。惯性力加载法有初位移法、初速度法及离心力法等。

3.6.1　初位移法

初位移法（图 3.17）是利用钢丝绳等使结构沿振动方向张拉产生一初始位移，然后突然释放使结构产生自由振动，试验时在钢丝绳中设一钢拉杆，当拉力达到拉杆极限拉力时，拉杆被拉断而形成突然卸载，选择不同的拉杆截面可获得不同的拉力和初位移。

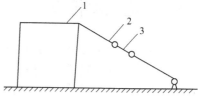

图 3.17　初位移加载形式
1—试验结构；2—钢丝绳；3—钢拉杆

3.6.2　初速度加载法

初速度加载法也称为突然加载法，基本原理是利用运动重物对结构施加瞬间的水平或垂直冲击，如摆锤法或落重法，使结构产生初速度而获得所需的冲击荷载。

初速度法加载时，应注意作用力的总持续时间应尽可能短于结构有效振型的自振周期，使结构的振动成为初速度的函数而不是冲击力的函数；采用摆锤法时，应防止摆锤和建筑物有相近的自振频率，否则摆的运动会使建筑物产生共振。使用落重法时，应尽量减轻重物下落后的跳动对结构自振特性的影响，可采取加垫砂层等措施。

3.6.3　离心力加载法

离心力加载是利用旋转质量产生的离心力对结构施加简谐振动荷载。其运动具有周期性，作用力的大小和频率按一定规律变化，使结构产生强迫振动。靠离心力加载的机械式激振器工作原理，当一对偏心质量按相反方向运转时，离心力将产生一定方向的激振力。使用时将激振器底座固定在试验结构物上，由底座把激振力传递给结构，使结构受到简谐变化的激振力作用。底座应有足够的刚度，以保证激振力的传递效率。激振器产生的激振力等于各旋转质量离心力的合力。改变质量或调整偏心质量的转速，即改变角频率就可调整激振力的大小。

多台同步激振器同时使用时，不但可以提高激振力，而且可以扩大使用范围。如果将激振器分别装置于结构的不同特定位置上，可以激发结构物的某些高阶振型，为研究结构高频特性带来便利；如果利用两台激振器进行反向同步激振，就能进行扭振试验。

3.6.4　直线位移惯性力加载

直线位移惯性力加载系统（图 3.18）的主要动力部分是电液伺服加载系统，由闭环伺服控制器通过电液伺服阀控制固定在结构上的双作用液压加载器，带动质量块做水平直线往

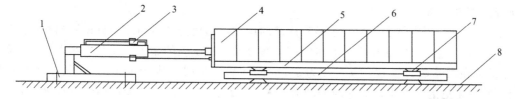

图 3.18　直线位移惯性力加载系统
1—固定螺栓；2—双作用千斤顶；3—电液伺服阀；4—质量块；
5—平台；6—钢轨；7—低摩擦直线滚轮；8—结构楼板

复运动，产生的惯性力能激起结构振动，通过改变指令信号的频率，即可调整工作频率；改变质量块的质量，即可改变激振力的大小。这种加载方法适用于现场结构动力加载。在低频工作条件下其各项性能指标较好，可产生较大的激振力。通常工作频率较低，适用于1Hz以下的激振环境。

3.7　电磁加载法

在磁场中的通电导体受到与磁场方向垂直的作用力，电磁加载依据的就是这个原理。在磁场（永久磁场或励磁线圈）中放入动圈，线圈中通入交变电流，固定于动圈上的杆件在电磁力作用下产生往复运动，向试验对象施加荷载；若向动圈上通入直流电，则可产生恒定荷载。目前常用的电磁加载设备有电磁式激振器和电磁振动台。

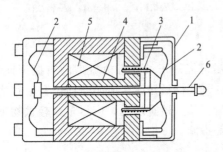

图 3.19　电磁式激振器的构造
1—外壳；2—弹簧；3—动圈；4—铁芯；5—励磁线圈；6—顶杆

电磁式激振器由励磁系统（包括励磁线圈、铁芯、磁极）、动圈（工作线圈）、弹簧、顶杆等部件组成（图3.19）。顶杆固定在动圈上，线圈位于磁隙中，顶杆由弹簧支承处于平衡状态。工作时弹簧产生的预压力应稍大于电磁激振力，防止激振时产生顶杆撞击试件的现象。

激振器工作时，在励磁线圈中通入恒定的直流电，在磁极板间的空隙中形成强大的恒定磁场，将低频信号发生器输出的交流信号经功率放大器放大后输入工作线圈，工作线圈将按交变电流的变化规律在磁场中运动，带动顶杆推动试件振动。

当通过工作线圈的交变电流以简谐振动规律变化时，通过顶杆作用于结构上的激振力也按同样规律振动。工作时，电磁激振器安装于支座上，既可以做垂直激振，也可以做水平激振。

电磁式激振器的工作频率范围较宽，一般为0～200Hz，有些产品可达1000Hz，推力可达数千牛。电磁式激振器重量轻，控制方便，能根据需要产生各种波形的激振力，其缺点是激振力不大，一般适合于小型结构及模型试验。

3.8　人激振动加载法

动力试验的加载方法中，一般都需要比较复杂的设备，一般在实验室内容易满足，但在现场试验时由于条件的限制，往往希望有更简单的加载方法，既不需要复杂的设备，又能满足加载试验的需要。

试验人员利用身体在结构物上做有规律的运动，即使身体做与结构自振周期相近的往复运动，就能产生较大的激振力，有可能产生适合做共振试验的振幅。试验表明，一个体重约70kg的人在做频率为1Hz、双振幅为15cm的前后运动时，将产生大约0.2kN的惯性力。在1%临界阻尼的情况下，共振时的动力放大系数约为50，这意味着作用于建筑物上的有效作用力约为10kN。利用这种方法曾在一座15层钢筋混凝土建筑物上获取振动记录，并在开始的几个周期运动就达到最大值，操作人员停止运动让结构做有阻尼自由振动，从而获得了结构的自振周期和阻尼系数。

3.9　环境随机振动激振法

建筑物经常处于微小而不规则的脉动中，这种微小而不规则的脉动来源于微小的地震活动、大气运动、河水流动、机械的振动、汽车行驶以及人群的移动等，都使地面存在着连续不断的运动，其运动的幅值极为微小，它所包含的频谱相当丰富，利用这种脉动现象可以测定和分析结构的动力特性。试验时既不需要任何激振设备，又不受结构形式和大小的限制，所以也称之为建筑脉动。

使用环境随机振动激振法时应避免环境及系统中的冲击信号干扰，为了获得足够的试验数据，试验时需要较长的观测时间，并且在观测期间须保持环境激励信号的稳定性，不能有大的波动。因此，试验多选择在夜间或凌晨进行，测量桥梁时则需要完全封闭交通。

随着现代计算机技术的发展以及高灵敏度传感器和新型处理分析仪的应用，脉动法试验得到了迅速的发展和应用，目前已经能够从记录到的结构脉动信号中识别出全部模态参数，这使环境随机振动激振法成为进行结构模态试验的一种不可或缺的方法。

3.10　荷载支承设备

3.10.1　支座

支座是试验中的支承装置，是正确传递作用力、模拟实际工作荷载形式的设备，支承设备通常由支座和支墩组成。

铰支座一般采用钢材制作，按自由度的不同可分为活动铰支座和固定铰支座两种形式（图 3.20）。对于铰支座的基本要求是必须保证结构在支座处能自由转动以及结构在支座处力的可靠传递。在试件制作时，应在试件支承处预先埋设支承钢垫板，或者在试验时另加钢垫板。铰支座的长度不应小于试验结构构件在支承处的宽度，垫板宽度应与试验结构构件的设计支承长度一致，厚度不应小于垫板宽度的 1/6。支承垫板的长度 $2l$ 可按下式计算：

$$2l=\frac{R}{bf_c} \tag{3.1}$$

式中　R——支座反力，N；

　　　b——试件支座宽度，mm；

　　　f_c——试件材料的抗压强度设计值，N/mm^2（MPa）；

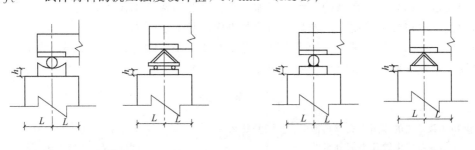

(a) 活动铰支座　　　　　　　　　　　　　(b) 固定铰支座

图 3-20　常见铰支座形式

  l——滚轴中心至垫板边缘的距离，mm。

  构件铰支座的上、下垫板要有一定刚度，其厚度为

$$h = \sqrt{\frac{2 f_c l^2}{f_y}} \qquad (3.2)$$

式中 h——上、下垫板的最小厚度，mm，不应小于 6mm；

   f_c——试件材料的抗压强度设计值，N/mm²；

   f_y——垫板材料的强度设计值，N/mm²。

  滚轴的长度，一般不得小于试件支承处的宽度，其直径可按表 3.1 取用，并按下式进行强度验算：

$$\sigma = 0.418 \sqrt{\frac{RE}{rb}} \qquad (3.3)$$

式中 E——滚轴材料的弹性模量，N/mm²；

   r——滚轴半径，mm。

表 3.1 滚轴直径选用表

滚轴受力/(kN/mm)	<2.0	2.0~4.0	4.0~6.0
滚轴直径/mm	50	60~80	80~100

  对于梁、桁架等平面结构使用的铰支座，应按结构变形情况，由一种固定铰支座和一种活动铰支座组成。

3.10.2 支墩

  支墩本身的承载力必须进行计算，以保证试验时不致发生过度变形。支墩由钢或钢筋混凝土制成，在现场也可用砖块临时砌筑，支墩上部应有足够大的平整支承面，最好在砌筑时铺以钢板。支墩本身的强度必须经过验算，支承底面积要按地面实际承载力复核，保证试验时不致发生沉陷或过度变形。

  为了使用灵敏度高的位移量测仪表量测试验结构的挠度，提高试验精度，要求支墩和地基有足够的刚度与承载力，在试验荷载下的总压缩变形不宜超过试验构件挠度的1/10。

  当试验需要使用两个以上的支墩时，如连续梁、四角支承板等，为了防止支墩不均匀沉降及避免试验结构产生附加应力而破坏，要求各支墩应具有相同的刚度。

  单向简支试件的两个支墩的高差应符合结构构件的设计要求，偏差不宜大于试件跨度的1/50。因为过大的高差会在结构中产生附加应力，改变结构的工作机制。

  双向板支墩在两个跨度方向的高差和偏差也应满足上述要求。

  连续梁各中间支墩应采用可调式支墩，必要时还应安装测力计，按支座反力的大小调节支墩高度，因为支墩的高度对连续梁的内力有很大影响。

思 考 题

  1. 重物加载方法的作用方式及其特点、要求是什么？

  2. 液压加载系统由哪几个部分组成？

  3. 气压加载有哪几种形式？哪些结构适合采用气压加载？

  4. 简述惯性力加载方法及其原理。

5. 现场动力试验的动力激振方法有哪几种？

6. 电液伺服加载系统的工作原理是什么？与普通液压加载有何区别？

7. 什么是环境随机振动激振法？有何特点？

8. 简述常用的试验台座及其特点。

9. 试验支座和支墩各有什么作用？对其有何要求？

第4章 结构试验测试技术与量测仪表

4.1 概述

在结构试验中，试件作为一个系统，所受到的外部作用（如力、位移、温度等）是系统的输入数据，试件的反应（如应变、应力、裂缝、位移、速度、加速度等）是系统的输出数据。只有取得了准确、可靠的数据，才能通过数据处理和分析得到正确的试验结果，对试件系统的工作特性有正确了解，从而对结构的性能做出准确的评价，或为创立新的计算理论提供依据。为了准确、可靠地采集数据，应该采用正确的量测方法，选用可靠的量测仪器设备。

4.2 量测仪表的工作原理及分类

4.2.1 量测仪表的工作原理

量测仪表种类繁多，按它们的功能和使用情况可以分为传感器、放大器、显示器、记录器、分析仪器、数据采集仪或完整的数据采集系统等。

（1）传感器

传感器的功能主要是感受各种物理量（如力、位移、应变等），按一定规律把它们转换成可以直接测读的形式，然后直接显示或者以电量的形式，传输给后续仪器。

按传感器的工作原理，可以分为机械式传感器、电测式传感器、光学传感器、复合式传感器和伺服式传感器等。目前，结构试验中较多采用的是将被测非电参量转换成电参量的电测式传感器。

（2）放大器

通常，传感器输出的电信号很微弱。在多数情况下，需要按传感器的种类配置放大器，对信号进行放大处理，然后将其输送到记录器和显示器。放大器的主要功能就是把信号放大，它必须与传感器、记录器和显示器相匹配。

（3）记录器

数据采集时，为了把数据（各种电信号）保存、记录下来以备分析处理，必须使用记录器。记录器把数据按一定的方式记录在某种介质上，需要时可以把这些数据读出或输送给其他分析仪器处理。

数据的记录方式有两种：模拟式和数学式。从传感器（或通过放大器）传送到记录器的数据一般都是模拟量，模拟式记录器是把模拟量直接记录在介质上，数字式记录器则是把模拟量转换成数字量后再记录在介质上。模拟式记录的数据是连续的，数字式记录的数据是间断的。记录介质有普通记录纸、光敏纸、磁带和磁盘等。采用何种记录介质与仪器的记录方式有关。常用的记录器有 X-Y 记录器、光线示波器、磁带记录器和磁盘驱动器等。

4.2.2　量测仪表的技术指标及选用原则

（1）量测仪表的技术指标

结构试验量测仪表的主要技术性能指标如下。

① 量程（量测范围）　仪器能测量的最大输入量与最小输入量之间的范围。

② 最小分度值（刻度值）　仪器的指示或显示装置所能指示的最小测量值。

③ 精确度（精度）　仪表的指示值与被测值的符合程度，常用最大量程时的相对误差来表示。例如，一台精度为 0.2 级的仪表，表示其测定值的误差不超过最大量程的 ±0.2%。

④ 分辨率　使仪表表示值发生变化的最小输入变化值。

⑤ 灵敏度　单位输入量所引起的仪表显示值的变化。对于不同用途的仪表，灵敏度的单位也各不相同，如百分表的灵敏度单位是 mm/mm，测力传感器的灵敏度单位是 $\mu\varepsilon/N$。

⑥ 滞后　仪表的输入量从起始值增至最大值的测量过程称为正行程，输入量由最大值减至起始值的测量过程称为反行程。同一输入量正反两个行程输出值间的偏差称为滞后。常以满量程中的最大的滞后值与满量程输出值之比表示。

⑦ 零位温漂和满量程热漂移　零位温漂是指当仪表的工作环境温度不为 20℃时零位输出随温度的变化率；满量程热漂移是指当仪表的工作环境不为 20℃时满量程输出随温度的变化率。它们都是温度变化的函数，一般由仪表的高低温试验得出其温漂曲线并在试验值中加以修正。

⑧ 线性范围　保持仪器的输入量和输出信号为线性关系时，输入量的允许变化范围。在动态量测中，对仪表的线性度应严格要求，否则将使量测结果引起较大的误差。

⑨ 频响特性　指仪器在不同频率下灵敏度的变化特性。常以频响曲线（一般以对数频率值为横坐标，以相对灵敏度为纵坐标）表示。在进行高频动态量测时，应将使用频率限制在频响曲线的平坦部分以免引起过大的量测误差。对于传感器，提高其自振频率将有助于增加使用频率范围。

⑩ 相移特性　振动参量经传感器转换成电信号或经放大、记录后在时间上产生的延迟称为相移。若相移特性随频率而变化，则具有不同频率成分的复合振动将引起输出电量的相位失真。常以仪器的相频特性曲线来表示其相移特性。在使用频率范围内，输出信号相对信号的相位差应不随频率改变而变化。

此外，由传感器、放大器、记录器组成的整套量测系统，还需注意仪器相互之间的阻抗匹配及频率范围的配合等问题。

（2）量测仪器的选用

试验用的量测仪器，应符合现行规范中精度等级的规定，并应有主管计量部门定期检验的合格证书，在选用量测仪器时，应考虑以下要求。

① 满足量测所需的量程及精度要求。在选用仪表前，应先对被测值进行估算。一般应使最大被测值在仪表的 2/3 量程范围左右，以防仪表超量程而损坏。同时，为保证量测精度，应使仪表的最小刻度值不大于最大被测值的 5%。

② 动力试验量测仪表的线性范围、频响特性以及相移特性等都应满足试验要求。

③ 对于安装在结构上的仪表或传感器，要求自重轻、体积小，不影响结构的工作。特别要注意夹具设计是否合理、正确，不正确地安装夹具将给试验结果带来很大的误差。

④ 同一试验中选用的仪器仪表种类应尽可能少，以便统一数据的精度，简化量测数据的整理工作和避免差错。

⑤ 选用仪表时应考虑试验的环境条件，例如在野外试验时仪表受到风吹日晒，周围的

温、湿度变化较大，宜选用机械式仪表。此外，应从试验实际需要出发，选择仪器仪表的精度，切忌盲目选用高精度、高灵敏度的仪表。一般来说，测定结果的最大相对误差不大于5％即满足要求。

4.2.3 仪器的率定

为了确定仪器的精确度或换算系数，确定其误差，需将仪表指示值和标准值进行比较，这一工作称为仪器的率定。率定后的仪器按国家规定的精确度划分等级。

用来率定仪器的标准量应是经国家计量机构确认，由具有一定精确度等级的专用率定设备产生的。率定设备的精确度等级应比被率定的仪器高。常用来率定液压试验机荷载度盘示值的标准测力计就是一种专用率定器。当没有专用率定设备时，可以用和率定仪器具有同级精确度的"标准仪器"相比较进行率定。此外，还可以利用标准试件来进行率定，即把尺寸加工非常精确的试件放在经过率定的试验机上加载，根据此标准试件及加载后产生的变化求出安装在标准试件上的被率定仪器的刻度值。此法的准确度不高，但较简便，所以常被采用。

为了保证量测的精确度，仪器的率定是一件十分重要的工作。所有新生产或出厂的仪器都要经过率定，正在使用的仪器也必须定期进行率定，因为仪器经长期使用，其零件总有不同程度的磨损，或者损坏后经检修的仪器，零件的位置会有变动，难免引起示值的改变。仪器除需定期率定外，在重要的试验开始前，也应对仪器进行率定。

4.3 应变测量仪器

应变的量测，通常是在预定的标准长度范围（称标距)L 内，量测长度变化值 ΔL，求得应变 $\varepsilon = \Delta L/L$。L 的选择原则上应尽量小，特别是对于应力梯度较大的结构和应力集中的测点。但对某些非均质材料组成的结构，L 应有适当的取值范围。

应变量测方法和仪表很多，主要有电测与机测两类，其中电测法具有精度高、灵敏度高、可远距离量测和多点量测、采集数据快、自动化程度高等优点，便于将量测数据信号和计算机或微处理器连接，为采用计算机控制和用计算机分析处理试验数据创造了有利条件。电测法又以电阻应变仪量测为主。

电阻应变仪量测应变是通过粘贴在试件测点的感受元件——电阻应变计（一般称之为电阻应变片）与试件同步变形，输出电信号进行量测和处理的。

4.3.1 电阻应变片

（1）电阻应变片的原理及构造

电阻应变片的工作原理基于电阻丝具有应变效应，即电阻丝的电阻值随其变形而发生改变。由物理学可知，金属丝的电阻 R 与长度 L 和截面面积 A 有如下关系：

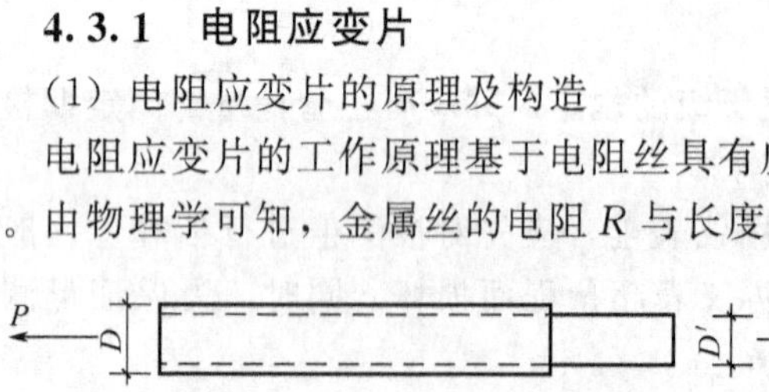

图 4.1 金属丝的电阻应变原理

$$R = \rho L/A \tag{4.1}$$

式中 ρ——电阻率，$\Omega \cdot m$；

L——电阻丝长度，m；

A——电阻丝截面面积，m^2。

设变形后其长度变化为 ΔL(图 4.1)，则电阻变化率可由式(4.1) 取微分得

$$\frac{dR}{R} = \frac{d\rho}{\rho} + \frac{dL}{L} - \frac{dA}{A} \tag{4.2}$$

因
$$\frac{dA}{A} = 2\frac{dD}{D} = -2\mu\frac{dL}{L} = -2\mu\varepsilon$$

代入式(4.2)，得
$$\frac{dR}{R} = \frac{d\rho}{\rho} + (1+2\mu)\varepsilon$$

即
$$\frac{dR}{R}/\varepsilon = \frac{d\rho}{\rho}/\varepsilon + (1+2\mu)$$

令
$$\frac{d\rho}{\rho}/\varepsilon + (1+2\mu) = K_0$$

则
$$\frac{dR}{R} = K_0\varepsilon \tag{4.3}$$

式中　μ——电阻线材料的泊松比；

K_0——单丝灵敏系数。

对大多数电阻丝而言，K_0 为常量，对丝栅状应变片或箔式应变片，因其已不是单根丝，故改用灵敏系数 K 代替 K_0。

$$\frac{dR}{R} = K\varepsilon \tag{4.4}$$

可见，应变片的电阻变化率与应变值呈线性关系，当把应变片牢固粘贴于试件上，使之与试件同步变形时，便可由式(4.4)中的电量-非电量转换关系测得试件的应变。在应变仪中，由于敏感栅几何形状的改变和粘胶、基底等的影响，灵敏系数一般由产品分批抽样实际测定，通常 K 值取值范围在 $1.9\sim2.3$，取 $K=2.0$。

不同用途电阻应变片，构造有所不同，但都有敏感栅、基底、覆盖层和引出线。其结构如图 4.2 所示。

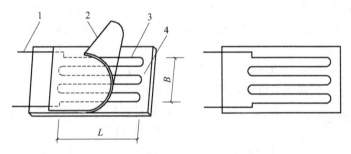

图 4.2　电阻应变片构造示意图

1—引出线；2—覆盖层；3—敏感栅；4—基底

（2）电阻应变片的分类

应变片的种类很多，图 4.3 所示为几种电阻应变片的形式。

（3）电阻应变片的技术指标

应变片的主要技术性能如下。

（1）标距　指敏感栅在纵轴方向的有效长度 L。

（2）规格　以使用面积 $L\times B$ 表示。

（3）电阻值　与电阻应变片配套使用的电阻应变仪中的测量线路，其电阻均按 120Ω 作为标准进行设计。因而应变测量片的阻值大部分为 120Ω 左右，否则应加调整或对测量结果予以修正。

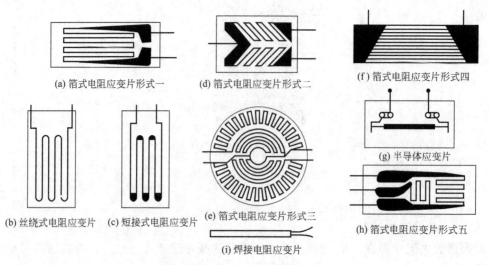

(a) 箔式电阻应变片形式一　(d) 箔式电阻应变片形式二　(f) 箔式电阻应变片形式四

(g) 半导体应变片

(b) 丝绕式电阻应变片　(c) 短接式电阻应变片　(e) 箔式电阻应变片形式三　(h) 箔式电阻应变片形式五

(i) 焊接电阻应变片

图 4.3　各种电阻应变片的形式

（4）灵敏系数　出厂前经抽样试验确定。使用时，必须把应变仪上的灵敏系数调节器调整至应变片的灵敏系数值，否则应对结果予以修正。

（5）温度适用范围　主要取决于胶合剂的性质，可溶性胶合剂的工作温度为 $-20\sim +60℃$，经化学作用而固化的胶合剂，其工作温度为 $-60\sim +200℃$。

电阻应变片分为 A、B、C、D 四级，结构试验一般应选用不低于 C 级的应变片。

4.3.2　电阻应变仪

（1）电阻应变仪的组成

电阻应变仪是把电阻应变量测系统中放大与指示（记录、显示）部分组合在一起的量测仪器，主要由振荡器、量测电路、放大器、相敏检波器和电源等部分组成。

（2）电桥基本原理

应变仪的测量电路，一般采用惠斯登电桥（图 4.4）。在四个臂上分别接入电阻 R_1、R_2、R_3、R_4，在 A、C 端接入电源，B、D 端为输出端。

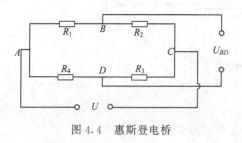

图 4.4　惠斯登电桥

根据基尔霍夫定律，输出电压 U_{BD} 与输入电压 U 的关系如下：

$$U_{BD} = U\,\frac{R_1 R_3 - R_2 R_4}{(R_1 + R_2)(R_3 + R_4)} \tag{4.5}$$

当 $R_1 = R_2 = R_3 = R_4$，即四个桥臂电阻值相等时，称为等臂电桥。当电桥平衡，即输出电压 $U_{BD} = 0$ 时，$R_1 R_3 - R_2 R_4 = 0$。

如桥臂电阻发生变化，电桥将失去平衡，输出电压 $U_{BD} \neq 0$。设电阻 R_1、R_2、R_3、R_4 的变化分别为 ΔR_1、ΔR_2、ΔR_3、ΔR_4，且变化前电桥平衡，则输出电压为

$$U_{BD} = U\,\frac{R_2 R_4}{(R_1 + R_2)(R_3 + R_4)}\left[\frac{\Delta R_1}{R_1} - \frac{\Delta R_2}{R_2} + \frac{\Delta R_3}{R_3} - \frac{\Delta R_4}{R_4}\right] \tag{4.6}$$

上式中，忽略了分母项中的 ΔR 项，分子项中则取 $\Delta R_i \Delta R_j = 0$（$i, j = 1, 2, 3, 4$）。如四个应变计规格相同，即 $R_1 = R_2 = R_3 = R_4$，$K_1 = K_2 = K_3 = K_4$，则有

$$U_{BD} = \frac{1}{4} UK(\varepsilon_1 - \varepsilon_2 + \varepsilon_3 - \varepsilon_4) \tag{4.7}$$

（3）温度补偿技术

用电阻应变片量测应变时，当环境温度变化，同样也能引起电阻应变仪指示部分的示值变动，这种变动称为温度效应。

温度使应变片的电阻值发生变化的原因有两个：一是电阻丝温度改变 $\Delta t \text{℃}$ 时，电阻将随之改变；二是试件材料与应变片电阻丝的线胀系数不相等，但两者又黏合在一起，这样试件温度改变 $\Delta t \text{℃}$ 时，应变片中产生温度应变，引起一个附加电阻变化。总的应变效应为两者之和，可用电阻增量 ΔR_t 表示。根据桥路输出公式得

$$U_{BD} = \frac{U}{4} \times \frac{\Delta R_t}{R} = \frac{UK}{4} \varepsilon_t \tag{4.8}$$

式中　ε_t——视应变。

当应变片的电阻丝为镍铬合金丝时，温度变动 1℃，将产生相当于钢材（$E = 2.1 \times 10^5 \text{N/mm}^2$）应力为 14.7N/mm^2 的示值变动。这个量值不能忽视，结构试验中常采用温度补偿方法加以消除。

① 温度补偿应变片法　温度补偿应变片的温度补偿方法是在电桥的 BC 臂上接一个与工作应变片 R_1 同样阻值的应变片 R_2，R_2 为温度补偿应变片，工作应变片 R_1 贴在受力构件上，既受应变作用又受温度作用，其变化值由两部分组成，即 $R_1 + \Delta R_1$；补偿应变片 R_2 贴在一个与试件材料相同的补偿块上，并将其置于试件同一温度场中，补偿块不受外力作用，它只有 ΔR_t 的变化（图 4.5）。

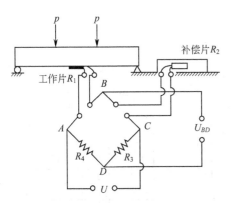

图 4.5　温度补偿应变片桥路连接示意图

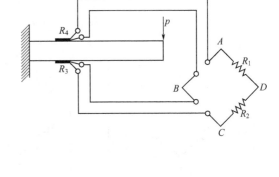

图 4.6　工作应变片温度互补桥路示意图

根据试验目的要求和试验材料的不同，一个温度应变片可以补偿一个工作应变片（单点补偿）或连续补偿多个工作应变片（多点补偿）。如钢结构材料的导热性好，应变片通电后散热较快，可以一个补偿应变片连续补偿 10 个工作应变片；混凝土等材料散热性差，一个补偿应变片连续补偿的工作应变片不宜超过 5 个，最好使用单点补偿。

② 工作应变片温度互补偿法　某些被测结构或构件，存在着应变符号相反，比例关系已知，温度条件又相同的两个或四个测点。可以将应变符号相反的应变片，分别接在相邻桥臂上，这样在等臂的条件下，既都是工作应变片，又互为温度补偿应变片（图 4.6）。但图 4.6 所示接法不适用于混凝土等非均质材料。

以上两种方法是最常用的消除温度影响方法，均是通过桥路连接方法实现温度补偿的，称为桥路补偿法。

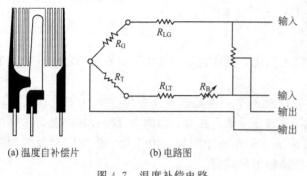

(a) 温度自补偿片　　(b) 电路图

图 4.7　温度补偿电路

③ 温度自补偿片法　如果找不到一个适当位置来安装温度补偿片，或者工作片与补偿片的温度变动不相等时，应采用温度自补偿片法。温度自补偿片是一种单元片，它由两个单元组成［图 4.7(a)］，两个单元的相应效应可以通过改变外电路来调整［图 4.7(b)］，其中 R_G 和 R_T 互为工作片和补偿片，R_{LG} 和 R_{LT} 为各自的导线电阻，R_B 为可变电阻，调节 R_B 可给出预定的最小视应变。

（4）多点测量线路

进行实际测量时，一般要求应变仪具有多个测量桥，这样就可以进行多测点的测量工作。多点测量线路主要有工作肢转换法和中线转换法。工作肢转换法每次只切换工作片，温度补偿片为共用片；中线转换法每次同时切换工作片和补偿片，通过转换开关自动切换测点而形成测量桥。

4.3.3　实用电路及其应用

（1）全桥电路

全桥电路就是在测量桥的四个臂上全部接入工作应变片［图 4.8(a)］。其中相邻臂上的工作片兼作温度补偿用，桥路输出为

$$U_{BD} = \frac{1}{4} UK(\varepsilon_1 - \varepsilon_2 + \varepsilon_3 - \varepsilon_4)$$

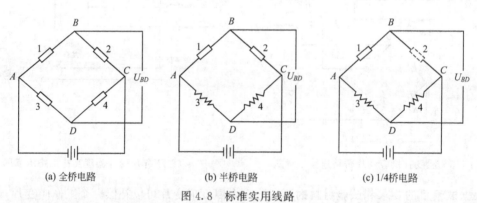

(a) 全桥电路　　　　　　(b) 半桥电路　　　　　　(c) 1/4桥电路

图 4.8　标准实用线路

如图 4.9 所示，在圆柱体荷重传感器筒壁的纵向和横向分别贴有电阻应变片，根据横向应变片的泊松效应和对角线输出的特性，经推导可知，桥路输出公式中的符号变化将输出信号放大了 $2(1+\mu)$ 倍，提高了量测灵敏度。温度补偿自动完成，并消除了读数中因轴向力偏心引起的影响。

（2）半桥电路

半桥电路由两个工作片和两个固定电阻组成，工作片接在 AB 和 BC 臂上，另半个桥上的固定电阻设在应变仪内部［图 4.8(b)］。例如悬臂梁固定端的弯曲应变［图 4.10(a)］，可以用 R_1 和 R_2 来测定，即电桥输出灵敏度提高了一倍，温度补偿也由两个工作片自动完成。

（3）1/4 桥电路

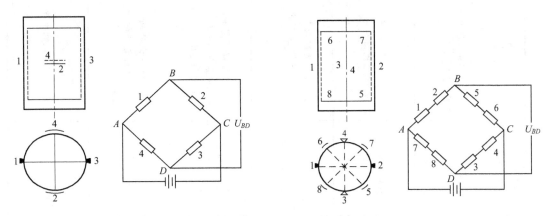

图 4.9　荷重传感器全桥接线

1~8—电阻应变片

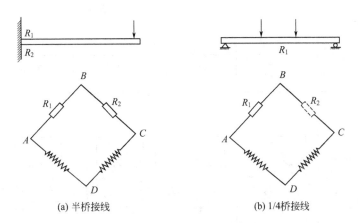

(a) 半桥接线　　　　　　　　(b) 1/4桥接线

图 4.10　半桥和 1/4 桥的应用

1/4 桥电路常用于测量应力场的单个应变[图 4.8(c)]。例如简支梁下边缘的最大拉应变的测定[图 4.10(b)]，这时温度补偿必须由一个补偿片 R_2 来完成。这种接线方法对输出信号没有放大作用。

桥路输出灵敏度取决于应变片在受力构件上的贴片位置和方向及接线方式。此外，还可根据各种具体情况进行桥路设计，见表 4.1，从而可得桥路输出的不同放大系数。放大系数以 A 表示，称为桥臂系数。在外荷载作用下的实际应变，应该是实测应变 ε_0 与桥臂系数之比，即 $\varepsilon = \varepsilon_0 A$。

4.3.4　电阻应变片粘贴技术

应变片是应变电测技术中的感受元件，粘贴好坏对测量质量影响很大，技术要求十分严格。为保证质量，要求测点基底平整、清洁、干燥；黏结剂的电绝缘、化学稳定性及工艺性能良好，蠕变小，粘贴强度高（剪切强度不低于 3~4MPa），温湿度影响小；同一组应变片规格型号应相同；应变片的粘贴应牢固，方位准确，不含气泡；粘贴前后阻值不改变；粘贴干燥后，敏感栅对地绝缘电阻一般不低于 500MΩ，应变线性好，滞后、零漂、蠕变等要小，保证应变能正确传递。粘贴的具体方法和步骤如下。

① 选、分应变片　选择应变片的规格和形式时，应注意试件的材料性质和试件的应力状态。在均质材料上贴片，一般选用普通型小标距应变片；在非均质材料上贴片选用大标

表 4.1　电阻应变片的布置与桥路连接方法

序号	受力状态及其简图	工作片数	电桥形式	电桥线路	温度补偿	测量电桥输出	测量项目反应变值	特　点
1	轴向拉（压）	1	半桥		另设补偿片	$U_{BD}=\dfrac{1}{4}UK\epsilon$	拉（压）应变 $\epsilon_r=\epsilon$	不易消除偏心作用引起的弯曲影响
2	轴向拉（压）	2	全桥		另设补偿片	$U_{BD}=\dfrac{1}{2}UK\epsilon$	拉（压）应变 $\epsilon_r=2\epsilon$	输出电压提高 1 倍，可消除弯曲影响
3	轴向拉（压）	2	半桥		互为补偿	$U_{BD}=\dfrac{1}{4}UK\epsilon(1+\mu)$	拉（压）应变 $\epsilon_r=(1+\mu)\epsilon$	输出电压提高到 1+μ 倍，不能消除弯曲影响
4	轴向拉（压）	4	半桥		互为补偿	$U_{BD}=\dfrac{1}{4}UK\epsilon(1+\mu)$	拉（压）应变 $\epsilon_r=(1+\mu)\epsilon$	输出电压提高到 1+μ 倍能消除弯曲影响且可提高供桥电压
5	轴向拉（压）	4	全桥		互为补偿	$U_{BD}=\dfrac{1}{2}UK\epsilon(1+\mu)$	拉（压）应变 $\epsilon_r=2(1+\mu)\epsilon$	输出电压提高到 2(1+μ) 倍且能消除弯曲影响
6	拉伸	4	全桥		互为补偿	$U_{BD}=UK\epsilon$	拉应变 $\epsilon_r=4\epsilon$	输出电压提高到 4 倍

续表

序号	受力状态及其简图	工作片数	电桥形式	电桥线路	温度补偿	测量电桥输出	测量项目及应变值	特　点
7	弯曲	2	半桥		互为补偿	$U_{BD}=\dfrac{1}{2}UK\epsilon$	弯曲应变 $\epsilon_r=2\epsilon$	输出电压可提高 1 倍且能消除轴向拉（压）影响
8	弯曲	4	全桥		互为补偿	$U_{BD}=UK\epsilon$	弯曲应变 $\epsilon_r=4\epsilon$	输出电压可提高到 4 倍且能消除轴向拉（压）影响
9	弯曲	2	半桥		互为补偿	$U_{BD}=\dfrac{1}{2}UK(\epsilon_1-\epsilon_2)$	两处弯曲应变之差 $\epsilon_r=(\epsilon_1-\epsilon_2)$	可测出横向剪力值 $V=\dfrac{EW}{a_1-a_2}\epsilon_r$
10	扭转	1	半桥		另设补偿片	$U_{BD}=\dfrac{1}{4}UK\epsilon$	扭转应变 $\epsilon_r=\epsilon$	可测出扭矩 $M_t=W_t\dfrac{E}{1+\mu}\epsilon_r$
11	扭转	2	半桥		互为补偿	$U_{BD}=\dfrac{1}{2}UK\epsilon$	扭转应变 $\epsilon_r=2\epsilon$	输出电压可提高 1 倍，可测剪应变 $\gamma=\epsilon_r$

距应变片，处于平面应变状态的应选用应变花。分选应变片时，应逐片进行外观检查，应变片丝栅应平直，片内无气泡、霉斑、锈点等缺陷，不合格的片应剔除，然后用电桥逐片测定阻值并以阻值分成若干组。同一组应变片的阻值偏差不得超过应变仪可调平的允许范围。

②　选择黏合剂　黏合剂分为水剂和胶剂两列。黏合剂的类型应视应变片基底材料和试件材料进行选择。一般要求黏合剂具有足够的抗拉强度和抗剪强度，蠕变小，电气绝缘性能好。

③　测点表面清理　为使应变片能牢固地贴在试件表面，应对测点表面进行加工。其方法是先用工具或化学试剂清除贴片处的漆层、油污、锈层等污垢，然后用锉刀锉平，再用0#纱布在试件表面打成45°的斜纹，吹去浮尘并用丙酮等溶剂擦洗。

④　应变片的粘贴与干燥　选择胶剂，在试件上面画出测点的定向标记。用水剂贴片时，先在试件表面的定向标记处和应变片基底上，分别均匀涂一层胶，待胶层开始有黏性时迅速将变片贴在正确位置，并取一块聚乙烯薄膜盖在应变片上，用手指稍加压力后等待其干燥。在混凝土或砌体等表面贴片时，一般应先用环氧树脂胶作找平层，待胶层完全固化后再用砂纸打磨、擦洗后方可贴片。

室温高于15℃和相对湿度低于60℃时可采用自然干燥，干燥时间一般为24～48h。温度低于15℃和相对湿度高于60℃时应采用人工干燥，但人工干燥前必须先经过8h自然干燥，人工干燥的温度不得高于60℃。

⑤　焊接导线　先在离应变片3～5mm处粘贴接线架，然后将引出线焊于接线架上，最后把测量导线的一端与接线架焊接，另一端与应变片测量桥连接。

⑥　应变片的粘贴质量检查　用兆欧表测量应变片的绝缘电阻；观察应变片的零点漂移，漂移值小于5$\mu\varepsilon$(3min之内)认为合格；将应变片接入应变仪，检查其工作的稳定性。若漂移值过大，工作的稳定性能差，则应铲除重贴。

⑦　防潮和防水处理　防潮措施必须在检查应变贴片质量合格后立即进行。防潮的简便方法是用松香、石蜡或凡士林涂于应变片表面，使应变片与空气隔离达到防潮目的。防水处理则一般采用环氧树脂胶。

4.4　位移测量仪器

4.4.1　结构线位移测定

（1）接触式位移计

接触式位移计为机械式仪表（图4.11）。接触式位移计根据刻度盘上最小刻度值所代表的量分为百分表（刻度值为0.01mm）、千分表（刻度值为0.001mm）和挠度计（刻度值为0.05mm或0.1mm）。

接触式位移计的度量性能指刻度值、量程和允许误差。一般百分表的量程为5mm、10mm、30mm，允许误差为0.01mm。千分表的量程为1mm，允许误差为0.001mm。挠度计量程为50mm、100mm、300mm，允许误差为0.05mm。

使用时，将位移计安装在磁性表架上，用表架横杆上的颈箍夹住位移计的颈轴，并将测杆顶住测点，使测杆与测面保持垂直。表架的表座应放在磁性相对静止的点上，打开表座上的磁性开关固定表座。

（2）应变梁式位移传感器

应变梁式位移传感器（图4.12）的主要部件是一块弹性好、强度高的铍青铜制成的悬臂弹性簧片，簧片一端固定的仪器外壳上。在簧片上粘贴四片应变片，组成全桥或半桥测量

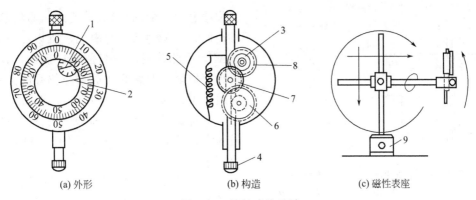

(a) 外形　　　　　　(b) 构造　　　　　　(c) 磁性表座

图 4.11　接触式位移计

1—短针；2—长针；3—齿轮弹簧；4—测杆；5—测杆弹簧；6,7,8—齿轮；9—表座

线路，簧片的自由端固定有拉簧，拉簧与指针固结。当测杆跟随变形而移动时，传力弹簧使簧片产生挠曲，簧片产生应变，通过电阻应变仪测得的应变即可反映与试件位移间的关系。

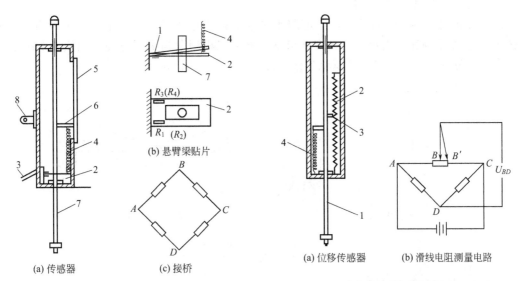

(a) 传感器　　　　　　(c) 接桥

图 4.12　应变梁式位移传感器

1—应变片；2—悬臂梁；3—引线；4—拉簧；5—
标尺；6—标尺指针；7—测杆；8—固定环

(a) 位移传感器　　　　(b) 滑线电阻测量电路

图 4.13　滑线电阻式位移传感器

1—测杆；2—滑线电阻；
3—触头；4—弹簧

(3) 滑线电阻式位移传感器

滑线电阻式位移传感器由测杆、滑线电阻和触头等组成，构造与测量原理如图 4.13 所示。滑线电阻固定在表盘内，触点将电阻分成 R_1 及 R_2。工作时将电阻 R_1 和 R_2 分别接入电桥桥臂，预调平衡后输出为零。当测杆向下移动一个位移 δ 时，R_1 增大 ΔR_1，R_2 减小 ΔR_1。采用这样的半桥接线，其输出量与电阻增量（或与应变）成正比，亦即与位移成正比。量程可达 10～100mm 以上。

(4) 差动变压器式位移传感器

图 4.14 所示为差动变压器式位移传感器的构造原理。它由一个初线圈和两个次级线圈分内外两层，共同绕在一个圆筒上，圆筒内放置一个能自由上下移动的铁芯。初级线圈加入励磁电压时，通过互感作用使次级线圈感应而产生电势。铁芯居中时，感应电势 $e_{s1}-e_{s2}=0$，无输出信号。当铁芯向上移动位移 δ 时，$e_{s1}\neq e_{s2}$，输出为 $\Delta E=e_{s1}-e_{s2}$。铁芯向上移动

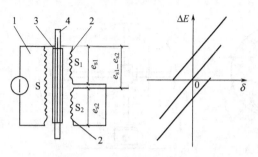

图 4.14　差动变压器式位移传感器

1—初级线圈；2—次线线圈；3—圆形筒；4—铁芯

的位移愈大，ΔE 也愈大。反之，当铁芯向下移动时，e_{s1} 减小而 e_{s2} 增大，所以 $e_{s1}-e_{s2}=-\Delta E$，因此其输出量与位移成正比。其输出量为模拟量，当需要知道它与位移的关系时，应通过率定确定。如图 4.14 中的 ΔE-δ 直线是率定得到的一组标定曲线。这种传感器的量程大，可达 $\pm 500\text{mm}$，适用于整体结构的位移测量。

上述各种位移传感器，主要用于测量沿传感器测杆方向的位移。因此在安装位移传感器时，使测杆的方向与测点位移的方向一致是非常关键的。此外，测杆与测点接触面的凹凸不平也会引入测量误差。位移计应该固定在一个专用表架上，表架必须与试验用的载荷架及支撑架等受力系统分开设置。

（5）线位移测量的其他方法

线位移除用上述方法测量外，还可用水平仪进行位移测量。新型水平仪附设有能进行 0.1mm 精度测量的光学副尺，为精度要求不严格的工程测量提供了方便，如图 4.15(a) 所示。另外，位移测量还可以用拉紧钢丝法来测定，如图 4.15(b) 所示。

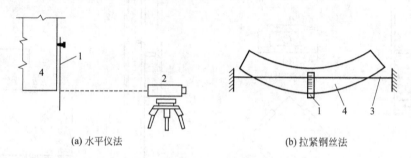

(a) 水平仪法　　　　　　　　　(b) 拉紧钢丝法

图 4.15　位移简化测量法

1—刻度尺；2—水平仪；3—钢丝；4—试件

4.4.2　结构转动变形测定

（1）转角测定

① 水准式倾角仪（图 4.16）尺寸小，精度高。缺点是受湿度及振动影响大，在阳光下暴晒会引起水准管爆裂。

② 电子倾角仪　是一种传感器，它通过电阻的变化来测定结构某部位的转动角度，如图 4.17 所示。其主要装置是一个盛有高稳定性的导电液体的玻璃器皿，在导电液体中插入三根电极 A、B、C 并加以固定。电极等距离设置且垂直于器皿底面，当传感器处于水平位置时，导电液体的液面保持水平，三根电极浸入液内的长度相等，故 $R_{AB}=R_{BC}$。使用时将倾角仪固定在试件测点上，试件发

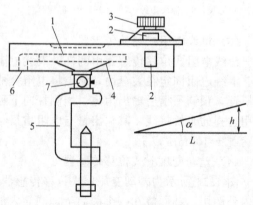

图 4.16　水准式倾角仪测转角

1—水准管；2—刻度盘；3—微调螺钉；4—弹簧片；5—夹具；6—基座；7—活动铰

生微小转动时倾角仪随之转动。因导电液面始终保持水平，因而插入导电液体内的电极深度必然发生变化，使 R_{AB} 减小 ΔR。若将 A、B 极和 B、C 极之间电阻视作惠斯登电桥的两个臂，则建立电阻改变量 ΔR 与转角 θ 之间的关系就可以用电桥原理测量和换算，$\Delta R = K\theta$。

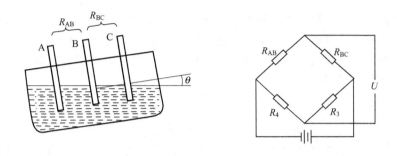

图 4.17　电子倾角仪构造原理

（2）曲率测定

构件变形后曲率的测定，可以利用位移计先测出构件表面某一点及与之邻近两点的挠度差，然后根据杆件变形曲线的形式，近似计算测区内构件的曲率（图 4.18）。

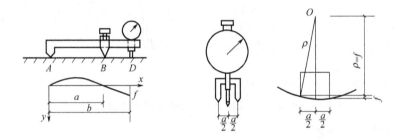

图 4.18　用位移计测曲率的装置

（3）扭角测量

图 4.19 所示是利用位移计量测扭角的装置，用它可近似测定空间壳体受到扭转后单位长度的相对扭角：

$$\theta = \frac{d\varphi}{dx} = \frac{\Delta \varphi}{\Delta x} = \frac{f}{ba} \tag{4.9}$$

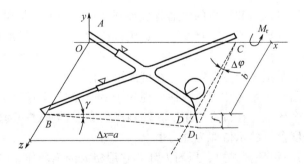

图 4.19　扭角测定装置

4.5 力值测量仪器

结构静载试验需要测定的力，主要是荷载与支座反力，其次有预应力施力过程中钢丝或钢丝绳的张力，此外还有风压、油压和土压力等。测力的仪器分机械式与电测式两种，其基本原理是用一弹性元件去感受力或液压，弹性元件在力的作用下，发生与外力或液压成对应关系的变形。用机械装置把这些变形规律进行放大和显示的装置即为机械式传感器；用电测装置把变形转换成电阻变化，然后再进行测量的装置为电测式传感器。如图 4.20 所示为几种测力计及传感器示意图。

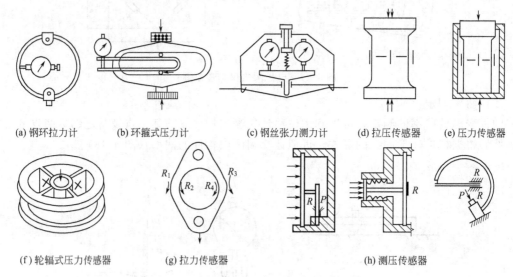

(a) 钢环拉力计   (b) 环箍式压力计   (c) 钢丝张力测力计   (d) 拉压传感器   (e) 压力传感器

(f) 轮辐式压力传感器   (g) 拉力传感器   (h) 测压传感器

图 4.20   几种测力计及传感器示意图

4.5.1   荷载和反力测定

荷载传感器可以量测荷载、反力以及其他各种外力。根据荷载性质不同，荷载传感器的形式有拉伸型、压缩型和通用型三种。各种荷载传感器的外形基本相同，其核心部件是一个厚壁筒。筒壁的横断面取决于材料允许的最高应力。在筒壁上贴有电阻应变片以便将机械变形转换为电量。为避免在储存、运输或试验期间应变片损坏，设有外罩加以保护。为便于与设备或试件连接，在筒壁两端加工有螺纹。荷载传感器的负荷能力可达 1000kN 或更高。荷载传感器可以量测荷载、反力以及其他各种外力。

4.5.2   拉力和压力测定

在结构试验中，测定拉力和压力的仪器有各种测力计。测力计是利用钢制弹簧、环箍或簧片在受力后产生弹性变形的原理，将变形通过机械放大后，用指针度盘表示或借助位移计反应力的数值。最简单的拉力计就是弹簧式拉力计，它可以直接由螺旋形弹簧的变形求出拉力值。拉力与变形的关系预先经过标定，并在刻度尺上标示出。

在结构试验中，用于测量张拉钢丝或钢丝绳拉力的环箍式拉力计如图 4.21 所示。它由两片弓形钢板组成一个环箍。在拉力作用下，环箍产生变形，通过一套机械传动放大系统带动指针转动，指针在度盘上的示值即为外力值。

图 4.22 所示是另一种环箍式拉、压测力计。它用粗大的钢环作"弹簧"，钢环在拉、压力作用下的变形，经过杠杆放大后推动位移计工作。位移计标示值与环箍变形关系应预先标

定。这种测力计大多只用于测定压力。

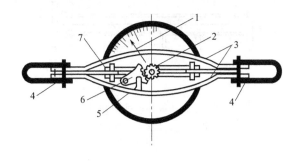

图 4.21　环箍式拉力计

1—指针；2—中央齿轮；3—弓形弹簧；4—耳环；
5—连杆；6—扇形齿轮；7—可动接板

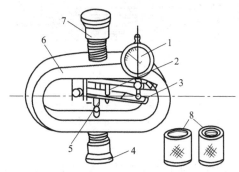

图 4.22　环箍式拉、压测力计

1—位移计；2—弹簧；3,5—杠杆；4—下压
头；6—钢环；7—上压头；8—拉力夹头

4.5.3　结构内部应力测定

在结构试验中，如需测定结构内部混凝土或钢筋的应力，可采用埋入式测力装置。

图 4.23 所示为美国 Brownie 和 Mcurich 的埋入式应力栓。它由混凝土或砂浆制成，埋入试件后置换了一小块混凝土。在应力栓上贴有两片电阻应变片。由胡克定律可知应力栓和混凝土的应力应变关系为

$$\sigma_c = E_c \varepsilon_c$$
$$\sigma_m = E_m \varepsilon_m$$

由此可得

$$\sigma_m = \sigma_c(1 + C_s) \qquad (4.10)$$
$$\varepsilon_m = \varepsilon_c(1 + C_\varepsilon) \qquad (4.11)$$

式中　C_s，C_ε——应力栓的应力集中系数和应变增大系数。

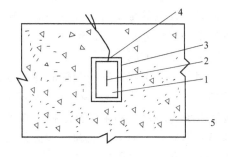

图 4.23　埋入式应力栓

1—与试件同材料的应力栓；2—应变片；
3—防水层；4—引出线；5—试件

对于特定的应力栓，C_s 和 C_ε 为常数。但由于混凝土和应力栓的物理性能不完全匹配，因此增大系数基本上属于在测量结果中所引入的误差。如弹性模量、泊松比和热膨胀系数的差异所产生的误差。通过适当的标定方法尽可能减少不匹配因素，可使误差降低至最小。试验证明，最小的误差可控制在 0.5% 以下。室温下，一年内的漂移量很小，可以忽略不计。

图 4.24 所示为埋入式差动电阻应变计。它主要用于测定各种大型混凝土水工结构的应变、裂缝或钢筋应力等。使用时直接将其埋入混凝土内，两端凸缘与混凝土或钢筋相连。试件受力后，两端的凸缘随之发生相对移动，使电阻 R_1 和 R_2 分别产生大小相等、方向相反的电阻增量，将其接入应变电桥便可测得应变值。

图 4.25 所示为振动丝式应变计。它依靠改变受拉钢弦的固有频率进行工作。钢弦密封在金属管内，在钢弦中部用激振装置拨动钢弦，再用同样的装置接收钢弦产生的振动信号，并将其传送至显示器或记录仪表。当应变计上的圆形端板与混凝土浇为一体时，混凝土发生的任何应变都将引起端板的相对移动，从而导致钢弦的原始张力或振动频率发生变化，由此可换算求得结构内部的有效应变值。

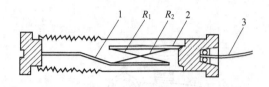

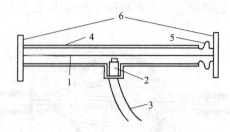

图 4.24　埋入式差动电阻应变计
1,2—刚性支架；3—引出线

图 4.25　振动丝式应变计
1—钢弦；2—激振丝圈；3—引出线；
4—管体；5—波纹管；6—端板

这种振动丝式应变计，常用于测量预应力混凝土原子反应堆容器的内部应力。它的工作稳定性好，分辨率高达 $0.1\mu\varepsilon$，室温下年漂移量很小，可以忽略不计。

4.6　裂缝、应变场应变及温度测定

4.6.1　裂缝测定

在结构试验中，结构或构件的裂缝的产生和发展、裂缝的位置和分布以及长度和宽度是反应结构性能的重要指标，对确定结构的开裂荷载、研究结构的破坏过程与结构的抗裂及变形性能均有十分重要的价值。特别是混凝土结构、砌体结构等脆性材料组成的结构，裂缝测量是一项必要的测量项目。

目前，最常用的发现开裂的简便方法是借助放大镜用肉眼观察。为便于观察，在试验前用纯石灰水溶液均匀地刷在结构表面并等待干燥。当试件受荷载作用后，白色涂层将在高应变下开裂并剥落。如果是钢结构，在其表面可以看到屈服线条，在混凝土表面裂缝就会明显地显示出来。为便于记录和描述裂缝发生的部位可在结构或构件表面划分 $50mm \times 50mm$ 左右的方形格栅，构成基本参考坐标系，便于分析和描绘结构构件在高应变场中的裂缝发展和走向。

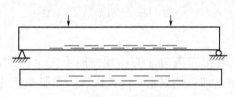

图 4.26　连续搭接布置应变
计检测裂缝的发生

当需要更精确地确定开裂荷载时，可在拉应力区连续搭接布置应变计，以监测第一批裂缝的出现（图 4.26），当出现裂缝时，跨裂缝的应变计读数就会发生异常变化。由于裂缝出现的位置不易确定，往往需要在较大范围内连续布置应变计，因而将过多地占用仪表，提高试验费用。另外，还有一种用导电漆膜发现裂缝的方法。它将是一种具有小阻值的弹性导电漆，涂在清洁处理过的混凝土表面，涂刷成长 $100 \sim 200mm$、宽 $5 \sim 10mm$ 的条带，待干燥后接入电路。当混凝土裂缝宽度达到 $1 \sim 5\mu m$ 时，被拉长的导电漆膜就会出现火花直至烧断，以此判断裂缝出现。

裂缝宽度的量测常用读数显微镜，它是由光学透镜与游标刻度尺等组成的复合仪器[图 4.27(a)]。其最小刻度值要求不大于 $0.05mm$。其次，也可用印刷有不同宽度线条的裂缝标准宽度板[图 4.27(b)]与裂缝对比量测或用一组具有不同标准厚度的塞尺插入裂缝进行测试，刚好插入裂缝的塞尺厚度，即为裂缝宽度。后两种方法测试结果较为粗略，但能满足一定要求。

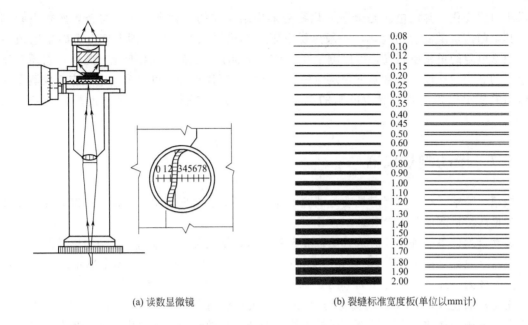

(a) 读数显微镜　　　　　　　　(b) 裂缝标准宽度板(单位以mm计)

图 4.27　量测裂缝宽度的仪器及标尺

4.6.2　内部温度测定

大体积混凝土浇筑后的内部温度、预应力混凝土反应堆容器的内部温度等都是很重要的物理量，由于这些温度很难计算，只能用实测方法确定。

测温的方法很多，从测试元件与被测材料是否接触来划分，可以分为接触式测温和非接触式测温两大类。接触式测温是基于热平衡原理，测温元件与被测材料接触，两者处于同一热平衡状态，具有相同的温度，如水银温度计和热电偶温度计。非接触式测温是利用热辐射原理，测温元件不与被测材料接触，如红外温度计。

（1）热电偶温度计

量测混凝土的内部温度，通常使用热电偶或热敏电阻。热电偶的基本原理如图 4.28 所示。它由两种导体 A 和 B 组合成一个闭合回路，并使结点 1 和结点 2 处于不同的温度 T 及 T_0，例如测温时将结点 1 置于被测温度场中（结点 1 称工作端），使结点 2 处于某一恒定温度状态（称参考端）。由于互相接触的两种金属导体内自由电子的密度不同，在 A、B 接触处将发生电子扩散。电子扩散的速率和自由电子的密度与金属所处的温度成正比。假设金属 A 和 B 中的自由电子密度分别为 N_A 和

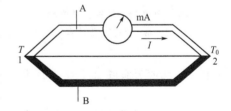

图 4.28　热电偶原理

N_B，且 $N_A > N_B$，在单位时间内由金属 A 扩散到金属 B 的电子数，比从金属 B 扩散到金属 A 的电子数要多。这样，金属 A 因失去电子而带正电，金属 B 因得到电子而带负电，于是在接触点处便形成了电位差，从而建立电势与温度的关系，即可测得温度。

（2）热敏电阻温度计

当温度较低时，可采用金属丝热电阻或热敏电阻温度计。常用的金属测温电阻有铂热电阻和铜热电阻，这种电阻可以将温度的变化转化为电阻的变化，因此温度的测量转化为电阻的测量。类似于应变的测量转化为电阻应变片的电阻测量，可以采用电阻应变仪测量热电阻

的微小电阻变化。热敏电阻是金属氧化物粉末烧结而成的一种半导体，与金属丝热电阻相同，其电阻值也随温度而变化，一般热敏电阻的温度系数为负值，即温度上升时电阻值下降。热敏电阻的灵敏度很高，可以测量 0.0005～0.001℃的微小温度变化。此外，它还有体积小、动态响应速度快、常温下稳定性好、价格便宜等优点。也可以采用电阻应变仪测量热敏电阻的微小电阻变化。热敏电阻的主要缺点是电阻值较分散，测温的重复性较差，老化快。

4.7 振动测量仪器

振幅、频率、相位及阻尼是动力试验中为获得振型、自振频率、位移、速度和加速度等振动参量所需量测的基本参数。

振动量测设备的基本组成是感受、放大和显示记录三部分。振动量测中的感受部分常称为拾振器（或称测振传感器），它和静力试验中的传感器有所不同。振动量测中的放大器不仅将信号放大，还可将信号进行积分、微分和滤波等处理，可分别量测出振动参量中的位移、速度及加速度。显示记录部分是振动测量系统中的重要部分，在动力问题的研究中，不但需要量测振动参数的大小级别，还需要量测振动参数随时间历程变化的全部数据资料。

4.7.1 拾振器的力学原理

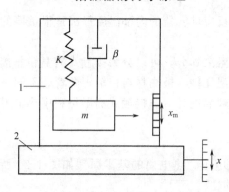

图 4.29 拾振器的力学模型
1—拾振器；2—振动体

由于振动具有传递作用，动力试验时很难找到一个静止点作为测振的基准点。为此，必须在测振仪器内部设置惯性质量弹簧系统，建立一个基准点。如惯性式测振传感器，其力学模型如图 4.29 所示。使用时，将拾振器安放在振动体的测点上并与振动体固定成一体，仪器外壳和振动体一起振动。拾振器的输出信号和质量块与振动体之间的相对运动直接相关。下面介绍在怎样的条件下，拾振器才能正确地反映被测物体的振动参量。

设计拾振器时，使惯性质量块只能沿 x 方向运动，并使弹簧质量和惯性质量 m 的比值小到可以忽略不计。根据图 4.29 可知，仪器外壳随振动体一起振动，设振动体按如下规律振动：

$$x = X_0 \sin\omega t \tag{4.12}$$

则由质量块所受的惯性力、阻尼力和弹性力之间的平衡关系，可建立振动体系的运动微分方程：

$$m\frac{\mathrm{d}^2(x+x_\mathrm{m})}{\mathrm{d}t^2} + \beta\frac{\mathrm{d}x_\mathrm{m}}{\mathrm{d}t} + Kx_\mathrm{m} = 0 \tag{4.13}$$

或

$$m\frac{\mathrm{d}^2 x_\mathrm{m}}{\mathrm{d}t^2} + \beta\frac{\mathrm{d}x_\mathrm{m}}{\mathrm{d}t} + Kx_\mathrm{m} = mX_0\omega^2\sin\omega t$$

式中　x——振动体相对于固定参考坐标的位移；

X_0——被测振动体的振幅；

x_m——质量块相对于仪器外壳的位移；

ω——被测振动的圆频率；

β——阻尼；

K——弹簧刚度。

上式为单自由度、有阻尼的强迫振动方程，其通解为

$$x_m = \beta e^{-nt} \cos(\sqrt{\omega^2 - n^2}\, t + \alpha) + X_m \sin(\omega t - \varphi) \tag{4.14}$$

其中 $n = \beta/(2m)$，φ 为相位角。第一项为自由振动解，由于阻尼作用而很快衰减；第二项 $X_m \sin(\omega t - \varphi)$ 为强迫振动解，其中

$$X_m = \frac{X_0 \left[\dfrac{\omega}{\omega_0}\right]^2}{\sqrt{\left[1 - \left[\dfrac{\omega}{\omega_0}\right]^2\right]^2 + \left[2\zeta \dfrac{\omega}{\omega_0}\right]^2}} \tag{4.15}$$

$$\varphi = \arctan \frac{2\zeta \dfrac{\omega}{\omega_0}}{1 - \left[\dfrac{\omega}{\omega_0}\right]^2} \tag{4.16}$$

式中　ζ——阻尼比，$\zeta = n/\omega_0$；

ω_0——质量弹簧系统的固有频率，$\omega_0 = \sqrt{K/m}$。

将式（4.14）中的第二项与式（4.12）相比较，可以看出质量块相对于仪器外壳的运动规律与振动体的运动规律一致，频率都等于 ω，但振幅和相位不同。

质量块的相对振幅 X_m 与振动体的振幅 X_0 之比为

$$\frac{X_m}{X_0} = \frac{\left[\dfrac{\omega}{\omega_0}\right]^2}{\sqrt{\left[1 - \left[\dfrac{\omega}{\omega_0}\right]^2\right]^2 + \left[2\zeta \dfrac{\omega}{\omega_0}\right]^2}} \tag{4.17}$$

其相位相差一个相位角 φ。

根据式（4.16）和式（4.17），以 ω/ω_0 为横坐标，以 φ 和 X_m/X_0 为纵坐标，并使用不同的阻尼作出图 4.30 和图 4.31 所示的曲线，分别称为测振仪器的幅频特性曲线和相频特性曲线。

在试验过程中，ζ 可能随时发生变化。分析图 4.30 和图 4.31 中的曲线，为使 X_m/X_0 和 φ 角在试验期间保持不变，必须限制 ω/ω_0 的值。当取不同频率比 ω/ω_0 和阻尼比 ζ 时，拾振器将输出不同的振动参数。

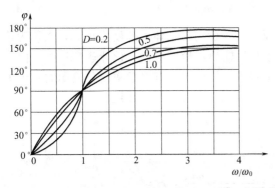

图 4.30　幅频特性曲线

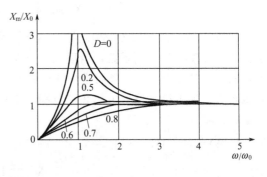

图 4.31　相频特性曲线

(1) $\omega/\omega_0 \gg 1$，$\zeta < 1$

由图 4.30 和图 4.31 可以看出：$x_m \approx X_0$，$\varphi \approx 180°$，代入式（4.15）得测振仪器强迫振动解为

$$x_m = X_m \sin(\omega t - \varphi) \approx X_0 \sin(\omega t - \pi) \tag{4.18}$$

将上式与式（4.12）比较，由于此时振动体振动频率较仪器的固有频率大很多，不管阻尼比 ζ 大还是小，X_m/X_0 趋近于 1，而 φ 趋近于 180°。也就是质量块的相对振幅和振动体的振幅趋近于相等而相位相反，这是测振仪器理想的工作状态，满足此条件的测振仪称位移计。要保证达到理想状态，只有在试验过程中，使 X_m/X_0 和 φ 保持不变即可。但从图 4.30 和图 4.31 中可以看出 φ 和 X_m/X_0 都随阻尼比 ζ 和频率而变。这是由于仪器的阻尼取决于内部构造、连接和摩擦等不稳定因素而引起的。然而从幅频特性曲线中不难发现，当 $\omega/\omega_0 \gg 1$ 时，这种变化基本上与阻尼比 ζ 无关。

实际使用中，当测定位移的精度要求较高时，频率比可取其上限，即 $\omega/\omega_0 > 10$；对于精度为一般要求的振幅测定，可取 $\omega/\omega_0 = 5 \sim 10$，这时仍可近似地认为 X_m/X_0 趋近于 1，但具有一定误差；幅频特性曲线平直部分的频率下限，与阻尼比有关，对无阻尼或小阻尼的频率下限可取 $\omega/\omega_0 = 4 \sim 5$，当 $\zeta = 0.6 \sim 0.7$ 时，频率比下限可放宽到 2.5 左右，此时幅频特性曲线有最宽的平直段，也就是有较宽的频率使用范围。但在被测振动体有阻尼情况下，仪器对不同振动频率呈现出不同的相位差。如果振动体运动不是简单的正弦波，而是两个频率 ω_1 和 ω_2 的叠加，则由于仪器对相位差的反应不同，测出的叠加波形将发生失真。所以应注意关于波形畸变的限制。

一般拾振器的体积较大也较重，使用时对被测系统有一定影响，特别对于一些质量较小的振动体不太适用，必须寻求另外的解决办法。

(2) $\omega/\omega_0 \approx 1$，$\zeta \gg 1$

由式（4.15）得

$$X_m = \frac{X_0 \left[\dfrac{\omega}{\omega_0}\right]^2}{\sqrt{\left[1 - \left[\dfrac{\omega}{\omega_0}\right]^2\right]^2 + \left[2\zeta \dfrac{\omega}{\omega_0}\right]^2}} \approx \frac{\omega}{2\zeta\omega_0} X_0$$

原因是

$$v = \frac{dx}{dt} = X_0 \omega \cos\omega t = X_0 \omega \sin\left[\omega t + \frac{\pi}{2}\right] \tag{4.19}$$

且

$$x_m = X_m \sin(\omega t - \varphi) \approx \frac{1}{2\zeta\omega_0} X_0 \sin(\omega t - \varphi) \tag{4.20}$$

比较式（4.19）和式（4.20）可见，拾振器反应的示值与振动体的速度成正比，故称为速度计。$1/(2\zeta\omega_0)$ 为比例系数，阻尼比 ζ 愈大，拾振器输出灵敏度愈低。设计速度计时，由于要求的阻尼比 ζ 很大，相频特性曲线的线性度就很差，因而对含有多频率成分波形的测试失真也较大。速度拾振器的可用频率范围非常狭窄，因而在工程中很少使用。

(3) $\omega/\omega_0 \ll 1$，$\zeta < 1$

由式（4.15）得

$$X_m = \frac{X_0 \left[\dfrac{\omega}{\omega_0}\right]^2}{\sqrt{\left[1 - \left[\dfrac{\omega}{\omega_0}\right]^2\right]^2 + \left[2\zeta \dfrac{\omega}{\omega_0}\right]^2}} \approx \frac{\omega^2}{\omega_0^2} X_0, \varphi \approx 0$$

原因是

$$a = \frac{\mathrm{d}^2 x}{\mathrm{d} t^2} = -X_0 \omega^2 \sin\omega t = A\sin(\omega t + \pi) \tag{4.21}$$

且

$$x_\mathrm{m} = X_\mathrm{m}\sin(\omega t - \varphi) \approx \frac{1}{\omega_0^2} X_0 \omega^2 \sin\omega t = \frac{1}{\omega_0^2} A\sin\omega t \tag{4.22}$$

比较式(4.20)和式(4.21)可见，拾振器反应的位移与振动体的加速度成正比，比例系数为 $1/\omega_0^2$。这种拾振器可以用来测量加速度，称为加速度计。加速度计幅频特性曲线如图 4.32 所示。由于加速度计用于频率比 $\omega/\omega_0 \ll 1$ 的范围内，拾振器反应相位与振动体加速度的相位差接近于 π，基本上不随频率而变化。当加速度计的阻尼比 $\zeta = 0.6 \sim 0.7$ 时，由于相频曲线接近于直线，所以相频与频率比成正比，波形不会出现畸变。若阻尼比不符合要求，将出现与频率比呈非线性关系的相位差。

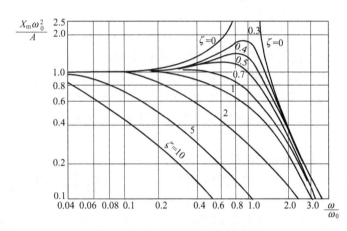

图 4.32　加速度计幅频特性曲线

4.7.2　测振传感器

拾振传感器应正确反映结构物的振动外，还需不失真地将位移、加速度等振动参量转换为电量，输入放大器。转换的方式很多，有磁电式、压电式、电阻应变式、电容式、光电式、热电式、电涡流式等。磁电式拾振传感器基于磁电感应原理，能线性地感应振动速度，它适用于实际结构物的振动测试，缺点是体积大而重，有时会对被测系统产生影响，使用频率范围较窄；压电晶体式传感器体积小，重量轻，自振频率高，适用于模型试验；电阻应变式传感器低频性能好，放大器采用动态应变仪；差动电容式传感器抗干扰力强，低频性能好，和压电晶体式同样具有体积小、重量轻的优点，但其灵敏度比压电晶体式高，后续仪器简单，因此是一种很有发展前途的拾振器；机电耦合伺服式加速度拾振器，由于引进了反馈的电气驱动力，改变了原有质量弹簧系统的自振频率 ω_0，因而扩展了工作频率范围，同时还提高了灵敏度和量测精度，在强振观测中，已经有代替原来各类加速度拾振器的趋势。

目前，国内应用最多的拾振器多为惯性式测振传感器，即磁电式速度传感器和压电式加速度传感器。

（1）磁电式速度传感器

磁电式速度传感器是基于电磁感应的原理制成的，特点是灵敏度高、性能稳定、输出阻抗低、频率影响范围有一定宽度。通过对质量弹簧系统参数的不同设计，可以使传感器既能

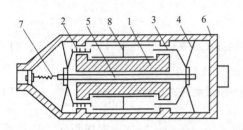

图 4.33 磁电式速度传感器

1—磁钢；2—线圈；3—阻尼环；

4—弹簧片；5—芯轴；6—外

壳；7—输出线；8—铝架

测量非常微弱的振动，也能测比较强的振动，是多年来工程振动测量最常用的测振传感器。

图 4.33 所示为一种典型的磁电式速度传感器，磁钢和壳体固接安装在所测振动体上，并与振动体一起振动，芯轴与线圈组成传感器的可动系统，由簧片和壳体连接。可动系统就是传感器的惯性质量块，测振时惯性质量块和仪器壳体相对移动，因而线圈和磁钢也相对移动，从而产生感应电动势，根据电磁感应定律，感应电动势的大小为

$$E = BLnv \tag{4.23}$$

式中 B——线圈在磁钢间隙的磁感应强度；

L——每匝线圈的平均长度；

n——线圈匝数；

v——线圈相对于磁钢的运动速度，即所测振动物体的振动速度。

从上式可以看出对于确定的仪器系统 B、L、n 均为常量，所以感应电动势 E，也就是测振传感器的输出电压与所测振动的速度成正比。对于这种类型的测振传感器，惯性质量块的位移反映被测振动的位移，而传感器输出的电压与振动速度成正比，所以也称为惯性式速度传感器。

工程试验中经常需要测量 10Hz 以下甚至 1Hz 以下的低频振动，这时采用摆式测振传感器，这种类型的传感器将质量弹簧系统设计成转动的形式，因而可以获得更低的仪器固有频率。图 4.34 所示是典型的摆式测振传感器。根据所测振动是垂直方向或水平方向，摆式测振传感器有垂直摆、倒立摆和水平摆等几种形式，摆式测振传感器也是磁电式传感器，输出电压也与振动速度成正比。

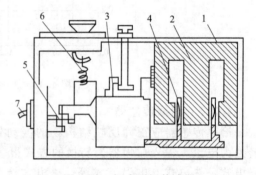

图 4.34 摆式测振传感器

1—外壳；2—磁钢；3—重锤；4—线圈；

5—十字簧片；6—弹簧；7—输出线

（2）压电式加速度传感器

压电式加速度传感器是利用压电晶体材料具有的压电效应制成的。压电晶体在三轴方向上的性能不同，x 轴为电轴线，y 轴为机械轴线，z 轴为光轴线。若垂直于 x 轴切取晶片且在电轴线方向施加外力 F，当晶片受到外力而产生压缩或拉伸变形时，内部会出现极化现象，同时在其相应的两个表面上出现异性电荷，形成电场。外力去掉后，又重新回到不带电状态。这种将机械能转变为电能的现象称为"正压电效应"。若晶体不是在外力作用下而在电场作用下产生变形，则称"逆压电效应"。压电晶体受到外力产生的电荷由下式表示：

$$Q = G\sigma A \tag{4.24}$$

式中 G——晶体的压电常数；

σ——晶体的压强；

A——晶体的工作面积。

在压电材料中，石英晶体是较好的一种。它具有高稳定性、高机械强度和能在很宽的温度范围内使用的特点，但灵敏度较低。在计量方面用得最多的是压电陶瓷材料，如钛酸钡、锆钛酸铅等。它们经过人工极化处理而具有压电性质，采用良好的陶瓷配置工艺可以得到高的压电灵敏度和很宽的工作温度，而且易于制成所需形状。

压电式加速度传感器是一种利用晶体的压电效应把振动加速度转换成电荷量的机电换能装置。这种传感器具有动态范围大、频率范围宽、重量轻、体积小等特点，因此，被广泛应用于振动测量的各个领域，尤其在宽带随机振动和瞬态冲击等场合，几乎是唯一合适的测试传感器。

压电式加速度传感器的结构原理如图 4.35 所示，压电晶体上的质量块（质量为 m），用硬弹簧将它们夹紧在基座上。质量弹簧系统的弹簧刚度由硬弹簧的刚度 K_1 和晶体的刚度 K_2 组成，且 $K = K_1 + K_2$。在压电式加速度传感器内，质量块的

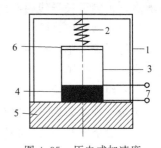

图 4.35　压电式加速度
传感器结构原理

1—外壳；2—弹簧；3—质量块；
4—压电晶体片；5—基座；
6—绝缘垫；7—输出端

质量较小，阻尼系数也较小，而刚度 K 很大，因而质量、弹簧系统的固有频率很高，根据用途可使其达到 $100 \sim 200 \, \mathrm{kHz}$。

由前面的分析可知，当被测物体的频率 $\omega \ll \omega_0$ 时，质量块相对于仪器外壳的位移就反映了所测振动的加速度值。

4.8　数据采集与记录系统

4.8.1　数据采集系统的组成

通常数据采集系统由三个部分组成：传感器部分、数据采集仪部分和计算机（控制与分析器）部分。

传感器部分包括前面所提到的各种电测传感器，它们的作用是感受各种物理变量，如力、线位移、角位移、应变和温度等，并把这些物理量转变为电信号。

数据采集仪的作用是对所有的传感器通道进行扫描，把扫描得到的电信号转换成数字量，再根据传感器特性对数据进行传感器系数换算（如把电压值换算成应变或温度等），然后将这些数据传送给计算机，也可将这些数据打印输出、存入磁盘。

计算机部分包括主机、显示器、存储器、打印机、绘图仪和键盘等。计算机的主要作用是作为整个数据采集系统的控制器，控制整个数据的采集过程。在采集过程中，通过数据采集程序的运行，计算机对数据采集仪进行控制。计算机还可以对数据进行计算处理，实时打印输出、图像显示及存入磁盘。计算机的另外一个作用是在试验结束后，对数据进行处理。

数据采集系统可以对大量数据进行快速采集、处理、分析、判断、报警、直读、绘图、储存、试验控制和人机对话等，还可以进行自动化数据采集和试验控制，它的采样速度可高达每秒几万个数据或更多。

4.8.2　数据采集系统的分类

目前，国内外数据采集系统的种类很多，按其系统组成的模式大致可分为以下几种。

（1）大型专用系统

将采集、分析和处理功能融为一体，具有专门化、多功能和高档次的特点。

（2）分散式系统

由智能化前端机、主控计算机或微机系统、数据通信及接口等组成，其特点是前端可靠近测点，消除了长导线引起的误差，并且稳定性好、传输距离长、通道多。

（3）小型专用系统

这种系统以单片机为核心，小型便携，用途单一，操作方便，价格低，适用于现场试验的测量。

（4）组成式系统

这是一种以数据采集仪和微型计算机为中心，按试验要求进行配置组合成的系统，它适用性广，价格便宜，是一种比较容易普及的形式。

4.8.3 数据采集过程

数据采集过程的原始数据是反映试验结构或试件状态的物理量，如力、应变、线位移、角位移和温度等。这些物理量通过传感器转换成为电信号。通过数据采集仪的扫描采集，进入数据采集仪。再通过数字转换，变成数值量。通过系数换算，变成代表原始物理量的数值。然后，把这些数据打印输出、存入磁盘，或暂时存在数据采集仪中。通过连接采集仪和计算机的接口，存在数据采集仪中的数据进入计算机。计算机再对这些数据进行计算处理，如把位移换算成挠度、把力换算成应力等。计算机把这些数据存入文件、打印输出，并可以选择其中部分数据显示在屏幕上，如位移与荷载的关系曲线等。

数据采集过程是由数据采集程序控制的。数据采集程序主要由两部分组成，第一部分的作用是进行数据采集的准备，第二部分的作用是正式采集。程序的运行有六个步骤，第一步为启动数据采集程序，第二步为进行数据采集的准备工作，第三步为采集初读数，第四步为采集待命，第五步为执行采集（一次采集或连续采集），第六步为终止程序运行。数据采集过程结束后，所有采集到的数据都存在磁盘文件中，进行数据处理时可直接从这些文件中读取数据。

各类数据采集的数据采集过程基本相同，一般包括以下几个步骤。

① 用传感器感受各种物理量，并把它们转换成电信号。

② 通过 A/D 转换，将模拟量转变为数字量。

③ 数据记录，打印输出或存入磁盘文件。

各种数据采集系统所用的数据采集程序如下。

① 生产厂商为该采集系统编制的专用程序，常用于大型专用系统。

② 固化的采集程序，常用于小型专用系统。

③ 生产厂商提供的软件工具或自行编制的采集程序，主要用于组合式系统。

思 考 题

1. 量测仪器通常由哪几部分组成？
2. 量测仪器的主要技术性能指标有哪些？
3. 简述机械检测仪器与电测仪器各自的特点。
4. 百分表、千分表的基本用途和扩展用途有哪些？
5. 量测仪器的选用原则是什么？
6. 量测仪器为什么要率定？其目的和意义是什么？
7. 如何测定结构的应力？测量应变时对标距有何要求？
8. 电阻应变片的主要技术指标有哪些？

9. 简述电阻应变计的工作原理。

10. 什么是全桥测量和半桥测量?

11. 温度变化会给电阻应变测量带来什么影响? 常用的消除办法有哪几种?

12. 电测应变为什么要温度补偿? 温度补偿的方法有哪几种?

13. 裂缝测量主要有哪几个项目? 裂缝宽度如何测量?

14. 力的测定方法有哪些?

15. 惯性式测振传感器 (又称拾振器) 的力学原理是什么? 怎样才能使测振传感器的工作达到理想状态?

16. 光纤位移传感器的工作原理是什么? 突出优点有哪些?

17. 简述数据采集系统的组成及数据采集过程。

第5章 建筑结构试验数据处理

5.1 概述

试验中采集到的数据是数据处理所需要的原始数据，这些原始数据往往不能直接说明试验的结果。对采集到的数据要进行整理换算、统计分析和归纳演绎，以得到代表结构性能的公式、图像、表格、数学模型和数值等，这就是数据处理。数据处理的内容和步骤包括：数据的整理和换算；数据的统计分析；数据的误差分析；数据的表达。

5.2 数据的整理和换算

在实际工作中，由于各种原因，会得到一些完全错误的数据。例如，仪器参数（如应变计的灵敏系数）设置错误而造成数据出错，人工读数时读错，人工记录时的笔误（数字错或符号错），环境因素造成的数据失真（温度引起应变增加等），仪器的缺陷或布置错误造成数据出错，或者测量过程受到干扰（仪器被碰了一下）造成的错误等。这些数据错误一般都可以通过复核仪器参数等方法进行整理，加以改正。

采集得到的数据有时杂乱无章，不同仪器得到的数据位数长短不一，应该根据试验要求和测量精度，按照有关的规定（如《中华人民共和国标准——数据修约规则》）进行修约，把试验数据修约成规定有效位数的数值。数据修约时应按下面的规则进行。

① 拟舍弃数字的最左一位数字小于 5 时，则舍去，即保留的各位数字不变。例如，将 12.1498 修约到一位小数，得 12.1；将 12.1498 修约成两位有效位数，得 12。

② 拟舍弃数字的最左一位数字大于 5，或者是 5，而其后跟有并非全部为 0 的数字时，则进一，即保留的末位数字加 1。例如，将 1268 修约到"百"数位，得 13×10^2（可写为 1300）；将 1268 修约成三位有效位数，得 127×10（可写为 1270）；将 10.502 修约到个数位，得 11。

③ 拟舍弃数字的最左一位数字为 5，而右面无数字或皆为 0 时，若所保留的末位数字为奇数（1,3,5,7,9）则进一，为偶数（2,4,6,8,0）则舍弃。例如，将 1.050 和 0.350 修约到小数点后面一位，分别为 1.0 和 0.4；将 0.0325 和 32500 修约成两位有效数字，分别为 0.032 和 32×10^3。

④ 负数修约时，先将它的绝对值按上述①～③规定进行修约，然后在修约值前面加上负号。例如，-365 和 -0.0365 修约到两位有效数字分别为 -36×10 和 -0.036；将 -355 和 -325 修约到十位，则为 -36×10（也可写作 -360）和 -32×10（也可写作 -320）。

⑤ 拟修约数字应在确定修约位数后一次修约获得结果，而不得多次按①～④规则连续修约。例如：修约 15.4546 到个位为 15；不正确的做法是把 15.4546 先修约到 15.455，再修约到 15.46，继续修约到 15.5，最后得到 16。

⑥ 0.5 单位修约（半个单位修约）：即修约间隔为指定位数的 0.5 单位，即修约到指定数位的 0.5 单位。将拟修约数值乘以 2，按指定数位依①～⑤规则修约，所得数值再除以 2。

例如：$60.25 \rightarrow 60.25 \times 2 = 120.5 \rightarrow 120 \rightarrow 60.0$；$60.38 \rightarrow 60.38 \times 2 = 120.76 \rightarrow 121 \rightarrow 60.5$；$-60.75 \rightarrow -60.75 \times 2 = -121.50 \rightarrow -122 \rightarrow -61.0$。

经过整理的数据还需要进行换算，才能得到所要求的物理量，如把应变仪测得的应变换算成相应的位移、转角、应力等，把应变式传感器测得的应变换算成相应的力、位移、转角等。传感器系数的换算应按照传感器的灵敏度系数和接线方式进行。

由试验数据经过换算得到的数据不是理论数据，而仍然是试验数据。

5.3　数据的统计分析

数据处理时，统计分析是一种常用的方法，可以用统计分析从很多数据中找到一个或若干个代表值，也可以通过统计分析对试验的误差进行分析。以下介绍常用的统计分析的概念和计算方法。

5.3.1　平均值

平均值有算术平均值、几何平均值和加权平均值等，按以下公式计算。

（1）算术平均值 $\overline{x}$

$$\overline{x} = \frac{1}{n}(x_1 + x_2 + \cdots + x_n) \tag{5.1}$$

试验数据的算术平均值在最小二乘法意义下是所求真值的最佳近似值，是最常用的一种平均值。

（2）几何平均值 $\overline{x}_a$

$$\overline{x}_a = \sqrt[n]{x_1 x_2 \cdots x_n} \text{ 或 } \lg \overline{x}_a = \frac{1}{n} \sum_{i=1}^{n} \lg x_i \tag{5.2}$$

当一组试验值 x_i 取常用对数（$\lg x_i$）后所得曲线比 x_i 的曲线更为对称时，常用此法计算数据平均值。

（3）加权平均值 $\overline{x}_w$

$$\overline{x}_w = \frac{w_1 x_1 + w_2 x_2 + \cdots + w_n x_n}{w_1 + w_2 + \cdots + w_n} \tag{5.3}$$

式中　w_i——第 i 个试验值所对应的权重，在计算用不同方法或不同条件观测的同一物理量的均值时，可以对不同可靠程度的数据给予不同的"权"。

5.3.2　标准差

对一组试验值 x_1，x_2，$\cdots$，x_n，当它们的可靠程度相同时，其标准差为

$$\sigma = \sqrt{\frac{1}{(n-1)} \sum_{i=1}^{n} (x_i - \overline{x})^2} \tag{5.4}$$

当它们的可靠程度不同时，其标准差为

$$\sigma_w = \sqrt{\frac{1}{(n-1) \sum_{i=1}^{n} w_i} \times \sum_{i=1}^{n} w_i (x_i - \overline{x}_w)^2} \tag{5.5}$$

标准差反映了一组试验值在平均值附近的分散和偏离程度，标准差越大表示分散和偏离程度越大，反之则越小。它对一组试验值中的较大偏差反映比较敏感。

5.3.3　变异系数

变异系数 C_v 通常用来衡量数据的相对偏差程度，它的定义为

$$C_v = \frac{\sigma}{\bar{x}} \text{ 或 } C_v = \frac{\sigma_w}{\bar{x}_w} \tag{5.6}$$

式中　$\bar{x}$，$\bar{x}_w$——平均值；

　　　　σ，σ_w——标准差。

5.3.4　随机变量和概率分布

结构试验的误差及结构材料等许多试验数据都是随机变量，随机变量既有分散性和不确定性，又有规律性。对随机变量，应该用概率的方法来研究，即对随机变量进行大量的测量，对其进行统计分析，从中演绎归纳出随机变量的统计规律及概率分布。

为了对随机变量进行统计分析，得到它的分布函数，需要进行大量测试，由测量值的频率分布图来估计其概率分布。绘制频率分布图的步骤如下。

① 按照观测次序记录数据。

② 按由大至小的次序重新排列数据。

③ 划分区间，将数据分组。

④ 计算各区间数据出现的次数、频率和累计频率。

⑤ 绘制频率直方图及累计频率图（图5.1）。

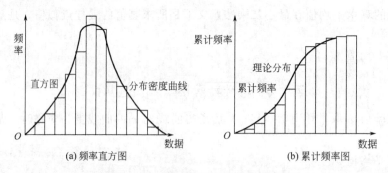

图 5.1　频率直方图和累计频率图

可将频率分布近似作为概率分布（概率是当测试次数趋于无穷大的各族频率），并由此推断试验结果服从何种概率分布。

正态分布是最常用的描述随机变量概率分布的函数，由高斯（Gauss. K. F.）在1795年提出，所以又称为高斯分布。试验测量中的偶然误差，近似服从正态分布。

正态分布 $N(\mu,\sigma^2)$ 概率密度分布函数为

$$P_N(x) = \frac{1}{\sqrt{2\pi}\sigma} e^{-\frac{(x-\mu)^2}{2\sigma^2}} \quad (-\infty < x < \infty) \tag{5.7}$$

其分布函数为

$$N(x) = \frac{1}{\sqrt{2\pi}\sigma} \int_{-\infty}^{x} e^{-\frac{(t-\mu)^2}{2\sigma^2}} dt \tag{5.8}$$

式中　μ——均值；

　　　　σ^2——方差。

均值和方差是正态分布的两个特征参数。对满足正态分布的曲线族，只要参数 μ 和 σ 已知，曲线就可以确定。图5.2所示为不同参数和正态分布密度函数，从图中可以得到以下

结论。

① $P_N(x)$ 在 $x=\mu$ 处到最大值，μ 表示随机变量分布的集中位置。

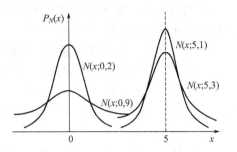

图 5.2　正态分布密度函数图

② $P_N(x)$ 曲线在 $x=\mu\pm\sigma$ 处有拐点。σ 值越小 $P_N(x)$ 曲线的最大值就越大，并且降落得越快，所以 σ 表示随机变量分布的分散程度。

③ 若把 $x-\mu$ 称为偏差，可见小偏差出现的概率较大，大偏差出现的概率小。

④ $P_N(x)$ 曲线关于 $x=\mu$ 是对称的，即大小相同的正负偏差出现的概率相同。

$\mu=0$，$\sigma=1$ 的正态分布称为标准正态分布，它的概率密度分布如下：

$$P_N(t;0,1)=\frac{1}{\sqrt{2\pi}}e^{-\frac{t^2}{2}} \tag{5.9}$$

$$N(t;0,1)=\frac{1}{\sqrt{2\pi}}\int_{\infty}^{t}e^{-\frac{u^2}{2}}\mathrm{d}\mu \tag{5.10}$$

标准正态分布函数值可以从有关表格中取得。对于非标准的正态分布 $P_N(x;\mu,\sigma)$ 和 $N(x;\mu,\sigma)$ 可先将函数标准化，用 $t=\frac{x-\sigma}{\mu}$ 进行变量代换，然后从标准正态分布表中查取 $N\left[\frac{x-\mu}{\sigma};0,1\right]$ 的函数值。

其他几种常见的概率分布有：二项分布，均匀分布，χ^2 分布，t 分布以及 F 分布等。

5.4　误差分析

在结构试验中，必须对一些物理量进行测量。被测对象的值是客观存在的，称为真值 x，每次测量所得的值称为实测值（测量值）$x_i(i=1,2,3,\cdots,n)$。真值和测量值的差值：

$$a_i=x_i-x \qquad (i=1,2,3,\cdots,n) \tag{5.11}$$

称为测量误差，简称误差。实际试验中，真值是无法确定的，常用平均值代表真值。由于各种主观和客观的原因，任何测量数据不可避免地都包含一定程度的误差。根据误差产生的原因和性质，可以将误差分为系统误差、随机误差和过失误差三类。

5.4.1　误差的分类

（1）系统误差

系统误差是由于某些固定的原因所造成的，其特点是在整个测量过程中始终有规律地存在着，其绝对值和符号保持不变或按某一规律变化。系统误差的来源有以下几个方面。

① 方法误差　由于所采用的测量方法或数据处理方法不完善所造成的。如采用简化的测量方法或近似计算方法，忽略了某些因素对测量结果的影响，以致产生误差。

② 工具误差　由于测量仪器或工具本身的不完善（结构不合理，零件磨损等缺陷等）所造成的误差，如仪表刻度不均匀，百分表的无效行程等。

③ 环境误差　测量过程中，由于环境条件的变化所造成的误差。如测量过程中的温度、湿度变化等。

④ 操作误差　由于测量过程中试验人员的操作不当所造成的误差，如仪器安装不当、仪器未校准或仪器调整不当等。

⑤ 主观误差　又称个人误差，是测量人员本身的一些主观因素造成的，如测量人员的一些做法，操作习惯使得读数偏高或偏低。

系统误差的大小可以用准确度表示，准确度高表示测量的系统误差小。查明系统误差的原因，找出其变化规律，就可以在测量中采取措施，如改进测量的方法等。

（2）随机误差

随机误差是由一些随机的偶然因素造成的，它的绝对值和符号变化无常，如果进行大量的测量，一般认为其服从正态分布的统计规律。随机误差具有以下特点。

① 误差的绝对值不会超过一定的界限。

② 绝对值小的误差比绝对值大的误差出现的次数多，近于零的误差出现的次数最多。

③ 绝对值相等的正误差与负误差出现的次数几乎相等。

④ 误差的算术平均值，随着测量次数的增加而趋于零。

另外要注意的是，在实际试验中，往往很难区分随机误差和系统误差，因此许多误差都是这两类误差的组合。

随机误差的大小可以用精确度表示，精确度高表示测量的随机误差小。对随机误差进行统计分析，或增加测量次数，找出其统计特征值，就可以在数据处理时对测量结果进行修正。

（3）过失误差

主要是由于试验者粗心大意所引起的。如读错仪表刻度（位数，正负号）、测点或测读数据混淆，记录错误等，造成量测数据有不可允许的错误，过失误差一般数值较大，并且常与事实明显不符，必须把过失误差从试验数据中剔除，还应分析出现过失误差的原因，采取措施以防止再次出现。

5.4.2　误差的计算

对误差进行统计分析时，同样需要计算三个重要的统计特征值即算术平均值、标准误差和变异系数。如进行了几次测量，得到几个测量值 x_i，有几个测量误差 $a_i(i=1,2,3,\cdots,n)$，则误差的平均值为

$$\bar{a}=\frac{1}{n}(a_1+a_2+\cdots+a_n) \tag{5.12}$$

其中 a_i 按下式计算：

$$a_i=x_i-\bar{x} \tag{5.13}$$

$$\bar{x}=\frac{1}{n}\sum_{i=1}^{n}x_i \tag{5.14}$$

误差的标准差是

$$\sigma=\sqrt{\frac{1}{n-1}\sum_{i=1}^{n}a_i^2} \text{ 或 } \sigma=\sqrt{\frac{1}{(n-1)}\sum_{i=1}^{n}(x_i-\bar{x})^2} \tag{5.15}$$

变异系数为

$$C_v=\frac{\sigma}{\bar{a}} \tag{5.16}$$

5.4.3　误差传递

在对试验结果进行数据处理时，常常需要用若干个直接测量值来计算某些物理量的值，

它们之间的关系可以用下面的函数来表示：

$$y = f(x_1, x_2, \cdots, x_m) \tag{5.17}$$

式中　x_i——直接测量值，$i=1,2,3,\cdots,m$；

　　　y——所要计算物理量的值。

若直接测量值 x_i 的最大绝对误差为 $\Delta x_i (i=1,2,3,\cdots,m)$，则 y 的最大绝对误差 Δy 和最大相对误差 δ 分别为

$$\Delta y = \left| \frac{\partial f}{\partial x_1} \right| \Delta x_1 + \left| \frac{\partial f}{\partial x_2} \right| \Delta x_2 + \cdots + \left| \frac{\partial f}{\partial x_m} \right| \Delta x_m \tag{5.18}$$

$$\delta = \frac{\Delta y}{|y|} = \left| \frac{\partial f}{\partial x_1} \right| \frac{\Delta x_1}{|y|} + \left| \frac{\partial f}{\partial x_2} \right| \frac{\Delta x_2}{|y|} + \cdots + \left| \frac{\partial f}{\partial x_m} \right| \frac{\Delta x_m}{|y|} \tag{5.19}$$

对一些常用的函数形式，可以得到以下关于误差估计的实用公式。

（1）代数和

$$y = x_1 \pm x_2 \pm \cdots \pm x_m \tag{5.20}$$

$$\Delta y = \Delta x_1 + \Delta x_2 + \cdots + \Delta x_m \, \text{且} \, \delta = \frac{\Delta y}{|y|} = \frac{\Delta x_1 + \Delta x_2 + \cdots + \Delta x_m}{|x_1 + x_2 + \cdots + x_m|}$$

（2）乘法

$$y = x_1 x_2 \tag{5.21}$$

$$\Delta y = |x_2| \Delta x_1 + |x_1| \Delta x_2 \, \text{且} \, \delta = \frac{\Delta y}{|y|} = \frac{\Delta x_1}{|x_1|} + \frac{\Delta x_2}{|x_2|}$$

（3）除法

$$y = x_1 / x_2 \tag{5.22}$$

$$\Delta y = \left| \frac{1}{x_2} \right| \Delta x_1 + \left| \frac{x_1}{x_2^2} \right| \Delta x_2 \, \text{且} \, \delta = \frac{\Delta y}{|y|} = \frac{\Delta x_1}{|x_1|} + \frac{\Delta x_2}{|x_2|}$$

（4）幂函数

$$y = x^\alpha (\alpha \, \text{为任意实数}) \tag{5.23}$$

$$\Delta y = |\alpha x^{\alpha-1}| \Delta x \, \text{且} \, \delta = \frac{\Delta y}{|y|} = \left| \frac{\alpha}{x} \right| \Delta x$$

（5）对数

$$y = \ln x \tag{5.24}$$

$$\Delta y = \left| \frac{1}{x} \right| \Delta x \, \text{且} \, \delta = \frac{\Delta y}{|y|} = \frac{\Delta x}{|x \ln x|}$$

如 $x_1, x_2, \cdots, x_m$ 为随机变量，它们各自的标准误差为 $\sigma_1, \sigma_2, \cdots, \sigma_m$，令 $y = f(x_1, x_2, \cdots, x_m)$ 为随机变量的函数，则 y 的标准误差为

$$\sigma = \sqrt{\left(\frac{\partial f}{\partial x_1} \right)^2 \sigma_1^2 + \left(\frac{\partial f}{\partial x_2} \right)^2 \sigma_2^2 + \cdots + \left(\frac{\partial f}{\partial x_m} \right)^2 \sigma_m^2} \tag{5.25}$$

5.4.4　误差的检验

实际试验中，系统误差、随机误差和过失误差是同时存在的，试验误差是这三种误差的组合。通过对误差进行检验，尽可能地消除系统误差，剔除过失误差，使试验数据反映事实。

（1）系统误差

系统误差由于产生的原因较多、较复杂，所以系统误差不容易被发现，它的规律难以掌

握，也难以全部消除它的影响，从数值上看，常见的系统误差有固定的系统误差和变化的系统误差两类。

固定的系统误差是在整个测量数据中始终存在着的一个数值大小、符号保持不变的偏差。固定的系统误差往往不能通过在同一条件下的多次重复测量来发现，只有用几种不同的测量方法或同时用几种测量工具进行测量比较，才能发现其原因和规律，并加以消除。

变化的系统误差可分为积累变化、周期性变化和按复杂规律变化三种。

当测量次数相当多时，如率定传感器时，可从偏差的频率直方图来判别；如偏差的频率直方图和正态分布曲线相差甚远，即可判断测量数据中存在着系统误差，随机误差的分布规律服从正态分布。

当测量次数不够多时，可将测量数据的偏差按测量先后次序依次排列，如其数值大小基本上有规律地向一个方向变化（增大或减小），即可判断测量数据是有积累的系统误差；如将前一半的偏差之和与后一半的偏差之和相减，若两者之差不为零或不近似为零，也可判断测量数据是有积累的系统误差，将测量数据的偏差按测量先后次序依次排列；如其符号基本上有规律地交替变化，即可认为测量数据中有周期性变化的系统误差。对变化规律复杂的系统误差，可按其变化的现象，进行各种试探性的修正，来寻求其规律和原因；也可改变或调整测量方法，如用其他的测量工具，来减少或消除这一类的系统误差。

(2) 随机误差

通常认为随机误差服从正态分布，它的分布密度函数（即正态分布密度函数）为

$$y = \frac{1}{\sqrt{2\pi}\sigma}e^{-\frac{(x_i-x)^2}{2\sigma^2}} \tag{5.26}$$

式中　　x_i-x——随机误差；

　　　　x_i——实测值（减去其他误差）；

　　　　x——真值。

实际试验时，常用 $x_i-\overline{x}$ 代替 x_i-x，$\overline{x}$ 为平均值或其他近似的真值。随机误差有以下特点：绝对值小的误差出现的概率比绝对值大的误差出现的概率大，零误差出现的概率是最大的；绝对值相等的正误差与负误差出现的概率相等；在一定测量条件下，误差的绝对值不会超过某一极限，即有界性；同条件下对同一量进行测量，其误差的算术平均值随着测量次数 n 的无限增加而趋于零，即误差算术平均值的极限为零，即抵偿性。

在实际使用中，人们还习惯地使用几种不同定义的误差，实际上它们代表了不同置信程度的误差范围。常用的误差表示法如下。

① 标准误差 σ　一组测定值的标准误差 σ 最明确地表明了这组测定值的精确度。σ 值越大，曲线越平坦，误差值分布越分散，精确度越低；σ 越小，曲线越陡，误差值分布越集中，精确度越高。

② 平均误差 δ　一组测定值的平均误差 δ 是该测定值全部随机误差绝对值的算术平均值：

$$\delta = \frac{\sum\limits_{i=1}^{n}|x_i-m|}{n} \tag{5.27}$$

③ 或然误差 γ　是指在一组测量中对应于置信程度 $1-\alpha$ 为 50% 时的置信区间，也就是说，在一组测定值中（测定次数需足够大）偶然误差绝对值大于 γ 和小于 γ 的测量次数各占一半，因此称或然误差。

④ 极限误差　定义极限误差的范围（置信区间）为标准误差的三倍。可以根据概率相关知识得到，相应于置信区间为 3σ 时的置信程度为 99.7%。也就是说真值落在 $\pm 3\sigma$ 范围内的概率已接近 100%，所以将此误差定义为极限误差。

⑤ 范围误差　指一组测定值中最大值与最小值之差，以此作为误差变化范围。

上述各种误差的分析更清楚地说明，误差范围和置信度是密切相关的，仅当确定了置信度才有相应的误差范围。

误差落在某一区间内的概率 $P(|x_i - x| \leqslant a_t)$ 如表 5.1 所示。

表 5.1　与某一误差范围对应的概率

误差限 a_t	0.32σ	0.67σ	1.00σ	1.15σ	1.96σ	2.00σ	2.58σ	3.00σ
概率 P	25%	50%	68%	75%	95%	95.4%	99%	99.7%

（3）过失误差

测量中遇到个别测量的误差较大，并且难以对其合理解释的数据称异常数据，应该把它们从试验数据中剔除，通常认为其中包含过失误差。常用的判别范围和鉴别方法如下。

① 3σ 法　由于随机误差服从正态分布，误差绝对值大于 3σ 的概率仅为 0.3%，即 330 多次才可以出现一次。因此，当某个数据的误差绝对值大于 3σ 时，应剔除该数据。在实际试验中，可用偏差代替误差。

② 肖维纳法　进行 n 次测量，误差服从正态分布，以概率 $1/(2n)$ 设定一个判断范围 $[-a\sigma, +a\sigma]$，当某一数据的误差绝对值大于 $a\sigma$，即误差出现的概率小于 $1/(2n)$ 时，就剔除该数据。判断范围由下式设定：

$$\frac{1}{2n} = 1 - \int_{-a}^{a} \frac{1}{\sqrt{2\pi}} e^{-\frac{t^2}{2}} dt \tag{5.28}$$

即认为异常数据出现的概率小于 $1/(2n)$。

③ 格拉布斯法　是以 t 分布为基础，根据数理统计理论按危险率 α 和子样容量 n（即测量次数 n）求得临界值 $T_0(n, \alpha)$，见表 5.2。如某个测量数据 x_i 的误差绝对值满足：

$$|x_i - \overline{x}| > T_0(n, \alpha)s \tag{5.29}$$

即应剔除该数据，其中，s 为子样的标准差。

表 5.2　$T_0(n, \alpha)$

n \ α	0.05	0.01	n \ α	0.05	0.01
3	1.15	1.16	17	2.48	2.78
4	1.46	1.49	18	2.50	2.82
5	1.67	1.75	19	2.53	2.85
6	1.82	1.94	20	2.56	2.88
7	1.94	2.10	21	2.58	2.91
8	2.03	2.22	22	2.60	2.94
9	2.11	2.32	23	2.62	2.96
10	2.18	2.41	24	2.64	2.99
11	2.23	2.48	25	2.66	3.01
12	2.28	2.55	30	2.74	3.10
13	2.33	2.61	35	2.81	3.18
14	2.37	2.66	40	2.87	3.24
15	2.41	2.70	50	2.96	3.34
16	2.44	2.75	100	3.17	3.59

5.5 数据的表达

把试验数据按一定的规律、方式来表达，以便对数据进行分析。试验数据表达的方式有表格、图像和函数三种。

5.5.1 表格方式

表格按其内容和格式可分为汇总表格和关系表格两类：汇总表格把试验结果中的主要内容或试验中的某些重要数据汇集于一表之中，表中的行与行、列与列之间一般没有必然的关系；关系表格是把相互相关的数据按一定的格式列于表中，表中列与列、行与行之间都有一定的关系，它的作用是使有一定关系的代表两个或若干个变量的数据更加清楚地表示出变量之间的关系和规律。

表格的主要组成部分和基本要求如下。

① 每个表格都应该有一个表格的名称、编号。表名和编号通常放在表的顶部。

② 表格的形式应该根据表格的内容和要求来决定，在满足基本要求的情况下，可以对细节做变动。

③ 不论何种表格，每列都必须有列名，它表示该列数据的意义和单位，列名放在每列的上部，应把各列的列名都放在第一行对齐，如果第一行空间不够，可以把列名的部分内容放在表格下面的注解中。应尽量把主要的数据列或自变量列放在靠左边的位置。

④ 表格中的内容应尽量完全，能完整地说明问题。

⑤ 表格中的符号和缩写应该采用标准格式，表中的数字应该整齐、准确。

⑥ 如果需要对表格中的内容加以说明，可以在表格的下面紧挨着表格加一注解，不要把注解放在其他任何地方，以免混淆。

⑦ 应突出重点，把主要内容放在醒目的位置。

5.5.2 图像方式

试验数据还可以用图像来表达，图像表达有曲线图、形态图、直方图和饼形图等形式。

（1）曲线图

曲线图的特点如下。

① 可以清楚、直观地显示两个或两个以上的变量之间关系的变化过程，或显示若干个变量数据沿某一区域的分布。

② 可以显示变化过程或分布范围中的转折点、最高点、最低点以及周期变化的规律。

③ 对于定性分析和整体规律分析来说，曲线图是最合适的方法。

曲线图的主要组成部分和基本要求如下。

① 每个曲线图都必须有图名、编号，图名和图号通常放在图的底部。

② 每个曲线应该有一个横坐标和一个或一个以上的纵坐标，每个坐标都应有名称；坐标的形式、比例和长度可根据数据的范围决定，但应该使整个曲线图清楚、准确地反映数据的规律。

③ 通常是取横坐标作为自变量，取纵坐标作为函数，自变量通常只有一个。函数可以有若干个；一个自变量与一个函数可以组成一条曲线，一个曲线图中可以有若干条曲线。

④ 有若干条曲线时，可以用不同线型（实线、虚线、点画线和点线等）或用不同的标记（＋、□、△、×等）加以区别，也可以用文字说明来区别。

⑤ 如果需要对曲线图中的内容加以说明，可以在图中或图名下加上注解。

由于各种原因，试验直接得到的曲线会出现振荡等，影响了对试验结果的分析，可以对试验曲线进行修匀光滑处理。如试验曲线的数据如表 5.3 所示。

表 5.3 试验数据

x	x_0	$x_1 = x_0 + \Delta x$	⋯	$x_i = x_0 + i\Delta x$	⋯	$x_m = x_0 + m\Delta x$
y	y_0	y_1	⋯	y_i	⋯	y_m

表中 x 为自变量，y_i 为按等距 Δx 进行测量得到的数据，用直线的滑动平均法，可得到新的 y_i' 值，将 (x_i, y_i') 顺序相连，可得到一条较光滑的曲线。例如三点滑动平均法的计算式如下：

$$y_i' = \frac{1}{3}(y_{i-1} + y_i + y_{i+1})$$

$$y_0' = \frac{1}{6}(5y_0 + 2y_1 - y_2)$$

$$y_m' = \frac{1}{6}(-y_{m-2} + 2y_{m-1} + 5y_m)$$

还可以用六点滑动平均、二次抛物线或三次抛物线滑动平均法，对试验曲线进行修匀光滑处理。

（2）形态图

把结构在试验时的各种难以用数值表示的形态，用图像表示，这类的形态如混凝土结构的裂缝情况，钢结构的屈曲失稳状态、结构的破坏状态等，这种图像就是形态图。

形态图的制作方式有照相和手工画图，照片形式的形态图可以真实地反映实际情况，但有时却把一些不需要的细节也包括在内。手工画的形态图可以对实际情况进行概括和抽象，突出重点，更好地反映本质情况。绘图时，可根据需要作整体图或局部图，还可以把各个侧面的形态图连成展开图。

形态图用来表示结构的损伤情况、破坏形态等，是其他表达方式不能代替的。

（3）直方图和饼形图

直方图便于统计分析，通过绘制某个变量的频率直方图和累计直方图来判断其随机分布规律。为了研究某个随机变量的分布规律，首先要对该变量进行大量的观测，然后按照以下步骤绘制直方图。

① 从观测数据中找出最大值和最小值。

② 确定分组区间和组数，区间宽度为 Δx，算出各组的中值。

③ 根据原始记录，统计各组内测量值出现的频数 m_i。

④ 计算各组的频率 f_i（$f_i = m_i / \sum m_i$）和累计频率。

⑤ 绘制频率直方图和累计频率直方图，以观测值为横坐标，以频率密度（$f/\Delta x$）为纵坐标，在每一分组区间内，作以区间宽度为底、频率密度为高的矩形，这些矩形所组成的阶梯形称为频率直方图，再以累计频率为纵坐标，可绘出累计频率直方图。

从频率直方图和累计频率直方图的基本趋向，可以判断该随机变量的分布规律。直方图的另一个作用是数值比较，把大小不同的数据用不同长度的矩形来表示，可以得到一个更加直观的比较。

饼形图中，用大小不同的扇形面积来表示不同的数据。

5.5.3 函数方式

试验数据之间存在着一定的关系，把这种关系用函数形式表示更为精确。其工作包括以下步骤。

（1）确定函数形式

函数形式可以从试验数据的分布规律中得到。通常是把试验数据作为函数坐标点画在坐标纸上，根据这些函数点的分布或由这些连成的曲线的趋向，确定一种函数形式。在选择坐标系和坐标变量时，应尽量使函数点的分布或曲线的趋向简单明了，如呈线性关系。还可以设法通过变量代换，将原来关系不明确的转变为明确的，将原来呈非线性关系的转变为呈线性关系的。

表 5.4　常见函数形式以及相应的线性变换

图形及特征	名称及方程
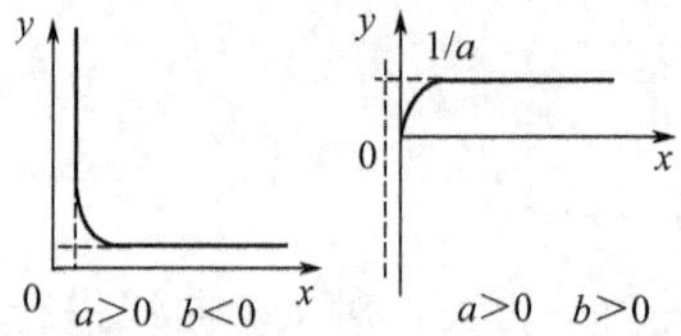	双曲线 $\dfrac{1}{y}=a+\dfrac{b}{x}$
	令 $y'=\dfrac{1}{y}$，$x'=\dfrac{1}{x}$，则 $y'=a+bx'$
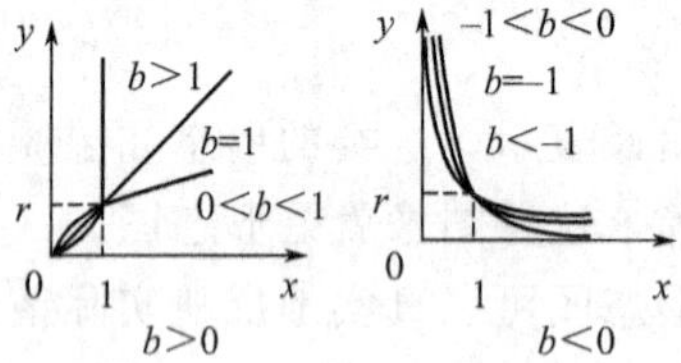	幂函数曲线 $y=rx^b$
	令 $y'=\lg y$，$x'=\lg x$，$a=\lg r$，则 $y'=a+bx'$
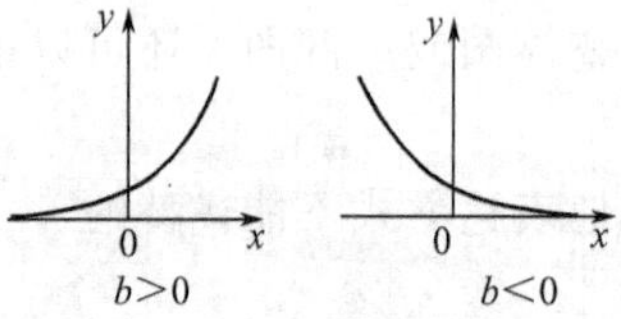	指数函数曲线 $y=re^{bx}$
	令 $y'=\ln y$，$a=\ln r$，则 $y'=a+bx$
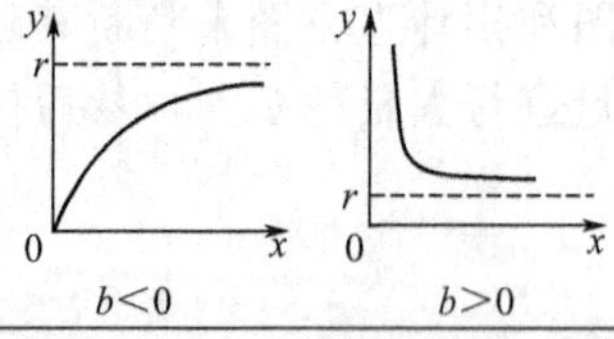	指数函数曲线 $y=re^{\frac{b}{x}}$
	令 $y'=\ln y$，$x'=\dfrac{1}{x}$，$a=\ln r$，则 $y'=a+bx'$
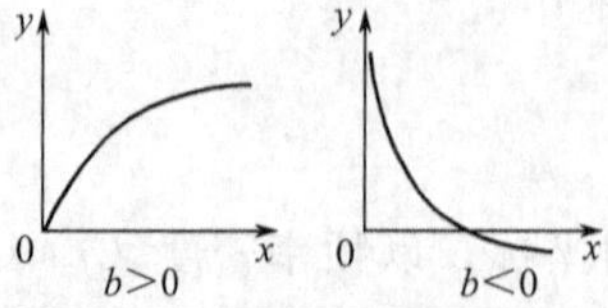	对数函数曲线 $y=a+b\lg x$
	令 $x'=\lg x$，则 $y=a+bx'$
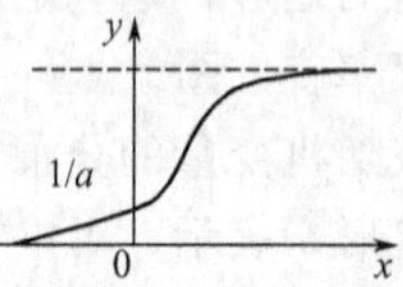	S形曲线 $y=\dfrac{1}{a+be^{-x}}$
	令 $y'=\dfrac{1}{y}$，$x'=e^{-x}$，则 $y'=a+bx'$

常用的函数形式以及相应的线性变换如表 5.4 所示。还可以采用多项式如下：

$$y = a_0 + a_1 x + a_2 x^2 + \cdots + a_n x^n \tag{5.30}$$

（2）求函数表达式的系数

① 回归分析 设试验结果为 (x_i, y_i) $(i=1,2,\cdots,n)$，用函数来模拟 x_i 与 y_i 之间的关系，这个函数中有待定系数 $a_j (j=1,2,\cdots,m)$，可写为

$$y = f(x, a_j; j=1,2,\cdots,m) \tag{5.31}$$

上式中的 a_j 也可称为回归系数。求这些回归系数所遵循的原则是：当将所求得的系数代入函数式中，用函数式计算得到数值，应与试验结果最佳近似。通常用最小二乘法来确定回归系数 a_j。

最小二乘法，就是使由函数式得到的回归值与试验值的偏差平方之和 Q 为最小，从而确定回归系数 a_j 的方法。Q 可以表示为 a_j 的函数：

$$Q = \sum_{i=1}^{n} [y_i - f(x_i, a_j)]^2 \quad (j=1,2,\cdots,m) \tag{5.32}$$

式中 x_i, a_j——试验结果。

根据微分学的极值定理，要使 Q 为最小的条件是把 Q 对 a_j 求导数并令其为零，则

$$\frac{\partial Q}{\partial a_j} = 0 \quad (j=1,2,\cdots,m) \tag{5.33}$$

求解以上方程组，就可以解得使 Q 值为最小的回归系数 a_j。

② 一元线性回归分析 设试验结果 x_j 与 y_j 之间存在着线性关系，可得直线方程如下：

$$y = a + bx \tag{5.34}$$

相对的偏差平方之和为

$$Q = \sum_{i=1}^{n} (y_i - a - bx_i)^2 \tag{5.35}$$

把 Q 对 a 和 b 求导，并令其等于零，可解得 b 和 a 如下：

$$b = \frac{L_{xy}}{L_{xx}} \tag{5.36}$$

$$a = \overline{y} + b\,\overline{x} \tag{5.37}$$

$$\overline{x} = \frac{1}{n} \sum_{i=1}^{n} x_i$$

$$\overline{y} = \frac{1}{n} \sum_{i=1}^{n} y_i$$

$$L_{xx} = \sum_{i=1}^{n} (x_i - \overline{x})^2$$

$$L_{xy} = \sum_{i=1}^{n} (x_i - \overline{x})(y_i - \overline{y})$$

设 γ 为相关系数，它反映了变量 x 的 y 之间线性相关的密切程度，γ 由下式定义：

$$\gamma = \frac{L_{xy}}{\sqrt{L_{xx} L_{yy}}} \tag{5.38}$$

$$L_{yy} = \sum_{i=1}^{n} (y_i - \overline{y})^2$$

显然 $|\gamma| \leqslant 1$。当 $|\gamma| = 1$ 时，称为完全线性相关，此时所有的数据点 (x_i, y_i) 都在直线上；当 $|\gamma| = 0$ 时，称为完全线性无关，此时数据点的分布毫无规则。表 5.5 所示为对应于

不同的 n 和显著性水平 α 下的相关系数的检验值，当 $|\gamma|$ 大于表中相应的值，所得到直线回归方程才有意义。

表 5.5　相关系数检验表

$n-2$ ＼ α	0.05	0.01	$n-2$ ＼ α	0.05	0.01
1	0.997	1.000	21	0.413	0.526
2	0.950	0.990	22	0.404	0.515
3	0.878	0.959	23	0.396	0.505
4	0.811	0.917	24	0.388	0.496
5	0.754	0.874	25	0.381	0.487
6	0.707	0.834	26	0.374	0.478
7	0.656	0.798	27	0.367	0.470
8	0.632	0.765	28	0.361	0.463
9	0.602	0.735	29	0.355	0.456
10	0.576	0.708	30	0.349	0.449
11	0.553	0.684	35	0.325	0.418
12	0.532	0.661	40	0.304	0.393
13	0.514	0.641	45	0.288	0.372
14	0.497	0.623	50	0.273	0.354
15	0.482	0.606	60	0.250	0.325
16	0.468	0.590	70	0.232	0.302
17	0.456	0.575	80	0.217	0.283
18	0.444	0.561	90	0.205	0.267
19	0.433	0.549	100	0.195	0.256
20	0.423	0.537	200	0.138	0.181

③ 一元非线性回归分析　若试验结果 x_i 和 y_i 之间的关系不是线性关系，则可以进行变量代换，转换成线性关系，再求出函数式中的系数；也可以直接进行非线性回归分析，用最小二乘法求出函数式中的系数。对变量 x 和 y 进行相关性检验，可以用下面的相关指数 R^2 来表示：

$$R^2 = 1 - \frac{\sum (y_i - y)^2}{\sum (y_i - \overline{y})^2} \tag{5.39}$$

上式中，$y = f(x_i)$ 是把 x_i 代入回归方程得到的函数值，$\overline{y}$ 为试验结果 y_i 的平均值。相关指数值 R^2 的平方根 R 也可称为相关系数，但它与前面的线性相关系数不同。相关指数 R^2 和相关系数 R 表示回归方程或回归曲线与试验结果拟合的程度，R^2 和 R 趋近于 1 时，表示回归方程的拟合程度好；R^2 和 R 趋近于零时，表示回归方程的拟合程度不好。

④ 多元线性回归分析　设随机变量 Y 随 m 个自变量 $X_1, X_2, \cdots, X_m$ 的变化而变化，其数学模型为

$$Y = b_0 + b_1 X_1 + b_2 X_2 + \cdots + b_m X_m \tag{5.40}$$

式中　$b_0, b_1, b_2, \cdots, b_m$——待定参数，$b_0$ 为常数项，$b_1, b_2, \cdots, b_m$ 分别称为 Y 对 $X_1, X_2, \cdots,$
$\qquad\qquad X_m$ 的回归系数。

假定已有 n 组试验数据：

$$X_{1k}, X_{2k}, \cdots, X_{mk}, Y_k$$

其中，$K=1,2,3,\cdots,n(m<n)$，即

$$
\begin{array}{ccccc}
X_{11} & X_{21} & \cdots & X_{m1} & Y_1 \\
X_{12} & X_{22} & \cdots & X_{m2} & Y_2 \\
\cdots & \cdots & & \cdots & \cdots \\
X_{1n} & X_{2n} & \cdots & X_{mn} & Y_n
\end{array}
$$

根据这些数据计算方程式(5.40)中各待定参数 $b_0,b_1,b_2,\cdots,b_m$。

试验数据 Y_k 与回归计算值 Y'_k 之间的离差的平方和称为剩余平方和，记为

$$
Q = \sum_{k=1}^{n}(Y_k-Y'_k)^2 = \sum_{k=1}^{n}(Y_k-b_0-b_1X_{1k}-b_2X_{2k}-\cdots-b_mX_{mk})^2 \qquad (5.41)
$$

采用最小二乘法可使剩余平方和达到最小。

令

$$
\overline{X}_i = \frac{1}{n}\sum_{k=1}^{n}X_{ik} \quad (i=1,2,3,\cdots,n)
$$

$$
\overline{Y} = \frac{1}{n}\sum_{k=1}^{n}Y_k
$$

则

$$
b_0 = \overline{Y}-(b_1\overline{X}_1+b_2\overline{X}_2+\cdots+b_m\overline{X}_m)
$$

如果引进记号：

$$
L_{ij} = L_{ji} = \sum_{k=1}^{n}X_{ik}X_{jk}-\frac{1}{n}\sum_{k=1}^{n}X_{ik}\sum_{k=1}^{n}X_{jk}
$$

$$
L_{iy} = \sum_{k=1}^{n}X_{ik}Y_k-\frac{1}{n}\sum_{k=1}^{n}X_{ik}\sum_{k=1}^{n}Y_k
$$

则可以得到以 $b_0,b_1,b_2,\cdots,b_m$ 为未知数的 m 个线性方程，即

$$
L_{11}b_1+L_{12}b_2+\cdots+L_{1m}b_m = L_{1Y}
$$
$$
L_{21}b_1+L_{22}b_2+\cdots+L_{2m}b_m = L_{2Y}
$$
$$
\cdots\cdots\cdots\cdots
$$
$$
L_{m1}b_1+L_{m2}b_2+\cdots+L_{mm}b_m = L_{mY}
$$

对上述方程采用无回代过程消元法求解后，就可得到多元线性回归方程。

在回归方程求出以后，要对它进行显著性检验以判断是否可信，为此要进行方差分析，进行回归方程显著性检验。方差分析如表 5.6 所示。

表 5.6　方差分析表

名称	平方和	自由度	方差	方差比
回归平方和	$U = \sum_{i=1}^{m}b_iL_{iy}$	m	U/m	$F=\dfrac{U(n-m-1)}{Qm}$
剩余平方和	$Q = L_{YY}-\sum_{i=1}^{m}b_iL_{iY}$	$n-m-1$	$Q/(n-m-1)$	
平方和	$L_{YY}=U+Q$	$n-1$		

在多元回归中，在总离差平方和已确定的条件下（取决于样本容量与数据值）回归平方和 U 愈大，表示随机变量 Y 与 m 个自变量的线性关系愈密切，回归出来的结果可信程度愈高，而剩余平方和 Q 表明其他各种随机因素（除自变量的线性影响外）对 Y 的影响，它包括自变量对 Y 的非线性影响及试验误差等。

在多元回归中，各平方和的自由度按如下原则确定：总平方和 L_{YY} 的自由度仍为 $n-1$，

回归平方和的自由度等于自变量的个数 m，剩余平方和的自由度等于 $n-m-1$。U/m 称为回归方差。$Q/(n-m-1)$ 称为剩余方差；$R=(1-Q/L_{YY})^{1/2}$ 称为复相关系数。R 的平方实质上是 Y 的回归平方和 U 与 Y 的总离差平方和 L_{YY} 的比值，这个比值的大小反映了 Y 与 $X_1, X_2, \cdots, X_m$ 的线性关系的密切程度，显然 $0 \leqslant R \leqslant 1$，$R$ 愈接近于 1，回归效果愈好。但是 R 的大小虽然反映了总的回归效果，但还与回归方程中自变量的个数 m 及试验次数 n 有关，为此 n 相对于 m 不太大时，还要采用方差分析中的 F 检验，来检验总体的回归效果。$F=U(n-m-1)/(Qm)$。在给定的显著水平 α 下，如果 $F>F_{\alpha}(m, n-m-1)$，则证明 X 与 Y 之间线性回归方程有显著意义。检验时，先查 F 分布表，可得 $F_{0.05}(m, n-m-1)$ 和 $F_{0.01}(m, n-m-1)$，将它与计算得到的 F 值进行比较，如果 $F>F_{0.01}(m, n-m-1)$，则称回归效果非常显著，如果 $F>F_{0.05}(m, n-m-1)$ 则称回归效果显著。

（3）系统识别方法

在结构动力试验中，常常需要由已知的对结构的激励和结构的反应，来识别结构的某些参数，如刚度、阻尼和质量等。把结构看做一个系统，对结构的激励是系统的输入，结构的反应是系统的输出，结构的刚度、阻尼和质量等就是系统的特性。系统识别就是用数学的方法，由已知的系统的输入和输出，找出系统的特性或它的最优的近似解。

思　考　题

1. 试验结果的表达方式有哪几种？
2. 试验数据的误差有哪几种？
3. 如何控制试验误差？
4. 异常的试验数据舍弃用什么方法？

第6章　建筑结构静力试验

6.1　概述

静载检测是指结构或构件在静力荷载作用下，通过专门测试仪器设备测得结构或构件的各种变形、内力变化及承载能力。大量的结构检测中大多数为静载检测。因此，静载检测也是结构检测工作中一项最常见也是最基本的工作。

6.2　静载检测的计划和准备工作

单调加载静力试验是静载检测中最常见的一种试验，其检测过程一般分为三个阶段：计划与准备阶段、加载与测试阶段、分析与评定阶段。具体内容主要包括以下几个方面。

6.2.1　调查研究、收集资料、清楚任务、明确目的

调查研究，收集资料，充分了解试验的任务和要求，明确目的，规划试验时心中有数，以便确定试验的性质和规模，试验的形式、数量和种类，正确地进行试验设计。

6.2.2　检测方案的制定

检测方案是进行检测的纲领性文件，通常包括以下几方面的内容。

① 概述，介绍调查研究的情况，提出试验的依据及试验的目的、意义与要求等。必要时，还应有相关理论分析和计算。

② 测试场地的选定和布置，在试件进场之前，应对试验场地加以清理和安排，包括水、电、交通和清除不必要的杂物，集中安排好试验使用的物品。必要时，应做场地平面设计，架设或准备好试验中的防风、防雨和防晒设施，避免对荷载和量测造成影响。现场试验支座处的承载力应经局部验算和处理，下沉量不宜太大，以保证结构作用力的正确传递和试验工作顺利进行。

③ 试件的安装和就位，包括就位的形式（正位、卧位或反位）、支承装置，保证试件侧向稳定的措施和安装就位的方法及机具等。

④ 加载方法，包括加载设备及装置，荷载数量及种类，加载图式，加载程序等。

⑤ 测量方法，也称观测设计，主要说明观测项目、测点布置和量测仪表的选择、仪表标定方法、仪表布置及编号、仪表安装方法、量测顺序规定和补偿仪表的设置等。

⑥ 辅助试验。结构试验往往要做一些辅助试验，如材料物理力学性能的试验和某些探索性小试件或小模型、节点试验等。本项应列出试验内容，阐明试验目的、试验要求、试验种类、试验个数、试件尺寸、制作要求和试验方法等。

⑦ 测试安全措施，包括人员、仪器、试件侧向稳定等的保护技术措施。

⑧ 进度计划，记录表格制作。

⑨ 试验组织管理，一个试验，特别是大型试验，参加试验人数多，涉及面广，必须严密组织，加强管理。

⑩ 附录，包括所需器材、仪表、设备及经费清单、观测记录表格、量测仪表的率定结果报告和其他必要文件、规定等。

6.2.3 试件的检测安装方式

正位检测是指将被测件处于实际受力状态。对于梁、板和屋架等简支的静定构件，正位检测时，结构构件的受压区在上，受拉区在下，结构自重和它所承受的外荷作用在同一垂直平面内，符合实际受力状态。因此，在结构检测中应优先采用正位检测。对于有长轴试验机的柱检测也可采用正位检测。

对于自重较大的梁、柱，跨度大、高跨比较大的屋架及桁架等重型构件，当不便吊装运输和进行检测时，可在现场就地采用卧式检测。如图 6.1 所示，大幅度降低了检测装置的高度，便于布置检测仪表和数据的测量。

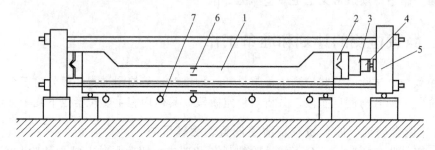

图 6.1 偏心受压柱卧位检测

1—待测试件；2—铰支座；3—千斤顶；4—荷载传感器；5—荷载支撑架；6—应变片；7—百分表

对于混凝土构件进行抗裂或裂缝宽度检测时，为了便于观测裂缝和读取裂缝宽度值（例如裂缝出现在受拉区梁的底部），可将被测件倒过来安装，使受拉区在上，这样还可以减少加载装置如反力架。当施加由下向上的荷载时，首先要抵消构件的自重（即需要施加的荷载要加上构件的自重）。当构件的自重较大时，反位检测时容易导致梁的下缘开裂，故对于自重较大的构件不易采用反位检测。

原位检测是针对已建结构而言的。即在原结构现场，对原型结构或构件进行检测。这时，由于是处于实际工作状态，它与在实验室里做单个结构或构件检测是不同的。要注意支座不是理想的支座，邻近的构件对被测试件会产生影响，如嵌固、约束作用等。在设计时应考虑这些问题。

6.2.4 试件的安装就位要求

按照试验大纲的规定和试件设计要求，在各项准备工作就绪后即可将试件安装就位。保证试件在试验的全过程中都能按计划模拟条件工作，避免因安装错误而产生附加应力或出现安全事故，是试件安装就位时需要重点解决的问题。

简支结构的两支点应在同一水平面上，高差不宜超过试验跨度的 1/50。试件、支座、支墩和台座之间应密合稳固，为此常采用砂浆坐缝处理。

四边支承和四角支承结构，各支座应保持均匀接触，最好采用可调支座，若支座带有测支座反力的测力计，应调节至该支座应承受的试件重量为止，也可采用砂浆坐浆或湿砂调节。

卧位试验，试件应平放在水平滚轴或平车上，以减轻试验时试件水平位移的摩阻力，同时也防止试件侧向变形。

试件吊装时，平面结构应防止发生平面外弯曲、扭曲等变形；细长杆件的吊点应适当加密，避免弯曲过大；钢筋混凝土结构在吊装就位过程中，应保证不出现裂缝，尤其是抗裂试验结构，必要时应附加夹具，提高试件刚度。

6.3　单调静力荷载试验

单调加载静力试验是指在短时期内对试验对象进行平稳的一次连续施加荷载，荷载从零开始一直加到结构构件破坏，或是在短时期内平稳地施加若干次预定的重复荷载后，再连续增加荷载直到结构构件破坏。

6.3.1　单调静力荷载试验加载制度

（1）静载加载图式和加载程序

① 静载加载图式　加载图式是指检测荷载在试件上的布置形式，包括荷载类型（如重力加载或液压加载）和荷载分布情况（如均布加载或集中加载）。加载图式要尽量与结构设计计算的荷载图式一致，使检测时荷载下结构工作情况与实际情况最为接近，有时也可采用不同的设计计算所规定的荷载图式进行检测。例如，在不影响结构或构件工作或检测分析的前提下，由于受检测条件的限制和为了加载方便而改变加载图式。如当承受均布荷载的梁，由于检测条件的限制，无法实施均布荷载时，就可采用多点集中荷载来代替均布荷载（如采用分配梁技术）。检测后再对检测数据进行还原修正，这样既减少了实施难度，又简化了检测装置。

检测时的荷载应该使结构处于某种实际可能出现的最不利的工作情况。

a. 正常使用短期荷载检测值。它是结构在正常工作状态下应能承受的荷载的检测值。它由结构永久荷载标准值和可变荷载值（使用荷载）所组成，若仅有一种可变荷载，则正常使用极限状态短期荷载检测值按下式确定：

$$Q_s = G_k + Q_k \tag{6.1}$$

式中　Q_s——正常使用短期荷载检测值；

　　　G_k——结构永久荷载标准值，包括结构的自重和结构的装饰重（如嵌缝重、粉层重等）；

　　　Q_k——可变荷载（或称使用荷载）的标准值，如人、桌椅、雪载等。

b. 荷载长期效应组合值。它是结构针对可变荷载在设计基准期内，结构应能承受的荷载组合值，即

$$Q_L = G_k + \varphi_q Q_k \tag{6.2}$$

式中　Q_L——正常使用长期荷载组合值；

　　　φ_q——可变荷载的准永久系数，一般取 0.4。

c. 承载力极限状态荷载检测值。它是结构能承受的最大短期荷载检测值，即

$$Q_d = \gamma_G G_k + \gamma_q Q_k \tag{6.3}$$

式中　Q_d——承载力极限状态荷载检测值；

　　　γ_G, γ_q——永久荷载的分项系数和可变荷载的分项系数，其数值分别取 1.2 和 1.4。

② 静载检测加载程序　加载程序是指对检测所进行的加载级距，加、卸载的循环次数，级间间歇时间等有序的安排。加载程序可以有多种，应根据试验对象的类型及试验目的与要求进行选择，一般结构静载试验的加载程序分为预载、正常使用荷载、承载力极限荷载三个阶段，每个阶段应分若干级加、卸载。

a. 预载。结构试验宜进行预载，预载的目的是密实节点或结合部位，使结构或构件处于正常的工作状态；同时检查检测装置是否可靠，检测仪器仪表是否正常以及人员是否就位，并做好准备工作，起演习作用。总之，通过预载可以发现试验的一些潜在问题，并将之解决在正式试验之前，对保证试验工作顺利进行具有重要的意义。

预载一般分三级进行，每级取正常使用荷载的 20％。然后分级卸载，2～3 级卸完。每加（卸）一级荷载，停歇 10min。对于开裂较早的混凝土结构，预载不宜超过计算开裂荷载的 70％（含自重），以保证在正式试验时能得到开裂荷载。

b. 正常使用极限状态检测。加载级距取不大于 20％的正常使用极限状态短期荷载检测值，一般分 5 级加至正常使用荷载，对于检测抗裂度的试件，当荷载达到计算抗裂荷载的 90％后，应取不大于 5％计算抗裂荷载值的级距加载至结构开裂，以便确定实测开裂荷载值。

柱加载，一般按计算荷载的 1/15～1/10 加载，接近开裂或破坏荷载时，应减至原来的 1/3～1/2 加载。

砌体抗压试验，对不需要测变形的，按预期破坏荷载的 10％分级，每级 1～1.5min 内加完，恒载 1～2min。加至预期破坏荷载的 80％后，不分级直接加至破坏。

为使结构在荷载作用下的变形得到充分的发挥和达到基本的稳定，每级荷载加完后应有一定的级间间歇时间，钢结构一般不少于 10min，钢筋混凝土和木结构应不少于 15min，但以观测仪表的指示情况为准。当观测仪表指示稳定时，表明结构变形基本停止，此时可以测取各项读数，再加下一级荷载。

应该注意，当试验结构同时还需施加水平荷载时，为保证每级荷载下竖向荷载和水平荷载的比例不变，试验开始时首先应施加与试件自重成比例的水平荷载，然后再按规定的比例同步施加竖向和水平荷载。

满载时间是指加载至正常使用极限状态短期荷载检测值后，要使结构有充分变形的时间，恒载时间不得少于 30min，对于钢结构和钢筋混凝土结构不应少于 30min，木结构不应少于 1h，拱或砌体为 3h。在观测仪表指示稳定的情况下，测取结构应变、变形和裂缝宽度等数据，结束恒载。

对新结构构件、跨度较大的屋架、桁架及薄腹梁等试验，在正常使用状态短期试验荷载作用下的持续时间不宜少于 12h。

恒载后的卸载级距，可取 20％～50％的正常使用短期荷载检测值，级间间歇时间为 10min。

卸载后的空载时间，即受载结构卸载后到下一次重新开始受载之间的间歇时间。对于一般的混凝土结构空载时间取 45min，对于较重要的结构构件和跨度大于 12m 的结构取 18h（即为满载时间的 1.5 倍）；对于钢结构不应少于 30min。在空载期间应定期观察和记录变形值，以便观测结构在卸载后的残余变形和变形的恢复情况，受载后的残余变形和变形的恢复情况均可说明结构的工作性能。

c. 承载力极限状态检测。先取不大于 20％正常使用极限状态短期荷载检测值的级距加载至正常使用极限状态短期荷载检测值，然后取不大于 10％正常使用极限状态短期荷载检测值的级距继续加载，当荷载达到承载力极限荷载检测值的 90％后，以不大于 5％的承载力极限荷载检测值的级距加载至结构出现承载力极限状态的检测标志，以便确定承载力检测极限荷载实测值。

级间间歇时间取 10min，但以结构变形稳定为主。

（2）静载检测观测的基本要求

选择观测点时，应满足下述基本要求：测点位置具有代表性，以便测取最关键的数据，便于对试验结果进行分析和计算；在满足试验目的的前提下，测点数量宜少不宜多，以简化试验内容，节约经费开支，使测试工作的重点突出；为保证量测数据的可靠性，必须有一定数量的校核性测点，在试验过程中，由于偶然因素会有部分仪器或仪表工作不正常或发生故障，影响量测数据的可靠性，因此不仅要在需要量测的部位设置测点，也应在已知参数的位置上布置校核性测点，以便判别量测数据的可靠程度；为使测读更安全、方便，所选用的各类量测仪器的量程应大于最大被测值的 1.25 倍。

① 位移观测

a. 对于梁、单向板、桁架等受弯构件，若宽度不超过 0.6m[图 6.2(a)]，挠度仪表沿跨度方向单排布置；若宽度超过 0.6m[图 6.2(b)]，挠度仪表沿跨度方向在构件两侧双排对称布置，以两侧仪表读数的平均值作为观测位移值；具有边肋的单向板，沿跨度方向布置三排

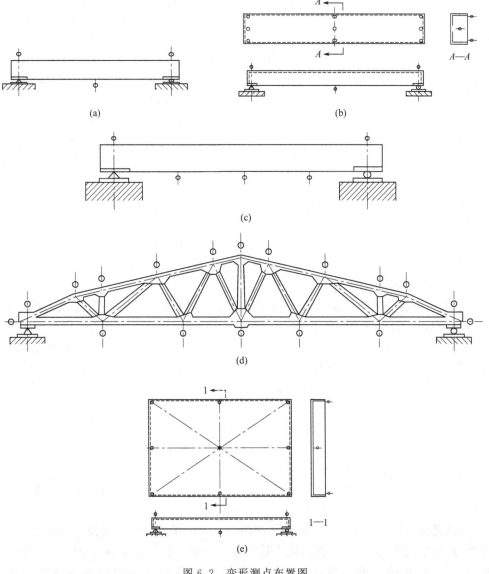

图 6.2　变形测点布置图

观测仪表，量测边肋和板宽中心线的最大挠度。跨度不超过 6m 的构件，沿跨度方向布置三个观测仪表；跨度大于 6m 的构件 [图 6.2(c)]，沿跨度方向相应增加挠度观测仪表。

b. 屋架、桁架结构的上、下弦杆受力状态不同 [图 6.2(d)]，为了测出上、下弦杆的挠度曲线，应分别布置测定上、下弦杆挠度的仪表。

c. 对于高跨比较大的桁架（或其他构件），为了保证结构的正常工作，除布置测定挠度的仪表外，还应布置测定水平位移和出平面的侧向位移的仪表。

d. 如图 6.2(e) 所示，对于双向板、空间薄壳结构等双向受力结构，挠度测点应沿两个跨度方向或主曲率方向的跨中或挠度最大的部位布置。

e. 为了得到梁的实际挠度值，试验时必须考虑支座沉陷的影响，在量测结构构件挠度时还应在结构构件支座处布置测点。

② 应变观测

a. 主应力方向已知。

ⅰ. 对轴心受力构件，为了消除荷载偏心影响，可在构件量测截面两侧或四侧沿轴线方向相对布置测点，取应变片的平均值作为实测应变值，每个截面上测点不应少于两个。

ⅱ. 对偏心受力构件，量测截面上测点不应少于两个。如需量测截面应变沿高度分布规律时，应该沿截面高度方向布置应变测点。

ⅲ. 对于弯矩和轴力共同作用的构件，应在最大弯矩作用截面处沿平行于杆轴方向的两个侧面布置两个或四个应变片。

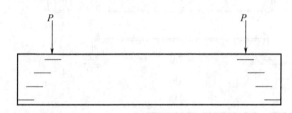

图 6.3 剪压破坏构件应变测点布置图

ⅳ. 对于梁的剪压破坏的斜裂缝开裂应变的测定，可在构件内力最大的受拉区沿受力主筋方向连续布置应变测点（图 6.3）。

ⅴ. 对于开孔薄腹梁或薄壁容器，可沿孔边切线方向布置应变片。

ⅵ. 对于超静定梁或框架，可在估计反弯点位置的两旁布置应变片，测出应变后按比例求应变为零（即反弯点）的位置。

ⅶ. 对受扭构件应在构件量测截面的两长边方向的侧面对应部位上布置与扭转轴线成 45°角方向的测点；测点数量应根据研究目的确定。

b. 主应力方向未知的情况在结构的平面应力状态的某些部位，主应力和剪应力的方向可能是未知的。当需要量测主应力大小和方向及剪应力时，可在同一点处沿三个不同方向布置应变片或用应变花布置在该测点处。根据相应计算公式，可以求出主应力的大小、方向及剪力。

③ 转角观测　对于跨度比较大的桁架（或其他构件），应在支座处布置倾角仪，测定倾斜度。对于柱、杆塔等结构，应在支座处布置倾角仪，测定基础转角。

（3）试验中结构或构件破坏特征判断

在检测过程中，若观测到下述现象之一，则可判定结构已经达到或超过了承载力极限状态。

① 钢筋混凝土构件：在荷载不再增加的情况下，由设置在构件受拉主筋处的应变测点测出连续变化的应变，或受拉主筋的应力达到屈服强度，拉应变达到 0.01；跨中挠度达到跨度的 1/50，悬臂结构的挠度达到悬臂长的 1/25；受拉主筋处的垂直裂缝宽度达到

1.5mm；受剪斜裂缝宽度达到 1.5mm，或斜裂缝末端受压区混凝土剪压破坏，或沿斜截面混凝土斜压破坏；受拉主筋在端部滑脱达 0.2mm，或其他锚固破坏；受拉主筋拉断；受压区混凝土被压坏。

② 钢结构构件：在荷载不再增加的情况下，由设置在构件最大拉应力测点或最大压应力的测点测出连续变化的应变值；节点焊缝开裂；螺栓或铆钉剪断脱落；主要受力螺栓或铆钉松动，节点板变形；受压或受弯部分屈曲或整体失稳。

上述现象在加载过程中出现时，取前一级荷载值作为极限荷载；在规定的荷载持续时间内出现时，取本级荷载值与前一级荷载值的平均值作为极限荷载；在规定的荷载持续时间结束后出现时，取本级荷载值作为极限荷载。用试验机或配有千斤顶的液压设备对受压构件加载时，取所能达到的最大荷载值作为极限荷载值。

当荷载值达到承载力荷载检测计算值的 85% 左右时，宜拆除可能损坏的仪表，在不妨碍试件变形的前提下，使安全托架或支墩与试件保持尽可能小的距离，以防止试件和设备倒塌。

静载与测试阶段的后期工作是及时在试件上测绘破坏部位及裂缝，对其破坏特征进行拍照，如钢结构的失稳破坏，钢筋混凝土构件的正截面破坏或斜截面破坏（斜压、斜拉和剪压破坏），冷拔钢丝预应力混凝土构件的脆性破坏，墙体恢复力特性检测的交叉剪切裂缝破坏等，然后卸除荷载。

6.3.2　受弯构件的试验

（1）加载方案

单向板和梁是受弯构件的典型构件，同时也是建筑中的基本承重构件。预制板和梁等受弯构件一般都是简支的，在试验安装时一般都采用正位试验，一端采用铰支座，另一端采用滚轴支座。要求支座符合规定的边界条件，并在试验过程中保持牢固和稳定。为了保证构件与支承面的紧密接触，在支墩与钢板、钢板与构件之间应用砂浆找平。

当试验荷载的布置图式不能完全与设计的规定或实际情况相符时或者为了试验加载的方便且受加载条件限制时，可以采用等效的原则进行换算，原则上应使控制截面的内力值相等，测试加载内力图形与理论计算时的内力图形相近。如图 6.4 所示，在受弯构件试验中经常用几个集中荷载来代替均布荷载，当采用在跨度四分点加两个集中荷载的方式来代替均布荷载，并取试验梁的跨中弯矩等于设计弯矩时的荷载作为梁的试验荷载时，弯矩图面积比实际大，试验结果偏于保守，但是这时剪力值差别较大，某些截面的剪力值和实际值之间相差一倍以上，这对于抗剪能力较差的薄肋构件，可能会导致剪切破坏先于弯曲破坏发生，进而对构件的抗弯性能得出错误判断。当采用在跨度八分点加四个集中荷载的方式来代替均布荷载时，支座截面的最大剪力也可以达到均布荷载梁的剪力设计值，则将得到更为满意的试验结果。

对于承受特殊荷载作用的受弯构件，试验设计时，应根据试验目的和试验要求确定适当的加载方式，例如，对于吊车梁的试验，由于其主要荷载是吊车轮压所产生的集中荷载，试验时的加载图式要按弯矩和剪力最不利的组合来决定集中荷载的作用位置，分别进行试验。

（2）测试方案

钢筋混凝土梁、板构件的生产性试验一般只测定构件的承载力、抗裂度和各级荷载作用下的挠度及裂缝开展情况，一般不需要测量应力；对于科研性试验，除了承载力、挠度、抗裂度和裂缝量测外，还要量测构件某些部位的应变，以分析构件中该部位的应力大小和分布

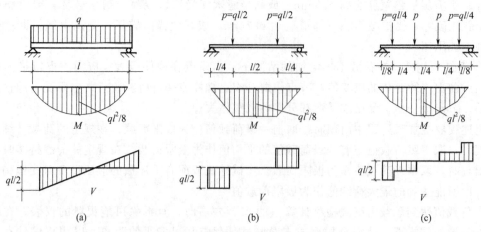

图 6.4　简支梁试验等效加载示意图

规律。

① 变形观测　梁的挠度值是量测数据中最能反映其总体工作性能的一项指标。对于梁式结构最主要的是测定跨中最大挠度值及梁的弹性挠度曲线。

② 应变测量　对于受弯构件，要量测由于弯曲所产生的应变，一般在梁承受正负弯矩最大的截面或弯矩有突变的截面上布置测点。对于变截面的梁，则应在抗弯控制截面上布置测点（即在截面较弱而弯矩值较大的截面上），有时也需在截面突然变化的位置上布置测点。

对于受弯构件，如果测定弯曲产生最大应力，可在最大弯矩作用截面的上、下边缘布置应变片，为了减少误差，上、下表面的应变片应设在梁截面的对称轴上。

对于混凝土梁，为了测定中和轴（也称中性轴）位置或验证平截面假定，应沿侧面高度方向布置一定数量的应变测点，测点数不宜少于 5 个，如图 6.5 所示（图中"▲"表示应变测点位置，"——"表示应变片），如果梁的截面高度较大时，还应沿截面高度方向增加测点数量。测点愈多，则中和轴位置能测得更准确，截面上应力分布的规律也愈清楚。应变测点沿截面高度的布置可以是等距离的，也可以是不等距而外密里疏的，以便比较准确地测得截面上较大的应变图。但是，在受拉区混凝土开裂以后，可以通过该测点读数值的变化来量测中和轴位置的上升与变动。

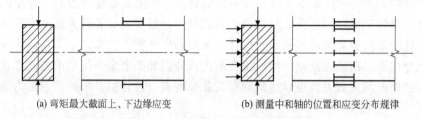

(a) 弯矩最大截面上、下边缘应变　　(b) 测量中和轴的位置和应变分布规律

图 6.5　受弯构件截面应变测点布置图

a. 弯曲正应力测量。在梁的纯弯曲区域内，梁的截面上仅有正应力产生，故在该处截面上可仅布置单向的应变测点，见图 6.6 中截面 Ⅰ—Ⅰ。

混凝土梁受拉区的混凝土开裂后退出工作，此时布置在混凝土受拉区的电阻应变计将失去量测的作用。为进一步考察截面的受拉性能，在受拉区的钢筋上也应布置测点以便量测钢筋的应变。由此可获得梁截面上内力重分布的规律。

b. 平面应力测量。图 6.6 中梁截面 Ⅱ—Ⅱ 在荷载作用下存在正应力和剪应力，为了求得该截面上的最大主应力及剪应力的分布规律，需要布置直角应变网络，通过 3 个方向上应变的测定，求得最大主应力值及作用方向，测点布置如图所示。

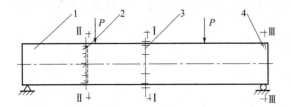 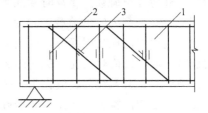

图 6.6　钢筋混凝土梁测量应变的测点布置图　　　图 6.7　混凝土梁弯起钢筋和钢箍的应变测点
1—试件；2—剪应力与主应力的应变网络测点（平面应变）；　　　1—试件；2—箍紧应力测点；
3—纯弯曲区域内正应力的单向应变测点；　　　　　　3—弯起钢筋上的应力测点
4—梁端零应力区校核点

抗剪测点应设在剪应力较大的部位。对于薄壁截面的简支梁，除支座附近的中和轴处产生剪应力较大外，还可能在腹板与翼缘的交接处产生较大的剪应力或主应力，这些部位也应布置测点。当要求测量梁沿长度方向的剪应力或主应力的变化规律时，则在梁长度方向上宜设置较多的剪应力测点。有时为测定沿截面高度方向剪应力变化，需沿截面高度方向设置测点。

c. 箍筋和弯起筋的应力测量。对于混凝土梁来说，为研究梁的抗剪强度，除了混凝土表面需要布置测点外，通常在梁的弯起钢筋和箍筋上布置应变测点（图 6.7）。

d. 翼缘与孔边应力测量。对于翼缘较宽较薄的 T 形梁，其翼缘部分一般不能全部参加工作，即受力不均匀，这时应该沿翼缘宽度布置测点，测定翼缘上应力分布情况（图 6.8）。

为了减轻结构自重，有时需要在梁的腹板上开孔，孔边应力集中现象比较严重，且往往应力梯度较大，严重影响结构的承载力，因此必须注意孔边的应力测量。以图 6.9 中的空腹梁为例，可以利用应变计沿圆孔周边连续测量几个相邻点的应变，通过各点应变迹线求得孔边应力分布情况。经常是将圆孔分为 4 个象限，每个象限的周界上连续均匀布置 5 个测点，即每隔 22.5° 有一测点。如果能够估计出最大应力在某一象限区内，则其他区内的应变测点可减少到 3 点。因为孔边的主应力方向已知，故只需布置单向测点。

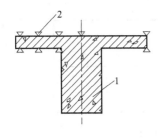 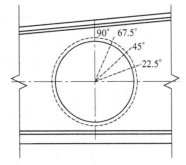

图 6.8　T 形梁翼缘的应变测点布置　　　　　图 6.9　梁腹板圆孔周边的应变测点
1—试件；2—翼缘上应变测点

e. 校核测点。为了校核试验量测的正确性，便于在整理试验结果时进行误差修正，经常在梁的端部凸角上的零应力处布置少量测点，以检验整个量测过程和量测结果是否正确，如图 6.6 中截面Ⅲ—Ⅲ上的测点 4。

③ 裂缝观测　主要包括测定开裂荷载、裂缝位置、裂缝的宽度和深度以及描述裂缝的

发展和分布。

　　a. 初裂缝观测。钢筋混凝土或预应力钢筋混凝土构件的最大拉应力区出现第一条裂缝时的荷载，称为开裂荷载。要及时发现第一条裂缝是不易做到的，通常将构件出现第一批宽度不大于 0.05mm 裂缝时的荷载，定为开裂荷载。

　　在加载过程中出现初裂缝时，取前一级荷载值作为开裂荷载；在规定的荷载持续时间出现初裂缝时，取本级荷载与前一级荷载的平均值作为开裂荷载；在规定的荷载持续时间结束后出现初裂缝时，取本级荷载值作为开裂荷载。

　　在混凝土结构试验时，往往需要准确测定开裂荷载，用肉眼观察是很难做到的，也可以通过在构件表面可能出现裂缝的截面或区域内，沿裂缝的垂直方向连续地或交替地布置应变片（图 6.10），以便准确确定开裂荷载值。

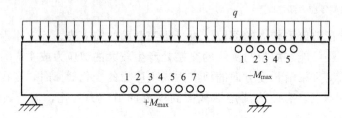

图 6.10　混凝土受拉区抗裂测点布置
1～7—混凝土应变片测点

　　对于混凝土构件，主要的控制区域是弯矩最大的受拉区和剪力较大且靠近支座部位的斜截面开裂区域。一般垂直裂缝产生在弯矩最大的受拉区段，在这一区段要连续设置测点（图6.11）。在裂缝未出现前，仪器的读数是逐渐变化的，当试件开裂时，跨越裂缝的测点仪表的读数骤增，而相邻仪表的读数可能很小，或出现负值。图 6.11 所示的荷载-应变曲线表明：4 号和 5 号测点产生突然转折的现象，4 号测点的应变减少，而 5 号测点的应变增加，表明 5 号测点处混凝土已经开裂。至于裂缝的宽度，则可根据裂缝出现前后 5 号测点两级荷载间仪器读数差值来计算。

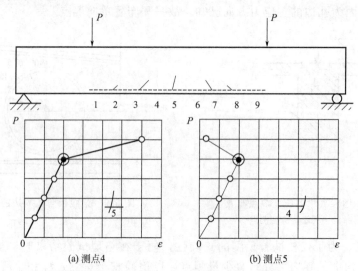

(a) 测点4　　　　　　(b) 测点5

图 6.11　荷载-应变曲线反映混凝土开裂
1～9—混凝土应变片测点

斜截面上的主拉应力裂缝，经常出现在剪力较大的区段内，由于混凝土梁的斜裂缝与水平轴成 45°左右的角度，则仪器标距方向应与裂缝方向垂直（图6.12）。

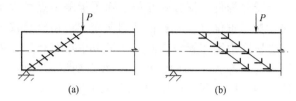

图 6.12　混凝土斜截面裂缝测点布置

b. 裂缝宽度观测。当出现肉眼可见的裂缝时，其宽度可用读数显微镜或者裂缝测宽仪进行量测。对于受弯构件的正截面裂缝，应在构件侧面受拉主筋高度处测量最大裂缝宽度；斜截面的裂缝应在斜裂缝与箍筋交汇处或斜裂缝与弯起钢筋交汇处测量斜裂缝宽度。

每个测区或每个构件测定裂缝宽度的裂缝数目，一般取目估最大裂缝三条，用笔在试件上描出裂缝的行迹，标明在每级荷载下出现的裂缝位置和原有裂缝的展开宽度，取其中的最大值作为最大裂缝宽度，凡选用测量裂缝宽度的部位应在试件上标明并编号，各级荷载下的裂缝宽度数据则记在相应的记录表格上。试验完毕后，根据上述标注在试件上的裂缝绘出裂缝展开图。

6.3.3　受压构件的试验

受压构件（包括轴心受压和偏心受压构件）是建筑结构中的基本承重构件，主要承受竖向压力，柱是最常见的受压构件，在实际工程中钢筋混凝土柱大多数是偏心受压构件。

（1）试件安装和加载方案

受压试验可以采用正位或卧位试验安装加载方案，有大型结构试验机时，试件也可在长柱试验机上进行试验，也可以利用静力试验台座上的大型荷载支承设备和液压加载系统配合进行试验。

对于轴压、小偏压、大偏压、压弯构件的试验，试件形式、加载图示、测试方法均有不同。轴心受压柱安装时一般先对构件进行几何对中，将构件轴线对准作用力的中心线。几何对中后再进行物理对中，即加载达 $20\% \sim 40\%$ 的试验荷载时，测量构件中央截面两侧或四个面的应变，并调整作用力的轴线，以达到各点应变均匀为止。对于偏压试件，在物理对中后，沿加力中心线量出偏心距离，再把加载点移至偏心距的位置上进行试验。

在进行柱与压杆纵向弯曲系数的试验时，构件两端均应采用比较灵活的可动铰支座形式。一般采用构造简单效果较好的刀口支座。如果构件在两个方向有可能产生屈曲时，应采用双刀口铰支座。

（2）观测方案

压杆与柱的试验一般观测其破坏荷载、各级荷载下的侧向挠度值及变形曲线、控制截面或区域的应力变化规律以及裂缝开展情况。图 6.13 为偏心受压短柱试验时的测点布置图。

试件的挠度由布置在受拉边的百分表或挠度计进行量

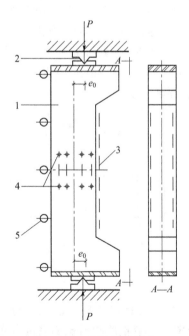

图 6.13　偏压受压短柱
试验测点布置

1—试件；2—铰支座；3—应变计；
4—应变仪测点；5—挠度计

测，与受弯构件观测方式相似，除了量测中点最大挠度值外，可用侧向五点布置法量测挠度曲线。对于正位试验的长柱其侧向变位可用经纬仪观测。

受压区边缘布置应变测点，可以单排布点于试件侧面的对称轴线上或在受压区截面的边缘两排对称布点。为验证构件平截面变形的性质，沿压杆截面高度布置5～7个应变测点。受拉区钢筋应变同样可以用预埋电阻应变计进行量测。

对于双肢柱试验，除测量肢体各截面的应变外，尚需测量腹杆的应变，以确定各杆件的受力情况。其中应变测点在各截面上均应成对布置，以便分析各截面上可能产生的弯矩。

6.3.4 单调静力荷载试验数据整理分析、结构性能评价

这里以简支梁受弯为例进行说明。

（1）整体变形量测结果整理

构件的挠度是指构件本身的挠曲程度。由于试验时受到支座沉降、构件自重和加荷设备、加荷图式及预应力反拱的影响，欲得到构件受荷后的真实实测挠度，应对所测挠度值进行修正。

（2）试验曲线和图表绘制

将各级荷载作用下取得的读数，按一定坐标系绘制成曲线。下面对常用试验曲线的特征进行简要说明。

① 荷载-变形曲线　根据结构的荷载-变形关系曲线，可判断结构或构件在荷载作用下的工作状态。荷载-变形曲线通常有结构构件的整体变形曲线、控制节点或截面上的荷载转角曲线、铰支座和滑动支座的荷载侧移曲线以及荷载挠度曲线等。

② 荷载-应变曲线　显示的是荷载与应变的内在关系以及应变随荷载增长的规律。以梁为例（图6.14），应变测点1位于受压区，应变增长基本呈线性状；应变测点2位于受拉区，由于该区混凝土梁开裂较早，使得转折突变点较低；应变测点3、4位于主筋处，混凝土梁开裂稍后，以致转折突变点较高；应变测点4位于主筋处，第一次混凝土梁开裂转折点，由于主筋再次强化，直到当主筋达到极限时，才发生第二次转折突变；应变测点5位于截面中部偏上，靠近受压区，先受压，再逐步过渡至受拉。混凝土梁在底部开裂后，其中和轴逐渐上移。

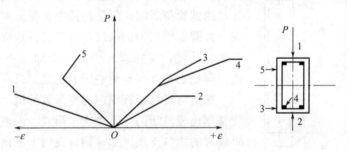

图6.14　梁的荷载-应变曲线

1～5—应变测点

③ 截面应变图　是沿被测物截面（一般选择控制截面）高度方向布置应变测点，将某一级荷载下的测点的应变值连接起来的图形。根据截面应变图可了解被测物沿截面高度分布规律及其变化过程和观察其中和轴的移动情况。

④ 裂缝开展分布图　是指在检测过程中跟踪描述裂缝开展的轨迹和各级荷载大小及与其相应的裂缝宽度大小，检测结束后，应立即拍照记录，并在坐标纸或方格纸上按比例作出

裂缝展开图。按实测时实际裂缝绘出开展部位、方向、长度以及每级荷载下的裂缝宽度等信息。裂缝分布图对于了解和分析结构的工作状况、破坏特征等有重要参考价值。

（3）静载结构性能评定

根据试验研究的任务和目的不同，试验结果的分析和评定方式也有所不同：对于生产鉴定性检测通常是检验结构或者构件的某项性能，应根据试验结果和国家的现行标准规范的要求对结构或构件的性能进行评定；对于研究性检验，通常需要探索结构内在的某种规律或者检验某一计算理论的准确性和适用性，需要对试验结果进行综合分析，找出各变量之间的相互关系，并与理论计算进行对比，总结出各种规律作为试验研究的结论。

例如生产鉴定性检测的混凝土预制构件，被检验的构件必须从外观检查合格的产品中选取，其抽样率为：生产期限不超过 3 个月的构件抽样率为 1/1000，若抽样构件的结构性能检验连续十批均合格，则抽样率可改为 1/2000。该抽样率适用于正规预制构件厂。

鉴定性检测结构或构件的性能评定指标包括四个方面的内容：承载力、挠度、抗裂性能和裂缝宽度，见表 6.1。

表 6.1　结构性能检验要求

构件类型及要求	项　目			
	承载力	挠度	抗裂性能	裂缝宽度
要求不出现裂缝的预应力构件	检	检	检	不检
允许出现裂缝的构件	检	检	不检	检
设计成熟、数量较少的大型构件	可免验	检	检	检
同上，并有可靠实践经验的现场大型异型构件	可免验			

① 承载力评定　为了验证结构构件是否满足承载力极限状态要求，对做承载力检验的构件应进行破坏性试验，以判定达到极限状态标志时的承载力试验荷载值。

a. 当按混凝土结构设计规范的允许值进行检验时，应满足下式要求：

$$\gamma_u^0 \geqslant \gamma_0 [\gamma_u] \tag{6.4}$$

式中　γ_u^0——构件的承载力检验系数实测值，即试件的荷载实测值与承载力检验荷载设计值（均包括自重）的比值；

　　γ_0——结构重要性系数，按设计要求确定，见表 6.2；

　　$[\gamma_u]$——构件的承载力检验系数允许值，按表 6.3 取用。

b. 当按构件实配钢筋进行承载力检验时，应符合下式的要求：

$$\gamma_u^0 \geqslant \gamma_0 \eta [\gamma_u] \tag{6.5}$$

式中　η——构件承载力检验修正系数，根据现行国家标准《混凝土结构设计规范》（GB 50010—2002）按实配钢筋的承载力计算确定。

承载力检验的荷载设计值是指承载能力极限状态下，根据构件设计控制截面上的内力设计值与构件检验的加载方式，经换算后确定的荷载值（包括自重）。

表 6.2　结构重要性系数

安全等级	破坏后果	结构构件类型	重要性系数 γ_0
一级	很严重	重要	1.1
二级	严重	一般	1.0
三级	不严重	次要	0.9

表 6.3 构件的承载力检验系数允许值

受力情况	达到承载能力极限状态的检验标志		$[\gamma_u]$
轴心受拉、偏心受拉、受弯、大偏心受压	受拉主筋处的最大裂缝宽度达到1.5mm，或挠度达到跨度的1/50	热轧钢筋	1.20
		钢丝、钢绞线、热处理钢筋	1.35
	受压区混凝土破坏	热轧钢筋	1.30
		钢丝、钢绞线、热处理钢筋	1.45
	受拉主筋拉断		1.50
受弯构件的受剪	腹部斜裂缝达到1.5mm，或斜裂缝末端受压混凝土剪压破坏		1.40
	沿斜截面混凝土斜压破坏，受拉主筋在端部滑脱或其他锚固破坏		1.55
轴心受压、小偏心受压	混凝土受压破坏		1.50

注：热轧钢筋是指 HPB235 级、HRB335 级、HRB400 级和 RRB400 级钢筋。

表 6.4 钢筋混凝土及预应力钢筋混凝土受弯构件的挠度允许值 $[a_s]$

项 目	构 件 类 型		允许挠度（以跨度 L_0 计算）
1	吊车梁	手动吊车	$L_0/500$
		电动吊车	$L_0/600$
2	屋盖、楼盖及楼梯构件	当 $L_0 \leqslant 7m$ 时	$L_0/200(L_0/250)$
		当 $7m < L_0 < 9m$ 时	$L_0/250(L_0/300)$
		当 $L_0 \geqslant 9m$ 时	$L_0/300(L_0/400)$

注：1. 表中圆括号中的数值适用于在使用上对挠度要求较高的结构构件。

2. 悬臂构件的挠度允许值按表中相应数值乘以 2 取用。

3. 如果构件制作时预先起拱，且使用上允许，则在验算挠度时，可将计算所得挠度值减去起拱值，预应力混凝土构件尚可减去预应力所产生的反拱值。

② 挠度评定

a. 当按现行国家标准《混凝土结构设计规范》（GB 50010—2002）规定的挠度允许值进行检验时，应符合下式的要求：

$$a_s^0 \leqslant [a_s] \tag{6.6}$$

式中 $[a_s]$，a_s^0——在正常使用短期检验荷载作用下，构件的短期挠度实测值和短期挠度允许值，$[a_s]$ 根据规范按表 6.4 采用。

b. 当按构件实配钢筋进行挠度检验或仅检验构件的挠度、抗裂或裂缝宽度时，应符合式（6.6）和式（6.7）的要求：

$$a_s^0 \leqslant 1.2[a_s^c] \tag{6.7}$$

式中 $[a_s^c]$——在正常使用的短期检验荷载作用下，按实配钢筋确定的构件挠度计算值，查现行国家标准《混凝土结构设计规范》（GB 50010—2002）确定。

③ 抗裂性能评定　在抗裂性能评定中，严格要求不出现裂缝的构件称为一级构件；一般性要求不出现裂缝的构件称为二级构件；允许出现裂缝但对裂纹宽度（简称裂宽）有限制的构件称为三级构件。评定时，对于一级、二级构件进行抗裂评定；对于三级构件进行裂宽评定。

构件的抗裂性检验应符合下列要求：

$$\gamma_{cr}^0 \geqslant [\gamma_{cr}] \tag{6.8}$$

$$[\gamma_{cr}] = 0.95 \frac{\sigma_{pc} + \lambda f_{tk}}{\sigma_{ck}} \tag{6.9}$$

式中 γ_{cr}^0——构件抗裂检验系数实测值，即构件的开裂荷载实测值与正常使用短期检验荷载值之比；

$[\gamma_{cr}]$——构件的抗裂检验系数允许值，由设计标准图给出；

σ_{pc}——由预应力产生的构件抗拉边缘混凝土法向应力值，按现行国家标准《混凝土结构设计规范》（GB 50010—2002）确定；

λ——混凝土构件截面抵抗矩塑性影响系数，按现行国家标准《混凝土结构设计规范》（GB 50010—2002）计算确定；

f_{tk}——混凝土抗拉强度标准值；

σ_{ck}——荷载短期效应组合下，抗裂验算边缘的混凝土法向应力。

④ 裂缝宽度评定　对正常使用阶段允许出现裂缝的构件，应该限制裂缝宽度，裂缝宽度应满足下式：

$$\omega_{s,max}^{0} \leqslant [\omega_{max}] \tag{6.10}$$

式中　$\omega_{s,max}^{0}$——在正常使用短期检验荷载作用下，受拉主筋处最大裂缝宽度的实测值，mm；

$[\omega_{max}]$——构件检验的最大裂缝宽度允许值，按表 6.5 取用。

根据结构性能检验的要求，对被检验的构件，应按表 6.6 所列项目和标准进行性能检验，并按下列规定进行评定。

表 6.5　最大裂缝宽度允许值　　　　　　　　　　　　　　　mm

设计要求值	最大裂宽允许值	设计要求值	最大裂宽允许值
0.2	0.15	0.4	0.25
0.3	0.20		

表 6.6　结构构件性能评定及复式抽样再检的条件

检测项目	标准要求	二次抽样检验指标	相对放宽
承载力	$\gamma_0[\gamma_u]$	$0.95\gamma_0[\gamma_u]$	5%
挠度	$[a_s]$	$1.10[a_s]$	10%
抗裂性能	$[\gamma_{cr}]$	$0.95[\gamma_{cr}]$	5%
裂缝宽度	$[\omega_{max}]$	—	0

a. 当结构性能检验的全部检验结果均符合表 6.6 规定的标准要求时，该批构件的结构性能应评为合格。

b. 当第一次构件的检验结果不能全部符合表 6.6 的标准要求，但能符合第二次检验要求时，可再抽两个试件进行检验。第二次检验时，对承载力和抗裂性能检验要求降低 5%；对挠度检验提高 10%；对裂缝宽度不允许再做第二次抽样，因为原规定已较松，且可能的放松值就在观察误差范围之内。

c. 对第二次抽取的第一个试件检验时，若都能满足标准要求，则可直接评为合格。若不能满足标准要求，但又能满足第二次检验指标时，则应继续对第二次抽取的另一个试件进行检验，检验结果只要满足第二次检验的要求，该批构件的结构性能仍可评为合格。

应注意，对每个试件，均应完整地取得三项检验指标。只有三项指标均合格时，该批构件的性能才能评为合格。在任何情况下，只要出现低于第二次抽样检验指标的情况，即应判为不合格。

6.4　拟静力试验

拟静力试验又称低周反复荷载试验，是指对结构或结构构件施加多次往复循环作用的静力试验，使结构或结构构件在正反两个方向重复加载和卸载，用以模拟地震时结构在往复振动中的受力特点和变形特点。这种方法是用静力方法求得结构振动时的效果，因此称为拟静力试验，或伪静力试验。

结构的拟静力试验是目前研究结构或结构构件受力及变形性能时应用最广泛的方法之一。它采用一定的荷载控制或位移控制对试件进行低周反复循环的加载方法，使试件从开始受力到破坏，由此获得结构或结构构件非弹性的荷载变形特性，因此又称为恢复力特性试验。该方法的加载速率很低，因此由于加载速率而引起的应力、应变的变化速率对于试验结果的影响很小，可以忽略不计。

进行结构拟静力试验的主要目的，首先是建立结构在地震作用下的恢复力特性，确定结构构件恢复力的计算模型，通过试验所得的滞回曲线和曲线所包围的面积求得结构的等效阻尼比，衡量结构的耗能能力，同时还可得到骨架曲线，结构的初始刚度及刚度退化等参数。由此可以进一步从强度、变形和能量三个方面判断和鉴定结构的抗震性能。最后可以通过试验研究结构构件的破坏机制，为改进现行结构抗震设计方法及改进结构设计的构造措施提供依据。

6.4.1　加载设备和试验装置

加载设备和试验装置应符合下列要求。

① 加载设备和试验装置应根据构件的最大荷载和要求的变形来配置。

② 抗侧力装置（如反力墙）应有足够的抗弯、抗剪刚度。

③ 推拉千斤顶应有足够的冲程，两端应设铰支座。

④ 对以剪切变形为主的试验构件，当构件顶端截面不允许产生转角时，可采用图 6.15 所示的试验装置，千斤顶宜安装在试件的 1/2 高度上，平行连杆机构的杆件和 L 形杠杆均应有足够的刚度，连接铰应进行精密加工，且应减小间隙。

⑤ 对以弯剪变形为主的试验构件，可采用图 6.16 所示的试验装置，其中，垂直荷载的施加宜采用仿重力荷载架装置，尽可能减小滚动摩擦力对推力的抵消作用。

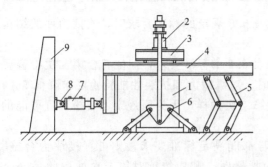 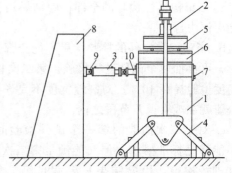

图 6.15　以剪切变形为主的构件低周反复试验装置
1—试件；2—竖向荷载千斤顶；3—分配梁；
4—L 形杠杆；5—平行连杆机构；
6—仿重力荷载架；7—推拉千
斤顶；8—铰；9—反力墙

图 6.16　以弯剪变形为主的构件低周反复试验装置
1—试件；2—竖向荷载千斤顶；3—推拉千斤顶；
4—仿重力荷载架；5—分配梁；6—卧架；
7—螺栓；8—反力架；9—铰；
10—拉压测力计

⑥ 对于梁-柱节点试验，当需要考虑柱本身的荷载-变形效应时，试验装置各杆应有足够的抗弯刚度，并应减小各铰连接的摩阻力；水平力加于柱顶，梁有纵向反复位移，但不可上下移动。竖向荷载用千斤顶在柱顶施加，属自平衡系统，在反复水平力作用下其柱顶上压力不随柱顶位移而改变，从而能计入几何非线性的影响。

6.4.2　加载方法和加载程序

进行拟静力试验必须遵循相应的加载制度，在结构试验中，由于结构构件的受力不同，可以分为单向加载和双向加载两类加载制度。

（1）单向反复加载制度

常用的单向反复加载制度主要有三种：位移控制加载、力控制加载和荷载-变形混合控制加载。

① 位移控制加载　是以加载过程的位移（广义位移，可以是线位移，也可以是转角、曲率或应变等相应参数）作为控制量，或以屈服位移的倍数作为控制量（当构件具有明显屈服点时，一般都以屈服位移的倍数作为控制量），按照一定的位移增幅进行循环加载，当构件不具有明确的屈服点时（如轴力大的柱）或无屈服点时（如无筋砌体），往往由研究者根据相关资料和经验试选一个位移值来控制试验加载。

a. 变幅加载。变幅值位移控制加载多数用于确定被测件的恢复力特性和建立恢复力模型，如图 6.17 所示。图中纵坐标是延性系数 μ 或位移值，横坐标为反复加载的周次。这种加载制度一般是每级位移幅值下循环 2～3 次，再增加位移的幅值。当对一个构件的性能不太了解，作为探索性的研究或者在确定恢复力模型的时候，多用变幅加载来研究构件的强度、变形和耗能的性能。

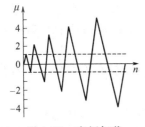
图 6.17　变幅加载

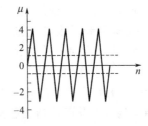
图 6.18　等幅加载

b. 等幅加载。等幅位移控制加载主要用于确定被测件在特定位移幅值下的特定性能。例如，极限滞回耗能、降低率和刚度退化规律等。如图 6.18 所示，在试验的过程中，位移的幅值都不发生变化。

c. 变幅、等幅混合加载。该法是将变幅、等幅两种加载制度结合起来运用，如图 6.19

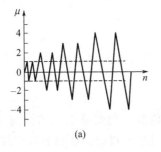
(a)

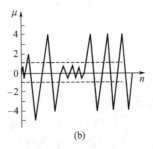
(b)

图 6.19　混合加载

（a）所示。可以综合地研究构件的性能，如等幅加载法的强度和刚度变化，以及变幅加载时，特别是大变形增长情况下强度和耗能能力的变化采用这种加载制度时，等幅部分的循环次数应随研究对象和要求的不同而异，一般可选 3～6 次。图 6.19（b）所示的也是一种混合加载制度，该加载制度在两种大幅值控制位移之间有几次小幅值位移循环，这是为了模拟构件承受二次地震作用，其中小循环加载用来模拟余震的作用。

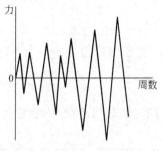

图 6.20　力控制加载

② 力控制加载　如图 6.20 所示，控制作用力的加载方法是通过控制施加于结构或构件的作用力幅值的变化来实现低周反复加载的要求。它与变形控制加载方法不同，变形控制加载法可以直观地根据试验对象屈服位移的倍数来研究结构的恢复特性。

③ 荷载-变形混合控制加载　是在试验中先控制荷载后控制变形的加载方法，用荷载控制法加载时，并不考虑实际变形量是多少，由初始设定的控制力值开始加载，逐级增加控制力，经过结构开裂阶段后，一直加到试件屈服，再用变形控制加载，直到结构破坏。

④ 拟静力试验加载程序和要求　根据《混凝土结构试验方法标准》（GB 50152—92）和《建筑抗震试验方法规程》（JGJ 101—1996）相关规定，拟静力试验的加载方法和加载程序应根据结构构件特点和试验研究目的确定，且反复试验荷载的加载程序宜采用荷载-位移混合控制方法，并应符合下列规定。

a. 正式试验前，应先进行预加载，可反复加载试验 2 次。混凝土结构试件预加载值不宜超过开裂荷载计算值的 30%；砌体结构试件不宜超过开裂荷载计算值的 20%。

b. 正式试验时，宜先施加试件预计开裂荷载的 40%～60%，并重复 2～3 次。再逐步加至 100%，接近开裂和屈服荷载前应减少级差进行加载；在结构构件的荷载达到屈服荷载后，宜取屈服变形的倍数点作为回载控制点。

c. 试验时应首先施加轴向荷载，并应在施加反复试验荷载时保持轴向荷载值稳定；在结构构件达到屈服荷载前，宜采用荷载（或应力）控制。

d. 在结构构件的荷载达到屈服荷载前，宜取屈服荷载值的 0.5 倍、0.75 倍和 1.0 倍作为回载控制点；在结构构件的荷载达到屈服荷载后，宜取屈服变形的倍数点作为回载控制点。

e. 反复加载次数应根据试验目的确定。一般情况下每级控制荷载或控制变形下的反复加载次数宜取为 3 次。若在某一级控制荷载下结构构件的残余变形很小，则可在该级控制荷载下进行一次反复加载；当研究承载力退化率时，在相应于某一位移延性系数下进行反复加载次数不宜少于 5 次；当研究刚度退化率时，在选定的荷载作用下进行反复加载次数不宜少于 5 次；试验中应保证反复加载过程的连续性，每次循环时间宜一致。

f. 试验过程中，应保持反复加载的连续性和均匀性，加载或卸载的速度宜一致。

g. 当进行承载能力和破坏特征试验时，应加载至试件极限荷载下降段；对混凝土结构试件下降值应控制在最大荷载的 85%。

（2）双向反复加载制度

为了研究地震作用对结构构件的空间组合效应，克服采用在结构构件单方向（平面内）加载时不考虑另一方向（平面外）地震作用同时存在对结构影响的局限性，可在 X、Y 两个主轴方向同时施加低周反复荷载，即双向反复加载。试验时可采用双向同步或非同步的加载制度。

① *X*、*Y* 轴双向同步加载　与单向反复加载制度相同，当用一个加载器在与构件截面主轴成 θ 角方向进行斜向加载时，*X*、*Y* 两个主轴方向的分量是同步的。双向同步加载同样可以采用变形控制加载法、荷载控制加载法或荷载-变形双控制加载法。

② *X*、*Y* 轴双向非同步加载　是用两个加载器在构件截面的 *X*、*Y* 两主轴方向分别施加低周反复荷载。由于 *X*、*Y* 两个方向可以不同步地先后或交替加载，因此，可以有各种不同加载制度（图 6.21）。

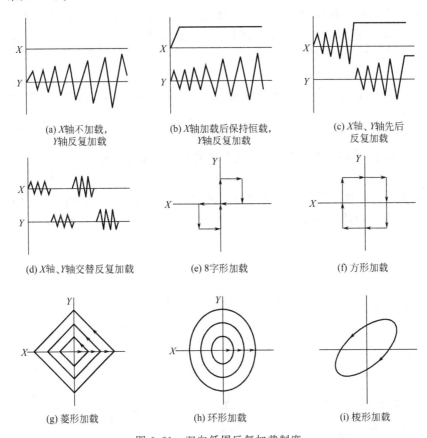

(a) *X*轴不加载，*Y*轴反复加载　　(b) *X*轴加载后保持恒载，*Y*轴反复加载　　(c) *X*轴、*Y*轴先后反复加载

(d) *X*轴、*Y*轴交替反复加载　　(e) 8字形加载　　(f) 方形加载

(g) 菱形加载　　(h) 环形加载　　(i) 梭形加载

图 6.21　双向低周反复加载制度

6.4.3　观测项目

根据《混凝土结构试验方法标准》（GB 50152—92）规定，拟静力试验观测内容应根据试验目的确定，宜包括以下项目：荷载值及支座反力值；结构构件受拉和受压主钢筋的应变；结构构件受力箍筋的应变；各级荷载下构件的变形（包括挠度、截面转角、支座转动、曲率、剪切变形等）；结构构件主钢筋在锚固区的黏结滑移；裂缝的出现及裂缝宽度。

以梁柱节点为例，通常有以下量测项目，见图 6.22 和图 6.23。

（1）荷载值及支座反力

通过测力传感器测定，对于在梁端加载时需要测量柱端水平反力，反之如采用柱端加载的方案，则必须测量梁端的支座反力。

（2）梁、柱纵筋应力

梁、柱纵筋应力一般采用电阻应变计量测，测点布置以梁柱相交处截面为主，在试验中为了测定塑性铰区段的长度或钢筋锚固应力，还可根据要求沿纵向钢筋布置更多的测点。

（3）核心区箍筋应力

测点可按核心区对角线方向布置，这样一般可测得箍筋最大应力值。如果沿柱的轴线方向布点，则测得的是沿轴线方向垂直截面上的箍筋应力分布规律。

（4）荷载-变形曲线

主要采用电子位移传感器进行量测，变形包括梁端和柱端变形，主要是量测加载界面处的位移，并在变形控制加载阶段依此控制加载程序，通过数据采集仪或 X-Y 函数记录仪记录整个试验的荷载-变形曲线的全过程。要求位移传感器具有足够的精度、量程和相应频率，保证构件进入非线性阶段量测大变形的要求。

（5）塑性铰区段曲率或转角

对于梁，一般可在距柱 $h_b/2$（梁高）或 h_b 处布点，对于柱，则可在距梁面 $h_c/2$（柱宽）处布置测点。

（6）节点核心区剪切角

节点核心区剪切角可通过量测核心区对角线的位移量来计算确定。

（7）钢筋滑移

梁内纵向钢筋通过核心区的滑移量可以通过量测并比较靠近柱面处梁主筋上 B 点相对于柱面混凝土 C 点之间的位移 Δ_1，及 B 点相对于柱面处钢筋 A 点之间的位移 Δ_2 得到（图6.23）。

$$\Delta = \Delta_1 - \Delta_2 \tag{6.11}$$

（8）裂缝

在试验过程中，应认真观察裂缝的开展情况，做到及时记录。

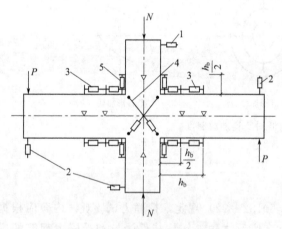

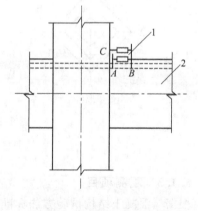

图 6.22　梁柱节点测点布置

1—柱端位移测点；2—梁端位移测点；3—梁塑性铰区段转角；

4—节点核心区剪切角；5—柱塑性铰区段转角

图 6.23　钢筋滑移时测点布置

1—试件；2—钢筋滑移测点

6.4.4　拟静力试验数据分析

低周反复试验中，加载一周所得到的荷载-位移曲线（Q-Δ 曲线）称为滞回曲线。低周反复加载试验的结果通常由荷载-变形滞回曲线以及相关参数描述，它们是研究结构抗震性能的基础数据。在变位移幅值加载的低周反复试验中，荷载-变形曲线的各级第一循环的峰点（卸载顶点）连接起来的包络线作为骨架曲线。骨架曲线在研究非线性地震反应时，反映每次循环的荷载-变形曲线达到最大峰点的轨迹，反映构件的强度、刚度、延性、耗能以及抗倒塌的能力。滞回环的形状随反复加载循环次数的增加而改变，对混凝土结构来说，滞回环的形状可以反映钢筋的滑移或剪切变形的扩展情况。滞回环面积的缩小，标志着耗能能力的退化，因此，可根据滞回环的形状和面积衡量和判断试验构件的耗能能力和破坏机制。

（1）强度

结构强度是低周反复加载试验的是一项重要指标，加载过程中各阶段的强度指标主要包括以下几种。

① 开裂荷载　结构或构件出现水平裂缝、垂直裂缝或者斜裂缝时的荷载。

② 屈服荷载和屈服变形　取试验结构构件在荷载稍有增加而变形有较大增长时所能承受的最小荷载和其相应的变形为屈服变形。对混凝土构件是指受拉主筋屈服时的荷载或相应变形。

③ 极限荷载　试验构件所能承受的最大荷载值。

④ 破坏荷载和极限变形　在试验中，当试验构件丧失承载力或超过极限荷载后，下降到 0.85 倍极限荷载时，所对应的荷载值即为破坏荷载，其相应变形为极限变形 Δu（图 6.24）。

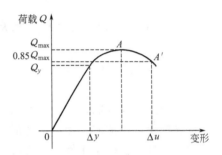

图 6.24　荷载-变形关系曲线

（2）延性系数

延性系数是反映结构构件塑性变形能力的指标，它表示了结构构件抗震性能的好坏，在结构分析中经常采用延性系数来表示，即

$$\mu = \Delta u / \Delta y \tag{6.12}$$

式中　μ——试验结构或构件的延性系数；

　　　Δu——在荷载下降段相应于破损荷载的变形；

　　　Δy——相应于屈服荷载的变形。

（3）退化率

退化率是反映试验结构构件抗力随反复加载次数增加而降低的指标，当研究强度退化时，用强度降低系数表示并按下式计算：

$$\lambda_i = \frac{Q_{j,\min}^i}{Q_{j,\max}^1} \tag{6.13}$$

式中　λ_i——强度降低系数；

　　　$Q_{j,\min}^i$——位移延性系数为 j 时，第 i 次加载循环的峰点荷载值；

　　　$Q_{j,\max}^1$——位移延性系数为 j 时，第一次加载循环的峰点荷载值。

当研究刚度退化时，即在位移不变的条件下，随反复加载次数的增加而刚度降低的情况，用环线刚度表示并按下式计算：

$$K_i = \frac{\sum_{i=1}^{n} Q_j^i}{\sum_{i=1}^{n} \Delta_j^i} \tag{6.14}$$

式中　K_i——环线刚度；

　　　Q_j^i——位移延性系数为 j 时，第 i 次循环的峰点荷载值；

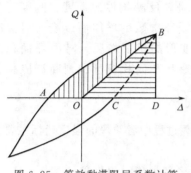

图 6.25 等效黏滞阻尼系数计算

Δ_j^i——位移延性系数为 j 时，第 i 次循环的峰点位移值；

n——循环次数。

（4）能量耗散

结构构件吸收能量能力的好坏，可由滞回曲线所包围的滞回环面积和它的形状来衡量，如图 6.25 所示，由滞回曲线的面积可以求得等效黏滞阻尼系数 h_e：

$$h_e = \frac{1}{2\pi} \times \frac{S_{ABC}}{S_{OBD}} \qquad (6.15)$$

等效黏滞阻尼系数也是衡量结构抗震能力的一项指标。由式（6.15）可知，面积 S_{ABC} 越大，则 h_e 的值越高，结构的耗能能力也越强。

6.5 拟动力试验

拟动力试验又称联机试验，是将地震实际反应所产生的惯性力作为荷载加在试验结构上，使结构所产生的非线性力学特征与结构在实际地震动力作用下所经历的真实过程完全一致，但是，这种试验是用静力方式进行的而不是在振动过程中完成的，故称拟动力试验。

6.5.1 拟动力试验的基本原理

拟动力试验的原理可用图 6.26 简单示意。拟动力试验法也可以看成用计算机与加载作动器联机求解结构动力方程的方法，这种方法的关键是结构恢复力直接从试件上测得，无须对结构恢复力做任何理论上的假设，解决理论分析中恢复力模型及参数难以确定的困难。

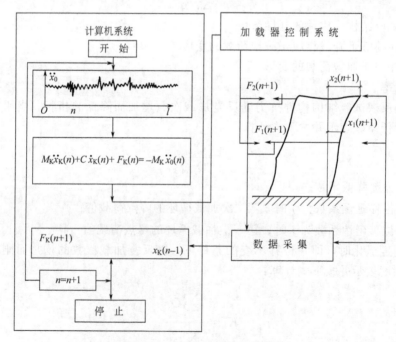

图 6.26 拟动力试验的基本原理

拟动力试验目的是真实模拟地震对结构的作用，其基本原理是用计算机直接参与试验的执行和控制，包括利用计算机按地震实际反应计算得到的位移时程曲线驱动和控制电液伺服加载器（又称作动器）对结构施加荷载。同时进行结构反应的量测和数据采集，经检测装置处理后，联机系统将结构试验得到的反应量立即输入计算机，从而得到结构的瞬时非线性变形和恢复力之间的关系，再由计算机算出下一次加载后的变形，并将计算所得到的各控制点的变形转变为控制信号，驱动加载器强迫结构按实际地震反应实现结构的变形和受力。整个试验由专用软件系统通过数据库和运行系统来执行操作指令并完成整个系统的控制和运行。

6.5.2　拟动力试验的设备

拟动力试验的加载设备与拟静力试验类似，一般由计算机、电液伺服加载器、传感器和配套试验装置等组成。

计算机是整个试验系统的心脏，加载过程的控制和试验数据采集都由计算机来实现，同时对试验结构的其他反应参数，如应变、位移等其他数据进行处理。拟动力试验是计算机联机试验，加载器必须具有电液伺服功能。电液伺服加载器由加载器、控制系统和液压源组成，它可将力、位移、速度、加速度等物理量直接作为控制参数。由于它能较精确地模拟试件所受外力，产生真实的试验状态，所以在近代试验加载技术中被用于模拟各种振动荷载，特别是地震荷载。拟动力试验中一般采用电测传感器。常用的传感器有力传感器、位移传感器、应变计等。力传感器一般内装在电液伺服加载器中。

6.5.3　拟动力试验的试验步骤

拟动力试验是由专用软件系统通过数据库和运行系统来执行操作指令并完成预定试验过程的，加载流程是从输入地震运动加速度开始的。其主要工作流程如下。

① 在计算机系统中输入地震加速度时程曲线，并按一定的时间间隔数字化（图 6.27）。

② 把 n 时刻的地震加速度值代入运动方程，解出 n 时刻的地震反应位移值 X_n。

③ 由计算机控制电液伺服加载系统，将 X_n 施加到结构上，实现这一步的地震反应。

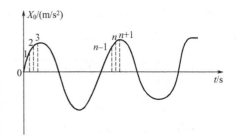

④ 量测此时试验结构的反力 F_n，并代入运动方程，按地震反应过程的加速度进行 $n+1$ 时刻的位移 X_{n+1} 的计算，量测试验结构反力 F_{n+1}。

图 6.27　输入地震波的加速度时程曲线

⑤ 重复上述步骤，按输入 $n+1$ 时刻的地震加速度值，求解位移 X_{n+2} 和结构反力 F_{n+2}，连续进行加载试验，直到试验结束。

拟动力试验的整个试验加载连续循环进行，由于加载过程中用逐步积分求解运动方程的时间间隔较小，一般取时间间隔为 $\Delta t=0.01\mathrm{s}$，而在试验加载过程中，每级加载的步长大约为 60s，这样加载过程完全可以视为静态的。

6.5.4　拟动力试验的特点和局限性

拟动力试验是将地震实际反应所产生的惯性力作为荷载加在试验结构上，使之产生反应位移，与拟静力试验相比，拟静力试验可以最大限度地获得试件的承载力、刚度、变形和耗能等信息，但不能模拟结构在实际地震作用下的地震反应。与振动台试验相比，地震模拟振动台是带动试验结构的基础振动，两者的效果是很接近的，但振动台不能胜任原型或接近原型的结构试验；与结构在地震作用下的弹塑性响应的计算分析相比，解决了理论分析计算中恢复力模型及参数难以确定的困难，也无须对结构恢复力做任何理论上的假设。而拟动力试验方法不但吸收了拟静力周期性加载试验和地震模拟振动台试验这两种方法的优点，而且吸收了结构理论分析和计算的优点，可以模拟大型复杂结构的地震反应。

除此之外，拟动力试验还具有如下优点。

① 在整个数值分析过程中不需要对结构的恢复力特性进行假设。

② 由于试验加载过程接近静态，可以缓慢地再现地震的反应，因此使试验人员有足够的时间观测结构性能的变化和结构损坏过程，获得较为详细的试验资料。

③ 可以对一些足尺模型或大比例模型进行试验。

但是，拟动力试验也有其局限性，主要有以下几个方面。

① 计算机的积分运算和电液伺服试验系统的控制都需要一定的时间，因此不是实时的试验分析过程，不能反映应变速率对结构的影响，对力学特征随时间而变化的结构物的地震反应分析将受到一定限制，也不能分析研究依赖于时间的黏滞阻尼的效果。

② 结构实际所产生的惯性力是用加载器产生的，因此，拟动力试验比较适用于离散质量分布的结构。

③ 进行拟动力试验必须具备及时进行运算及数据处理的手段，准确的试验控制方法及高精度的自动化量测系统，而这些条件只能通过计算机和电液伺服试验系统装置实现。因此，为了使联机试验成功，必须将数值计算方法、试验机控制方法、变位和力的量测方法与试验模型的性状相协调，切实选定其组合关系。

④ 结构物的地震反应本是一种动力现象，拟动力试验是用静力试验方法来实现的，必然有一定差异，因此必须尽可能减少数值计算和静载试验两方面的误差以及尽可能提高其相应的精度。

拟动力试验分析方法是一种综合性试验技术，虽然它的设备庞大，分析系统复杂，但却是一种很有前途的试验方法。

6.5.5 钢筋混凝土框架足尺结构拟动力试验

（1）试验目的

① 掌握钢筋混凝土框架结构在实际地震作用下的特性和破坏机制。

② 对结构抗震的分析方法进行研究。

③ 检验与验证现有抗震规范的合理性。

（2）实验对象

如图 6.28 所示，试验对象为足尺的 7 层钢筋混凝土框架结构，平面尺寸为 17m×16m。在水平方向为三跨，垂直方向为两跨。框架底层高度为 3.75m，2～7 层高度各为 3.0m，总高度为 21.75m。在 B 轴框架中设有等截面壁厚为 200mm 的连续抗震墙，在垂直于加力方向的 1、4 轴框架内设有用作限制平面变形的壁厚为 150mm 的连续墙，该墙与柱没有联系。柱截面尺寸为 500mm×500mm，主梁截面尺寸为 300mm×500mm，次梁截面尺寸为 300mm×450mm。

（3）试验流程

进行拟动力试验前，先进行结构的自由和强迫振动试验、各层单独加载试验以及结构静力试验。

进行拟动力试验时采用等效单自由度体系，在试验中使外力分布保持一阶振型，即符合倒三角形分布。这时将位于试验结构顶层的加载器按位移控制，该位移的大小是根据试验体顶层位移与基底剪力，通过单质点反应分布求得的。而其他各层的加载还是按一定外力分布并按各层比例进行荷载控制。这样，既能掌握振动特性，又容易与静力试验的结果进行比较。

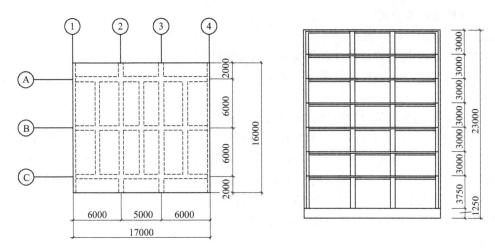

图 6.28　钢筋混凝土结构的平面和剖面图

整个试验布置了 541 个应变测点，192 个位移测点，倾角仪 7 个，加载器的荷载传感器和位移传感器各 8 个。

拟动力试验从弹性范围到塑性范围分如下四个阶段进行。

① 以探讨单质点解析方法及单质点拟动力试验的可靠性为目的，试验时控制层间变形转角为 1/7000，输入实际地表波的最大加速度为 23.5cm/s^2。

② 以超过开裂点的 1/400 层间变形转角为控制值，输入地震波的最大加速度为 105cm/s^2。

③ 以达到塑性变形 3/400 层间转角为控制值，输入地表波的最大加速度为 320cm/s^2。

④ 破坏试验，控制层间变形转角为 1/75，输入地表波的最大加速度为 350cm/s^2。

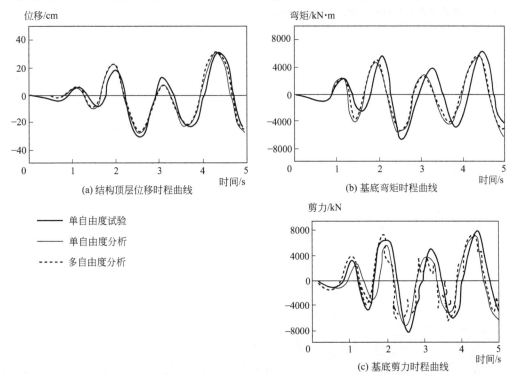

图 6.29　试验结果对比分析

（4）试验结果及分析

试验结果对比分析如图 6.29 所示。

① 层间剪力和顶层位移曲线保持良好的恢复力特性。

② 由于试验结构有连续的抗震墙，因此，每层层间变形大体相同，结构破坏并非集中在某一层。

③ 试验结构的变形从弹性范围到塑性发展与假定的变形形式一致。

④ 通过简化后的等效单质点框架的反应分析及多质点体系框架反应分析，两者的位移、弯矩反应比较一致，与试验结果比较，略有误差，但两者反应时的时程趋势极为相似，基底剪力时程曲线反映等效单自由度分析与试验结果稍有误差，但按多自由度分析则结果有较大差别，这主要是由于第二振型的影响起着主要的作用。

根据试验结果可以认为采用等效单自由度体系进行联机试验是一种可以接受的简便而实用的试验方法。

思 考 题

1. 什么是单调静力荷载试验？

2. 简述单调静力荷载试验的加载程序。

3. 简述拟动力试验的基本原理和试验步骤。

4. 说明钢筋混凝土受弯构件试验的测试方法。

5. 结构静力试验正式加载前，为什么需要对结构进行预载试验？

6. 已知一承受均布荷载 q 的简支梁，跨度为 L，现进行荷载试验，采用两种方案进行加载试验：

(1) 在四分点处施加两个等效集中荷载；

(2) 在跨中施加等效荷载。

试根据跨中弯矩相等的原则，确定上述等效荷载。

第7章　结构试验现场检测技术

7.1　概述

建筑结构的检测应根据规范、标准的要求和建筑结构工程质量评定或既有建筑结构性能鉴定的需要合理确定检测项目和检测方案，应为建筑结构工程质量的评定或建筑结构性能的鉴定提供真实、可靠、有效的检测数据和检测结论。为此，检测时应做到以下几点。

① 测试方法必须符合国家有关的规范标准要求，测试单位必须具备资质，测试人员必须取得上岗证书。

② 测试仪器必须标准，应确保所使用的仪器设备在检定或校准周期内，并处于正常状态，其精度应满足检测项目的要求。

③ 被测构件的抽取、测试手段的确定，测试数据的处理要有科学性，切忌头脑里先有结论而把检测作为证明来对待。

④ 检测的原始记录，应记录在专用记录纸上，数据准确，字迹清晰，信息完整，不得追记、涂改，如有笔误，应进行杠改。当采用自动记录时，应符合有关要求。原始记录必须由检测及记录人员签字。

⑤ 现场取样的试件或试样应予以标识并妥善保存。当发现检测数据数量不足或检测数据出现异常情况时，应补充检测。

⑥ 建筑结构现场检测工作结束后，应及时修补因检测造成的结构或构件局部的损伤。修补后的结构构件，应满足承载力的要求。检测数据计算分析，结构检测结果的评定，应符合《建筑结构检测技术标准》（GB/T 50344—2004）和相关标准的规定。

7.2　混凝土结构现场检测技术

7.2.1　一般要求

混凝土结构的检测可分为原材料性能、混凝土强度、混凝土构件外观质量与缺陷、尺寸偏差、变形与损伤和钢筋配置检测等各项工作，必要时，可进行结构构件性能的实荷检验或结构的动力测试。

（1）原材料性能检测

混凝土是以水泥为主要胶结材料，拌和一定比例的砂、石和水，有时还加入少量的各种添加剂，经搅拌、注模、振捣、养护等工序后，逐渐凝固硬化而成的人工混合材料。各组成材料的成分、性质和相互比例，以及制备和硬化过程中的各种条件和环境因素，都对混凝土的力学性能有不同程度的影响，因而其强度、变形等性能较其他材料离散性更大。

对钢筋的质量或性能检测，当工程尚有与结构中同批的钢筋时，可进行钢筋力学性能检验或化学成分分析；需要检测结构中的钢筋时，可在构件中截取钢筋进行力学性能检验或化学成分分析。进行钢筋力学性能的检验时，同一规格钢筋的抽检数量应不少于一组。既有结构钢筋抗拉强度的检测，可采用钢筋表面硬度等非破损检测与取样检验相结合的方法。需要检测锈蚀钢筋、受火灾影响等钢筋的性能时，可在构件中截取钢筋进行力学性能检测。

（2）混凝土强度检测

采用回弹法、超声回弹综合法、后装拔出法或钻芯法等检测结构或构件混凝土抗压强度时，《建筑结构检测技术标准》（GB/T 50344—2004）有关规定如下。

① 采用回弹法时，被检测混凝土的表层质量应具有代表性，且混凝土的抗压强度和龄期不应超过相应技术规程限定的范围。

② 采用超声-回弹综合法时，被检测混凝土的内外质量应无明显差异，且混凝土的抗压强度不应超过相应技术规程限定的范围。

③ 采用后装拔出法时，被检测混凝土的表层质量应具有代表性，且混凝土的抗压强度和混凝土粗骨料的最大粒径不应超过相应技术规程限定的范围。

④ 当被检测混凝土的表层质量不具有代表性时，应采用钻芯法；当被检测混凝土的龄期或抗压强度超过回弹法、超声-回弹综合法或后装拔出法等相应技术规程限定的范围时，可采用钻芯法或钻芯修正法；采用钻芯修正法时，宜选用总体修正量的方法。

⑤ 在回弹法、超声回弹综合法或后装拔出法适用的条件下，宜进行钻芯修正或利用同条件养护立方体试块的抗压强度进行修正。

7.2.2　回弹法检测混凝土强度

回弹法检测混凝土强度就是使用回弹仪弹击混凝土表面，根据回弹值与抗压强度之间校准的相关关系，用回弹值来推算的抗压强度，是混凝土结构现场检测中最常用的一种非破损检测方法。回弹仪是 1948 年由瑞士人 E. Schmidt（史密特）发明的，其构造原理如图 7.1 所示，主要由弹击杆、重锤、拉簧、压簧及读数标尺等组成。

（1）回弹法的基本原理

回弹法测定混凝土的强度应遵循我国《回弹法检测混凝土抗压强度技术规程》（JGJ/T 23—2001）有关规定。测试时，先轻压一下弹击杆，使按钮松开，让弹击杆徐徐伸出，并使挂钩挂上弹击锤；再将回弹仪对混凝土表面缓慢均匀施压，待弹击锤脱钩。冲击弹击杆后，弹击锤即带动指针向后移动直至达到一定位置，指针块的刻度线即在刻度尺上指示某一回弹值，按下按钮取下仪器，在标尺上读出回弹值。

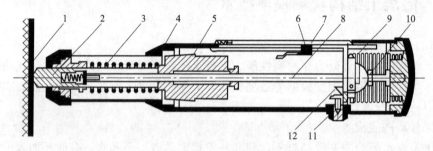

图 7.1　回弹仪构造图

1—试验构件表面；2—弹击杆；3—拉力弹簧；4—套筒；5—重锤；6—指针；
7—刻度尺；8—导杆；9—压力弹簧；10—调整螺钉；11—按钮；12—挂钩

如图 7.2 所示，回弹值可以用下式计算：

$$R = \frac{y}{H} \times 100\% \tag{7.1}$$

式中　y——重锤回弹距离；

　　　H——弹击弹簧的初始拉伸长度。

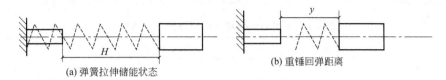

图 7.2　回弹仪工作原理图

（2）回弹法的技术要求

测试应在事先划定的测区内进行，用于抽样推定的结构或构件，随机抽取的数量不少于结构或构件总数的 30%，且不少于 10 件，每个构件测区数不少 10 个，每个试样的测区应符合下述要求。

① 每个测区尺寸为 200mm×200mm，每个测区设 16 个回弹点，相邻两点的间距一般不小于 30mm，一个测点只允许回弹一次，然后从测区的 16 个回弹值中分别剔除 3 个最大值和 3 个最小值，取余下 10 个有效回弹值的平均值作为该测区的回弹值，即

$$R_{m\alpha} = \sum_{i=1}^{10} \frac{R_i}{10} \tag{7.2}$$

式中　$R_{m\alpha}$——测试角度为 α 时的测区平均回弹值，计算至 0.1；

　　　R_i——第 i 个测点的回弹值。

② 构件某一方向尺寸小于 4.5m，且另一方向尺寸小于 0.3m 的构件，其测区数量可适当减少，但不应少于 5 个。

③ 相邻两测区的间距应控制在 2m 以内，测区离构件端部或施工缝边缘的距离不宜大于 0.5m，且不宜小于 0.2m。

④ 测区应选在使回弹仪处于水平方向检测混凝土浇筑侧面，当不能满足这一要求时，可使回弹仪处于非水平方向检测混凝土浇筑侧面、表面或底面。

当回弹仪测试位置非水平方向时（图 7.3），测试角度不同，回弹值应按下式修正：

$$R_m = R_{m\alpha} + \Delta R_\alpha \tag{7.3}$$

式中　ΔR_α——测试角度为 α 的回弹修正值，按表 7.1 选用。

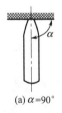 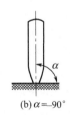 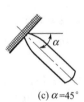 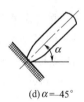

(a) $\alpha=90°$　　　　(b) $\alpha=-90°$　　　　(c) $\alpha=45°$　　　　(d) $\alpha=-45°$

图 7.3　测试角度示意图

当测试面为浇筑方向的顶面或底面时，测得的回弹值按下式修正：

$$R_m = R_{ms} + \Delta R_s \tag{7.4}$$

式中　R_{ms}——在混凝土浇筑顶面或底面测试时的平均回弹值，计算至 0.1；

　　　ΔR_s——混凝土浇筑顶面或底面测试时的回弹修正值，按表 7.2 采用。

测试时，如果回弹仪既处于非水平状态，同时又在浇筑顶面或底面，则应先进行角度修正，再进行顶面或底面修正。

由于回弹法是以反映表面硬度的回弹值来确定混凝土强度的，因此必须考虑影响混凝土表面硬度的碳化深度。混凝土在硬化过程中，表面的氢氧化钙与空气中的二氧化碳起化学作

用，形成碳酸钙的结硬层即碳化深度，因而在老混凝土上测试的回弹值偏高，应给予修正。

表 7.1　不同测试角度 α 的回弹修正值 ΔR_α

$R_{m\alpha}$	α 向上				α 向下			
	$+90°$	$+60°$	$+45°$	$+30°$	$-30°$	$-45°$	$-60°$	$-90°$
20	-6.0	-5.0	-4.0	-3.0	$+2.5$	$+3.0$	$+3.5$	$+4.0$
30	-5.0	-4.0	-3.5	-2.5	$+2.0$	$+2.5$	$+3.0$	$+3.5$
40	-4.0	-3.5	-3.0	-2.0	$+1.5$	$+2.0$	$+2.5$	$+3.0$
50	-3.5	-3.0	-2.5	-1.5	$+1.0$	$+1.5$	$+2.0$	$+2.5$

表 7.2　不同浇筑面的回弹修正值 ΔR_s

R_{ms}	ΔR_s		R_{ms}	ΔR_s	
	顶面	底面		顶面	底面
20	$+2.5$	-3.0	40	$+0.5$	-1.0
25	$+2.0$	-2.5	45	0	-0.5
30	$+1.5$	-2.0	50	0	0
35	$+1.0$	-1.5			

注：1. 表中未列入的 R_{ms} 值，可用内插法求得，精确至一位小数。当 $R_{ms}<20$ 时，按 $R_{ms}=20$ 修正，当 $R_{ms}>50$ 时，按 $R_{ms}=50$ 修正。

2. 表中浇筑表面的修正值，是指一般原浆抹面后的修正值。

3. 表中浇筑底面的修正值，是指构件底面与侧面采用同一类模板在正常浇筑情况下的修正值。

可采用适当的工具在测区表面凿成直径约 15mm 的孔洞，其深度应大于混凝土的碳化深度，孔洞中的粉末和碎屑应除净，并不得用水擦洗，同时，应立即采用浓度为 1% 的酚酞酒精溶液滴在孔洞内壁的边缘处，未碳化混凝土变成紫红色，已碳化的则不变色，再用深度测量工具测量已碳化与未碳化混凝土交界面到混凝土表面的垂直距离，测量不应少于 3 次，取其平均值，每次读数精确至 0.5mm。每个测区的平均碳化深度按下式计算：

$$d_m = \frac{\sum\limits_{i=1}^{n} d_i}{n} \tag{7.5}$$

式中　n——碳化深度测量次数；

d_i——第 i 次测量的碳化深度，mm；

d_m——测区平均碳化深度，$d_m \leqslant 0.4$mm 时，取 $d_m=0$，$d_m>6$mm 时，取 $d_m=6$mm。

（3）混凝土强度的评定

通过一系列的大量试验建立的回弹值与混凝土强度之间的关系曲线称为测强曲线。测强曲线根据制定曲线的条件和使用范围可以分为三类：统一曲线、地区曲线和专用曲线。根据每个测区的回弹平均值 R_m 及碳化深度值 d_m，查阅由专用曲线、地区曲线或统一曲线编制的"测区混凝土强度换算表"，所查出的强度值即为该测区混凝土的强度（当强度高于 60MPa 或低于 10MPa 时，表中查不出），可记为 $f_{cu}^c>60$MPa，或 $f_{cu}^c<10$MPa，未列入的测区强度值可用内插法求得。

① 结构或构件的测区混凝土强度平均值可根据各测区的混凝土强度换算值计算。当测区数为 10 个及以上时，应计算强度标准差。平均值及标准差应按式（7.6）和式（7.7）计算：

$$m_{f_{cu}^c} = \frac{\sum\limits_{i=1}^{n} f_{cu,i}^c}{n} \tag{7.6}$$

$$S_{f_{cu}^c} = \sqrt{\frac{\sum\limits_{i=1}^{n}(f_{cu}^c)^2 - n(m_{f_{cu}^c})^2}{n-1}} \tag{7.7}$$

式中　$m_{f_{cu}^c}$——结构或构件测区混凝土强度换算值的平均值，精确至 0.1MPa；

　　　　n——对于单个检测的构件，取一个构件的测区数，对于批量检测的构件，取被抽检构件测区数之和；

　　　　$S_{f_{cu}^c}$——结构或构件测区混凝土强度换算值的标准差，精确至 0.01MPa。

　　② 结构或构件的混凝土强度推定值是指相应于强度换算值总体分布中保证率不低于 95％的结构或构件中的混凝土抗压强度值。结构或构件的混凝土强度推定值 $f_{cu,e}$ 应按下列方法确定。

　　a. 当该结构或构件测区数少于 10 个时：

$$f_{cu,e} = f_{cu,min}^c \tag{7.8}$$

式中　$f_{cu,min}^c$——构件中最小的测区混凝土强度换算值。

　　若该结构或构件的测区强度值中出现小于 10.0MPa 的值，则按 $f_{cu,e} < 10.0$MPa 评定。

　　b. 当该结构或构件测区数不少于 10 个或按批量检测时：

$$f_{cu,e} = m_{f_{cu}^c} - 1.645 S_{f_{cu}^c} \tag{7.9}$$

　　对按批量检测的构件，当该批构件混凝土强度平均值小于 25MPa，$S_{f_{cu}^c} > 4.5$MPa 时，或当该批构件混凝土强度平均值不小于 25MPa，$S_{f_{cu}^c} > 5.5$MPa 时，则该批构件应全部按单个构件评定。

7.2.3　超声脉冲法检测混凝土强度

　　超声法利用混凝土的抗压强度 f_{cu} 与超声波在混凝土中的传播参数（声速、衰减等）之间的相关关系来推定混凝土的强度。

　　超声波脉冲实质上是超声检测仪的高频振荡激励仪器换能器中的压电晶体，由压电效应产生的机械振动发出的声波在介质中的传播（图 7.4）。混凝土强度越高，相应超声声速越大。经试验归纳，这种相关性可以用反映统计相关规律的非线性数学模型来拟合，即通过试验建立混凝土强度与声速的关系曲线（f-v 曲线）或经验公式，目前常用的如下。

　　指数函数方程：$\qquad\qquad f_{cu}^c = A e^{Bv} \tag{7.10}$

　　幂函数方程：$\qquad\qquad f_{cu}^c = A v^B \tag{7.11}$

　　抛物线方程：$\qquad\qquad f_{cu}^c = A + Bv + Cv^2 \tag{7.12}$

式中　f_{cu}^c——混凝土强度换算值；

　　　　v——超声波在混凝土中的传播速度；

　A，B，C——常数项。

　　在现场进行结构混凝土强度检测时，选择试件浇筑混凝土的模板侧面为测试面，一般以 200mm×200mm 的面积为一测区。每个试件上相邻测区间距不大于 2m。测试面应清洁平整、干燥无缺陷和饰面层。每个测区内应在相对测试面上对应布置 3 个测点，相对面上对应的辐射和接收换能器应在同一轴线上。测试时必须保持换能器与被测混凝土表面用黄油或凡士林等耦合剂进行耦合，以减少声能的反射损失。

　　测区声波传播速度：

$$v = l / t_m \tag{7.13}$$

式中　v——测区声速值，km/s；

l——超声测距，mm；

t_m——测区平均声时值，按式（7.14）计算。

$$t_m = \frac{t_1 + t_2 + t_3}{3} \tag{7.14}$$

式中　t_1，t_2，t_3——测区中 3 个测点的声时值，μs。

当在混凝土试件的浇筑顶面或底面测试时，声速值应进行修正：

$$v_u = \beta v \tag{7.15}$$

式中　v_u——修正后的测区声速值，km/s；

　　　β——超声测试面修正系数，在混凝土浇筑顶面及底面测试时 $\beta = 1.034$，在混凝土浇筑侧面测试时 $\beta = 1$。

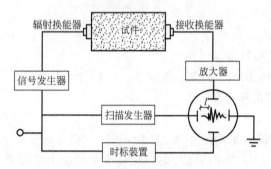

图 7.4　混凝土超声波检测系统　　　　图 7.5　超声-回弹综合法测点布置图

由试验量测的声速，按 f_{cu}^c-v 曲线求得混凝土的强度换算值。

混凝土的强度和超声波传播声速间的定量关系受混凝土的原材料性质及配比的影响，混凝土强度与超声波传播速度的相应关系随各种技术条件的不同而变化，对于各种类型的混凝土没有统一的测强曲线。

7.2.4　超声-回弹综合法检测混凝土强度

超声-回弹法是指采用超声仪和回弹仪，在混凝土同一测区分别测量超声波传播速度及回弹值，再利用已建立的测强公式，推算该测区混凝土强度的方法。采用超声回弹综合法可以不受混凝土龄期的限制，测试精度也有明显提高。

采用超声-回弹综合法检测混凝土强度的步骤，应遵照《超声回弹综合法检测混凝土强度技术规程》的要求进行。超声的测点应布置在同一个测区回弹值的测试面上，测量声速的探头安装位置不宜与回弹仪的弹击点相重叠。测点布置如图 7.5 所示。结构或构件的每个测区内所测得的回弹值和声速值作为推算混凝土强度的综合参数。

在进行超声-回弹综合检测时，结构或构件上每个测区的混凝土强度是根据该区实测的超声波波速及回弹平均值按事先建立的 f_{cu}^c-v-R_m 关系曲线推定的，常用的经验关系曲线如下。

粗骨料为卵石时：　　　　$f_{cu,i}^c = 0.0038(v_{ai})^{1.23}(R_{ai})^{1.95}$ 　　　　(7.16)

粗骨料为碎石时：　　　　$f_{cu,i}^c = 0.008(v_{ai})^{1.72}(R_{ai})^{1.57}$ 　　　　(7.17)

式中　$f_{cu,i}^c$——第 i 个测区混凝土强度换算值，精确至 0.1MPa；

　　　v_{ai}——第 i 个测区修正后的超声波波速值，精确至 0.01km/s；

　　　R_{ai}——第 i 个测区修正后的回弹值，精确至 0.1。

按照规定，得到每个测区的混凝土强度换算值后，就可以根据相应的评定规则推定混凝土的强度性能。

7.2.5　钻芯法检测混凝土强度

钻芯法是采用专用的钻芯机，在结构混凝土构件上直接钻取标准芯样试件或小直径芯样试件进行实验室抗压强度试验，由芯样的抗压强度推定混凝土的立方体抗压强度，从而检测混凝土强度及混凝土内部缺陷的一种方法，利用此方法测得的混凝土抗压强度值可以直观地反映结构混凝土的质量。钻芯法的主要设备机具有钻芯机和芯样切割机。

(1) 混凝土芯样构件的抗压强度试验及强度计算

在采用钻芯法评定结构（构件）混凝土强度时，若试件尺寸为 $h=100\text{mm}$、$d=100\text{mm}$，则所测得的混凝土芯样的抗压强度与边长为150mm的标准立方体试块的抗压强度基本一致，可不进行修正。

① 芯样试件的强度计算　芯样试件宜在与被检测结构或构件混凝土于湿度基本一致的条件下进行抗压试验，如结构工作条件比较干燥，芯样在受压前应在室内自然干燥3d(天)。如结构工作条件比较潮湿，则芯样应在（20±5）℃的清水中浸泡40~48h，从水中取出后进行试验。

芯样试件的混凝土强度换算值，应采用式(7.18)计算：

$$f_{cu}^{c}=\alpha\frac{4F}{\pi d^{2}} \tag{7.18}$$

式中　f_{cu}^{c}——芯样试件混凝土强度换算值，精确至0.1MPa；

F——芯样试件抗压试验的最大试验荷载，N；

d——芯样试件的平均直径，mm；

α——不同高径比的芯样试件混凝土强度换算系数。

② 芯样试件的强度换算　采用钻芯法得到的芯样试件强度换算值，不等于在施工现场取样、成型、与构件同条件养护试块的抗压强度值，也不等于标准养护28天试块抗压强度值。它只代表构件混凝土的芯样试件在测试龄期的抗压结果转换成边长为150mm的立方体试块的实际强度值。

③ 非标准芯样试件的强度换算　根据《钻芯法检测混凝土强度技术规程》（CECS 03：2007）中规定，钻芯法芯样试件的混凝土强度换算值是把用钻芯法得出的芯样强度，换算成相应测试龄期的边长为150mm的立方体试块的抗压强度值。当芯样试件为非标准芯样时，即芯样的高径比大于1.0时，按表7.3中给定的系数进行换算。

表 7.3　芯样试件混凝土强度换算系数

高径比(h/d)	1.0	1.1	1.2	1.3	1.4	1.5	1.6	1.7	1.8	1.9	2.0
系数 α	1.00	1.04	1.07	1.10	1.13	1.15	1.17	1.19	1.21	1.22	1.24

(2) 钻芯法检测混凝土强度的有关要求

① 芯样试件的数量要求　在钻芯法用于修正混凝土的强度回弹检测结果时，即利用现场钻取芯样试件的抗压强度对回弹法得到的混凝土推定强度（换算混凝土立方体抗压强度）进行修正时，则可按照《回弹法检测混凝土抗压强度技术规程》（JGJ/T 23—2001）的要求进行，钻取芯样的数量一般不少于6个。若钻取芯样目的是为了确定单个构件的混凝土强度，则单个构件上的取芯数量一般不少于3个。

② 芯样直径的选取　应根据不同的检测目的来确定芯样直径的规格，但芯样的直径一般不应小于骨料最大粒径的3倍，在任何情况下不得小于2倍；若钻取芯样的目的是为了修

正回弹法的换算强度值或为了直接确定构件的混凝土强度值时，应尽量选取可方便制作的标准芯样（φ100mm 规格芯样）。芯样选取此直径，即可满足上述要求，一般情况下也可满足抗压试验试件直径为骨料直径的 3 倍的要求。在特殊情况下，当混凝土构件的主筋间距较小或构件所处部位不允许钻取 φ100mm 规格芯样时，也可采用 φ70～75mm 的小直径芯样，进行混凝土抗压强度试验，但应根据芯样试件中的骨料直径情况考虑适当增加芯样数量。

根据以往经验及有关科研单位的研究结果，在满足骨料直径与芯样直径比例要求的情况下，从 φ70～75mm 的小直径芯样试件得到的混凝土抗压强度与标准芯样试件的混凝土抗压强度差别不大（大致相当）。但当构件混凝土的骨料直径较大（大于 30mm）时，则小直径芯样的抗压强度可能受到影响，换算强度偏低。

当钻取芯样的目的是检测混凝土裂缝深度、内部缺陷及进行混凝土内部的质量检查时，则芯样的直径可选择较小的规格，且不必考虑芯样中最大骨料粒径的限制。

③ 芯样试件的钻取位置　应选择在受力较小的部位进行芯样钻取（如矩形框架柱长向边一侧压力较小处，梁的中和轴线或以下的部位等），避免在钻取芯样时对构件主筋造成损伤，同时也应避开构件中的管线等。芯样试件内不应含有钢筋，如不能满足，每个芯样内最多只允许含有两根直径小于 10mm 的钢筋，且钢筋应与芯样轴线基本垂直并离开端面 10mm 以上；对于公称直径小于 100mm 的芯样试件，每个芯样内最多只允许含有一根直径小于 10mm 的钢筋。

在采用钻芯修正法时，应将位置选择在回弹测区及超声测区范围内。

④ 芯样的制作和加工　实验室芯样试件的制作及芯样试件的抗压强度试验等各环节应遵循《钻芯法检测混凝土强度技术规程》（CECS 03:2007）的有关规定。芯样端面必须进行加工磨平，也可用水泥砂浆或环氧胶泥在专用补平装置上补平。预应力混凝土结构，考虑到结构的安全问题，一般情况下应避免进行芯样的钻取。

⑤ 钻孔取芯后处理　结构上留下的孔洞必须及时进行修补，以保证其正常工作。通常采用微膨胀水泥细石混凝土填实，修补时应清除孔内污物，修补后应及时养护，并保证新填混凝土与原结构混凝土结合良好。一般来说，即使修补后结构的承载力仍有可能低于未钻孔时的承载力，因此钻芯法不宜普遍使用，更不宜在一个受力区域内集中钻孔。建议将钻芯法与其他非破损方法结合使用，一方面利用非破损方法来减少钻芯的数量，另一方面又利用钻芯法来提高非破损方法的测试精度。

7.2.6　拔出法检测混凝土强度

拔出法是在浇筑混凝土之前预埋金属锚固件（预埋拔出法），或是在已经硬化的混凝土构件上钻孔埋入金属锚固件（后装拔出法），然后采用拔出仪测试锚固件从硬化混凝土中被拔出时的极限拔出力，根据预先建立的拔出力与混凝土强度之间的相关关系推算混凝土的抗压强度。这是一种局部破损检测混凝土强度的试验方法，检测结果可靠性较高，被检测混凝土抗压强度不应低于 10MPa。

在浇筑混凝土时预埋锚固件的方法，称为预埋法，或称 LOK 试验。在混凝土硬化后再钻孔埋入膨胀螺栓作为锚固件的方法，称为后装法，或称 CAPO 试验。预埋法常用于确定混凝土的停止养护、拆模时间及施加后张法预应力的时间，按事先计划要求布置测点。后装法则较多用于已建结构混凝土强度的现场检测，检测混凝土的质量和判断硬化混凝土的现有实际强度。

采用拔出法作为混凝土强度的推定依据时，必须按已经建立的拔出力与立方体抗压强度之间的相关关系曲线，由拔出力确定混凝土的抗压强度。目前国内拔出法的测试强度曲线一般都采用一元回归直线方程：

$$f_{cu}^c = aF + b \tag{7.19}$$

式中 f_{cu}^c——测点混凝土强度换算值，精确至 0.1MPa；

$\qquad F$——测点拔出力，精确至 0.1kN；

$\quad a，b$——回归系数。

拔出法试验的加荷装置是专用的手动油压拉拔仪。整个加荷装置支承在承力环或三点支承的承力架上，液压缸进油时对拔出杆均匀施加拉力，加荷速度控制在 0.5～1kN/s，在油压表或荷载传感器上指示拔出力。

单个构件检测时，至少进行三点拔出试验。当最大拔出力或最小拔出力与中间值之差大于中间值的 5% 时，在拔出力测试值的最低点处附近再加测两点。对同批构件按批抽样检测时，构件抽样数应不少于同批构件的 30%，且不少于 10 件，每个构件不应少于三个测点。

在结构或构件上的测点，宜布置在混凝土浇筑方向的侧面，应分布在外荷载或预应力钢筋压力引起应力最小的部位。测点分布均匀并应避开钢筋和预埋件。测点间距应大于 10h，测点距离试件端部应大于 4h（h 为锚固件的锚固深度）。

7.2.7 超声法检测混凝土强度缺陷

超声法检测混凝土缺陷是指采用低频超声波检测仪，测量超声脉冲纵波在结构混凝土中的传播速度（声速）、接收波形的振幅和频率等声学参数，并根据这些参数的相对变化和波形，来判定混凝土中的缺陷，这些缺陷主要有：裂缝深度、内部空洞和不密实区的位置及范围、表面损伤层厚度、混凝土的结合面和混凝土的均质性。超声法检测混凝土缺陷的基本原理是利用超声波在介质中传播时，遇到缺陷产生绕射使传播速度降低，声时变长；在缺陷界面产生反射，使波幅和频率明显降低，接收波形发生畸变。综合波速、波幅、频率等参数的相对变化和接收波形的变化，对比相同条件下无缺陷混凝土的参数和波形，即可判断和评定混凝土的缺陷和损伤情况。

混凝土超声检测使用非金属超声检测仪，其工作频率在 1MHz 以下，一般采用 10～500kHz。换能器频率选用 20～250kHz，根据不同的测试需要选用厚度振动式和径向振动式。

（1）裂缝检测

① 浅裂缝检测　对于结构混凝土开裂深度小于或等于 500mm 的裂缝，可用平测法或斜测法进行检测。

平测法适用于结构的裂缝部位只有一个可测表面的情况。将仪器的发射换能器和接收换能器对称布置在裂缝两侧（图 7.6），其距离为 l，超声波传播所需时间为 t_c。再将换能器以相同距离 l 平置在完好的混凝土表面，测得传播时间为 t，则裂缝的深度可按式（7.20）进行计算：

$$d_c = \frac{l}{2}\sqrt{\left(\frac{t_c}{t}\right)^2 - 1} \tag{7.20}$$

式中 d_c——裂缝深度，mm；

$\quad t，t_c$——测距为 l 时不跨缝、跨缝平测的声时值，μs；

$\qquad l$——平测时的超声传播距离，mm。

实际检测时，可进行不同测距的多次测量，取平均值作为该裂缝的深度值。当结构的裂

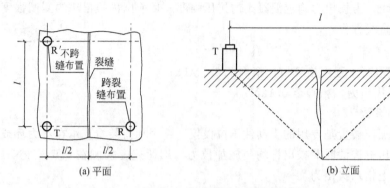

图 7.6 单面平测法检测裂缝深度

缝部位有两个相互平行的测试表面时，可采用斜测法检测。将两个换能器分别置于对应测点 $1,2,3,\cdots$ 的位置（图 7.7），读取相应声时值 t_i、波幅值 A_i 和频率值 f_i。当两换能器连线通过裂缝时，则接收信号的波幅和频率明显降低。对比各测点信号，根据波幅和频率的突变，可以判定裂缝的深度以及是否在平面方向贯通。

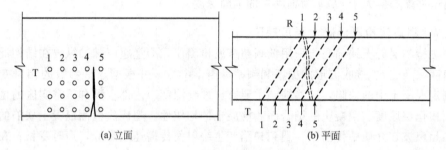

图 7.7 斜测法测裂缝示意图

按上述方法检测时，在裂缝中不应有积水或泥浆。另外，当结构或构件中有主钢筋穿过裂缝且与两换能器连线大致平行时，测点布置时应使两换能器连线与钢筋轴线至少相距 1.5 倍的裂缝预计深度，以减少量测误差。

② 深裂缝检测 对于大体积混凝土中预计深度在 500mm 以上的深裂缝，采用平测法和斜测法有困难时，可采用钻孔检测（图 7.8）。在被测裂缝两侧钻取测试孔，两个对应测试孔的间距宜为 2m，其轴线应保持平行，孔径应比换能器的直径大 5～10mm，孔深应至少大于裂缝预计深度 700mm（经测试如浅于裂缝深度，则应加深钻孔），孔中粉末碎屑清理干净。在混凝土裂缝测孔的一侧再钻一个深度较浅的比较孔，测试同样测距下无裂缝混凝土的声学参数，供对比判别使用。

钻孔法检测裂缝应选用频率为 20～40kHz 的径向振动式换能器，并在其接线上标出等距离标志（一般间隔为 100～500mm）。测试前，应先向测孔中灌注清水，作为耦合介质，将 T 和 R 换能器分别置于裂缝两侧的对应孔中，以相同高程等间距地自上而下同步移动，在不同的深度 d 上进行对测，逐点读取声时和波幅数据 A（图 7.9）。

（2）内部空洞缺陷的检测

超声检测混凝土内部的不密实区域或空洞是根据各测点的声时（或声速）、波幅或频率值的相对变化，确定异常测点的坐标位置，从而判定缺陷的范围。其方法有对测法、斜测法、钻孔法。

当结构具有两互相平行的测面时可采用对测法。在测区的两对相互平行的测试面上，分别画间距为 200～300mm 的网格，确定测点的位置（图 7.10）。对于只有一对相互平行的侧面时可采用斜测法，即在测区的两个相互平行的测试面上，分别画出交叉测试的两组测点位置（图 7.11）。当结构测试距离较大时，可在测区的适当部位钻出平行于结构侧面的孔洞，直径为 45～50mm，其深度视测试需要决定。换能器测点布置如图 7.12 所示。

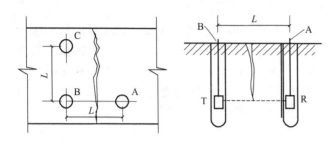

图 7.8　钻孔检测裂缝深度

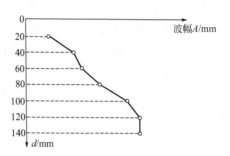

图 7.9　裂缝深度和波幅值的 *d*-*A* 坐标图

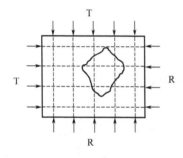

图 7.10　混凝土缺陷对测法测点位置

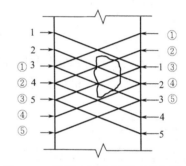

图 7.11　混凝土缺陷斜测法测点位置

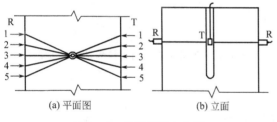

图 7.12　换能器测点布置

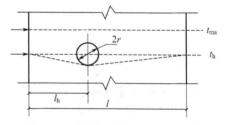

图 7.13　混凝土内部空洞尺寸估算

缺陷判断：测试时，记录每个测点的声时、波幅、频率和测距，当某些测点出现声时延长，声能被吸收或散射，波幅降低，高频部分明显衰减的异常情况时，通过对比同条件混凝土的声学参数，结合异常点的分布及波形状态确定混凝土内部存在不密实区域和空洞的范围。

如图 7.13 所示，当被测部位混凝土只有一对可供测试的表面时，混凝土内部空洞尺寸可按下式估算：

$$r = \frac{l}{2}\sqrt{\left(\frac{t_{\mathrm{h}}}{t_{\mathrm{ma}}}\right)^2 - 1} \tag{7.21}$$

式中　*r*——空洞半径，mm；

　　　l——检测距离，mm；

t_h——缺陷处的最大声时值；

t_{ma}——无缺陷区域的平均声时值，μs。

（3）表层损伤的检测

混凝土结构在使用过程中，因受火灾、冻害和化学侵蚀等引起混凝土表面损伤，其损伤的厚度可以采用表面平测法进行检测。

检测时（图7.14）将发射换能器在测试表面某点耦合后保持不动，接收换能器依次耦合安置，每次移动距离不宜大于100mm，并测读响应的声时值 t_1，t_2，t_3，…及两换能器之间的距离 l_1，l_2，l_3，…，每个测区内不得少于5个测点。按各点声时值及测距绘制损伤层检测时-距坐标图（图7.15）。由于混凝土损伤后使声波传播速度变化，在时-距坐标图上出现转折点，并由此可分别求得声波在损伤混凝土与密实混凝土中的传播速度。

损伤表层混凝土的声速：

$$v_f = \cot \alpha = \frac{l_2 - l_1}{t_2 - t_1} \tag{7.22}$$

未损伤混凝土的声速：

$$v_a = \cot \beta = \frac{l_5 - l_3}{t_5 - t_3} \tag{7.23}$$

式中 l_1，l_2，l_3，l_5——转折点前后各测点的测距，mm；

t_1，t_2，t_3，t_5——相对于测距 l_1，l_2，l_3，l_5的声时，μs。

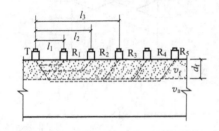

图7.14 平测法检测混凝土表层损伤厚度

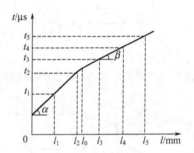

图7.15 混凝土表层损伤检测时-距坐标图

混凝土表面损伤层的厚度：

$$d_f = \frac{l_0}{2} \sqrt{\frac{v_a - v_f}{v_a + v_f}} \tag{7.24}$$

式中 d_f——表层损伤厚度，mm；

l_0——声速产生突变时的测距，mm；

v_a——未损伤混凝土的声速，km/s；

v_f——损伤层混凝土的声速，km/s。

根据超声法检测混凝土缺陷的原理，也可用于混凝土各部位的相对均匀性的检测、混凝土二次浇筑所形成的施工缝和加固修补结合面的质量检测。

7.2.8 钢筋检测

混凝土结构钢筋检测内容主要包括钢筋的配置、钢筋的材质和钢筋锈蚀。

（1）钢筋配置的检测

钢筋配置的检测可分为钢筋位置、保护层厚度、直径、数量等项目。钢筋位置、保护层厚度和钢筋数量，宜采用非破损的雷达法或电磁感应法进行检测，必要时可凿开混凝土进行钢筋直径或保护层厚度的验证。

对已建混凝土结构进行施工质量诊断及可靠性鉴定时，要求确定钢筋位置、布筋情况，正确测量混凝土保护层厚度和估测钢筋的直径。钢筋位置测试仪是利用电磁感应原理进行检测的。

（2）钢筋材质的检测

对已埋置在混凝土中的钢筋，目前还不能用非破损检测方法来测定材料性能，也不能从构件的外观形态来推断。当原始资料能充分证明所使用的钢筋力学性能及化学成分合格时，方可据此给出处理意见。当无原始资料或原始资料不足时，则需在构件内截取试样试验。取样应特别注意尽量在受力较小的部位或具有代表性的次要构件上截取试样，必要时采取临时支护措施，取样完毕立即按原样修复。

（3）钢筋锈蚀的检测

混凝土中钢筋的锈蚀是一个电化学的过程，可采用电位差法进行检测。其基本原理是利用钢筋锈蚀将引起腐蚀电流，使电位发生变化。表 7.4 所示为钢筋锈蚀状况的判别标准。

表 7.4　钢筋锈蚀状况的判别标准

电位水平/mV	钢 筋 状 态	电位水平/mV	钢 筋 状 态
$-100\sim0$	未锈蚀	$-400\sim-300$	发生锈蚀的概率$>90\%$,可能大面积锈蚀
$-200\sim-100$	发生锈蚀的概率$<10\%$,可能有锈斑		
$-300\sim-200$	锈蚀不确定,可能有坑蚀	<-400	肯定锈蚀,严重锈蚀

注：如果某处相邻两测点值大于 150mV，则电位更低的测值处判为锈蚀。

7.3　砌体结构现场检测技术

7.3.1　一般要求

砌体结构的检测内容主要有强度和施工质量，其中强度包括块材强度、砂浆强度及砌体强度，施工质量包括组砌方式、灰缝砂浆饱满度、灰缝厚度、截面尺寸、垂直度及裂缝等。具体的检测项目应根据施工质量验收、鉴定工作的需要和现场的检测条件等具体情况确定。

（1）砌体强度检测

非破损检测方法在实践中得到了广泛的应用，并已经制定了《砌体工程现场检测技术标准》（GB/T 50315—2000）。砌体工程的各种现场检测方法特点、用途及使用条件见表 7.5，按测试内容可以分为以下四类。

① 检测砌体抗压强度：原位轴压法、扁顶法。

② 检测砌体工作应力、弹性模量：扁顶法。

③ 检测砌体抗剪强度：原位单剪法、原位单砖双剪法。

④ 检测砌筑砂浆强度：推出法、筒压法、砂浆片剪切法、回弹法、点荷法和射钉法。

（2）砌体结构砌筑质量检测

砌筑构件的砌筑质量检测可分为砌筑方法、灰缝质量、砌体偏差、砌体中的钢筋检测和砌体构造检测等项目。

（3）砌体结构变形和损伤

砌体结构的变形与损伤的检测可分为裂缝、倾斜、基础不均匀沉降、环境侵蚀损伤、灾害损伤及人为损伤检测等项目。

表 7.5　砌体工程现场检测方法一览表

序号	检测方法	特　点	用　途	使　用　条　件
1	原位轴压法	①属原位检测,直接在墙体上测试,测试结果综合反映了材料质量和施工质量;②直观性、可比性强;③设备较重;④检测部位局部破损	检测普通砖砌体的抗压强度	①槽间砌体每侧的墙体宽度应不小于 1.5m;②同一墙体上的测点数量不宜多于 1 个,测点数量不宜太多;③限用于 240mm 砖墙
2	扁顶法	①属原位检测,直接在墙体上测试,测试结果综合反映了材料质量和施工质量;②直观性、可比性较强;③扁顶(扁式液压千斤顶)重复使用率较低;④砌体强度较高或轴向变形较大时,难以测出抗压强度;⑤设备较轻;⑥检测部位局部破损	①检测普通砖砌体的抗压强度;②测试古建筑和重要建筑的实际应力;③测试具体工程的砌体弹性模量	①槽间砌体每侧的墙体宽度不应小于 1.5m;②同一墙体上的测点数量不宜多于 1 个,测点数量不宜太多
3	原位单剪法	①属原位检测,直接在墙体上测试,测试结果综合反映了施工质量和砂浆质量;②直观性强;③检测部位局部破损	检测各种砌体的抗剪强度	①测点选在窗下墙部位,且承受反作用力的墙体应有足够长度;②测点数量不宜太多
4	原位单砖双剪法	①属原位检测,直接在墙体上测试,测试结果综合反映了施工质量和砂浆质量;②直观性较强;③设备较轻便;④检测部位局部破损	检测烧结普通砖砌体的抗剪强度,其他墙体应经试验确定有关换算系数	当砂浆强度小于 5MPa 时,误差较大
5	推出法	①属原位检测,直接在墙体上测试,测试结果综合反映了施工质量和砂浆质量;②设备较轻便;③检测部位局部破损	检测普通砖墙体的砂浆强度	当水平灰缝的砂浆饱满度低于 65% 时,不宜选用
6	筒压法	①属取样检测;②仅需利用一般混凝土实验室的常用设备;③取样部位局部损伤	检测烧结普通砖墙体中的砂浆强度	测点数量不宜太多
7	砂浆片剪切法	①属取样检测;②专用的砂浆测强仪和其标定仪,较为轻便;③试验工作较简便;④取样部位局部损伤	检测烧结普通砖墙体中的砂浆强度	
8	回弹法	①属原位无损检测,测区选择不受限制;②回弹仪有定型产品,性能较稳定,操作简便;③检测部位的装修面层仅局部损伤	①检测烧结普通砖墙体中的砂浆强度;②适宜于砂浆强度均质性普查	砂浆强度不应小于 2MPa
9	点荷法	①属取样检测;②试验工作较简便;③取样部位局部损伤	检测烧结普通砖墙体中的砂浆强度	砂浆强度不应小于 2MPa
10	射钉法	①属原位无损检测,测区选择不受限制;②射钉枪、子弹、射钉有配套定型产品,设备较轻便;③墙体装修面层仅局部损伤	适宜于烧结普通砖和多孔砖砌体中,砂浆强度均质性普查	①定量推定砂浆强度,宜与其他检测方法配合使用;②砂浆强度不应小于 2MPa;③检测前,需要用标准靶检校

7.3.2　砌体结构检测的要求

① 调查阶段包括下列工作内容:收集被检测工程的原设计图纸、施工验收资料、砖与砂浆的品种及有关原材料的试验资料;现场调查工程的结构形式、环境条件、使用期间的变更情况、砌体质量及存在问题;进一步明确检测原因和委托方的具体要求。

② 应根据调查结果和确定的检测目的、内容和范围,选择一种或数种检测方法。

③ 计算分析过程中若发现测试数据不足或出现异常情况,应组织补充测试。检测工作

完毕，应及时提出符合检测目的的检测报告。

④ 对被检测工程划分检测单元，并确定测区和测点数。当检测对象为整栋建筑物或建筑物的一部分时，应将其划分为一个或若干个可以独立进行分析的结构单元，每个结构单元划分为若干个检测单元。每个检测单元内，应随机选择 6 个构件（单片墙体、柱），作为 6 个测区，当一个检测单元不足 6 个构件时，应将每个构件作为一个测区。每个测区应随机布置若干个测点，各种检测方法的测点数：原位轴压法、扁顶法、原位单剪法、筒压法的测点数不应少于 1 个；原位单砖双剪法、推出法、砂浆片剪切法、回弹法、点荷法、射钉法的测点数不应少于 5 个。

7.3.3　砂浆强度检测

砌筑砂浆的检测项目可分为砂浆强度、品种、抗冻性和有害元素含量检测等。检测砌筑砂浆的强度宜采用取样的方法检测，如推出法、筒压法、砂浆片剪切法、点荷法等；检测砌筑砂浆强度的均质性，可采用非破损的方法检测，如回弹法、射钉法、贯入法、超声法、超声-回弹综合法等。

（1）推出法

推出法是采用推出仪从墙体上水平推出单块丁砖，测得水平推力及推出砖下的砂浆饱满度，以此推定砌筑砂浆抗压强度的方法。本方法适用于推定 240mm 厚普通砖墙中的砌筑砂浆强度，所测砂浆的强度等级宜为 M1～M15。

推出仪由钢制部件、传感器、推出力峰值测定仪等组成（图 7.16）。检测时，将推出仪安放在墙体的孔洞内。测点宜均匀布置在墙上，并应避开施工中的预留洞口；被推丁砖的承压面可采用砂轮磨平，并应清理干净；被推丁砖下的水平灰缝厚度应为 8～12mm；测试前，被推丁砖应编号，并详细记录墙体的外观情况。

取出被推丁砖上部的两块顺砖，应遵守下列规定。

① 试件准备　使用冲击钻在图 7.16(a) 中 A 点打出直径约 40mm 的孔洞；用锯条自 A 至 B 点锯开灰缝；将扁铲打入上一层灰缝，取出两块顺砖；用锯条锯切被推丁砖两侧的竖向灰缝，直至下皮砖顶面；开洞及清缝时，不得扰动被推丁砖。

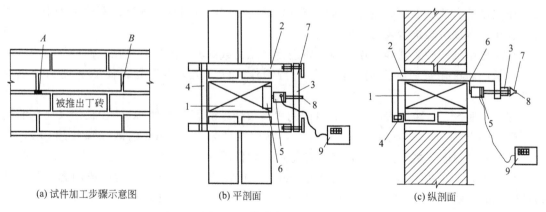

(a) 试件加工步骤示意图　　(b) 平剖面　　(c) 纵剖面

图 7.16　推出仪及测试安装

1—被推出丁砖；2—支架；3—前梁；4—后梁；5—传感器；6—垫片；
7—调平螺钉；8—传力螺杆；9—推出力峰值测定仪

② 安装推出仪　用尺测量前梁两端与墙面距离，使其误差小于 3mm。传感器的作用点，在水平方向应位于被推丁砖中间，铅垂方向应距被推丁砖下表面之上 15mm 处。

③ 加载试验　旋转加荷螺杆对试件施加荷载，加荷速度宜控制在 5kN/min。当被推丁砖和砌体之间发生相对位移，试件达到破坏状态。记录推出力 N_{ij}。取下被推丁砖，用百格网测试砂浆饱满度 B_{ij}。

单个测区的推出力平均值，应按式（7.25）计算：

$$N_i = \xi_{3i} \frac{1}{n_1} \sum_{j=1}^{n_1} N_{ij} \tag{7.25}$$

式中　N_i——第 i 个测区的推出力平均值，精确至 0.01kN；

　　　N_{ij}——第 i 个测区第 j 块测试砖的推出力峰值，kN；

　　　ξ_{3i}——砖品种的修正系数，对烧结普通砖，取 1.00，对蒸压（养）灰砂砖，取 1.14。

测区的砂浆饱满度平均值，应按式（7.26）计算：

$$B_i = \frac{1}{n_1} \sum_{j=1}^{n_1} B_{ij} \tag{7.26}$$

式中　B_i——第 i 个测区的砂浆饱满度平均值，以小数计；

　　　B_{ij}——第 i 个测区第 j 块测试砖下的砂浆饱满度实测值，以小数计。

测区的砂浆强度平均值，应按式（7.27）和式（7.28）计算：

$$f_{2i} = 0.3(N_i/\xi_{4i})^{1.19} \tag{7.27}$$

$$\xi_{4i} = 0.45B_i^2 + 0.9B_i \tag{7.28}$$

式中　f_{2i}——第 i 个测区的砂浆强度平均值，MPa；

　　　ξ_{4i}——推出法的砂浆强度饱满度修正系数，以小数计。

当测区的砂浆饱满度平均值小于 0.65 时，不宜按上述公式计算砂浆强度，宜选用其他方法推定砂浆强度。

（2）筒压法

筒压法是检测时应从砖墙中抽取砂浆试样，将取样砂浆破碎、烘干并筛分成符合一定级配要求的颗粒，装入承压筒并施加筒压荷载后，检测其破损程度，用筒压比表示，以此推定其抗压强度的方法。本方法适用于推定烧结普通砖墙中的砌筑砂浆强度，不适用于推定遭受火灾、化学侵蚀等砌筑砂浆的强度。

从砖墙中抽取砂浆试样，在实验室内进行筒压荷载试验，测试筒压比，然后换算为砂浆强度。承压筒可用普通碳素钢或合金钢自行制作，也可用测定轻骨料筒压强度的承压筒代替。

在每个测区，从距墙表面 20mm 以内的水平灰缝中凿取砂浆约 4kg，砂浆片（块）的最小厚度不得小于 5mm。使用手锤击碎样品，筛取粒径为 5～10mm 的砂浆颗粒约 3kg，在（105±5）℃的温度下烘干至恒重，待冷却至室温后备用。

每次取烘干样品约 1kg，置于孔径为 5mm、10mm、15mm 标准筛所组成的套筛中，机械摇筛 2min 或手工摇筛 1.5min。称取粒径为 5～10mm 和 10～15mm 的砂浆颗粒各 250g，混合均匀后即为一个试样。共制备三个试样。每个试样应分两次装入承压筒。每次约装 1/2，在水泥跳桌上跳振 5 次。第二次装料并跳振后，整平表面，安上承压盖。

将装料的承压筒置于试验机上，盖上承压盖，开动压力试验机，应于 20～40s 内均匀加荷至规定的筒压荷载值后，立即卸荷。不同品种砂浆的筒压荷载值不同：水泥砂浆、石灰砂浆为 20kN；水泥石灰混合砂浆、粉煤灰砂浆为 10kN。将施压后的试样倒入由孔径为 5mm

和 10mm 标准筛组成的套筛中，装入摇筛机摇筛 2min 或人工摇筛 1.5min，筛至每隔 5s 的筛出量基本相等。

称量各筛筛余试样的重量（精确至 0.1g），各筛的分计筛余量和底盘剩余量的总和，与筛分前的试样重量相比，相对差值不得超过试样重量的 0.5%；否则应重新进行试验。

标准试样的筒压比，应按式(7.29) 计算：

$$T_{ij} = \frac{t_1 + t_2}{t_1 + t_2 + t_3} \tag{7.29}$$

式中　　T_{ij}——第 i 个测区中第 j 个试样的筒压比，以小数计；

t_1，t_2，t_3——孔径为 5mm、10mm 筛的分计筛余量和底盘中剩余量。

测区的砂浆筒压比，应按式(7.30) 计算：

$$T_i = \frac{T_{i1} + T_{i2} + T_{i3}}{3} \tag{7.30}$$

式中　　　　T_i——第 i 个测区的砂浆筒压比平均值，以小数计，精确至 0.01；

T_{i1}，T_{i2}，T_{i3}——第 i 个测区三个标准砂浆试样的筒压比。

根据筒压比，测区的砂浆强度平均值应按下列各式计算。

水泥砂浆：　　　　　　　　$f_{2i} = 34.58 T_i^{2.06}$ $\qquad$ (7.31)

水泥石灰混合砂浆：　　　　$f_{2i} = 6.1 T_i + 11 T_i^2$ $\qquad$ (7.32)

粉煤灰砂浆：　　　　　$f_{2i} = 2.52 - 9.4 T_i + 32.8 T_i^2$ $\qquad$ (7.33)

石粉砂浆：　　　　　$f_{2i} = 2.7 - 13.9 T_i + 44.9 T_i^2$ $\qquad$ (7.34)

（3）回弹法

检测时，用回弹仪测试砂浆表面硬度，用酚酞试剂测试砂浆碳化深度，将此两项指标换算为砂浆强度。本方法适用于推定烧结普通砖砌体中的砌筑砂浆强度，不适用于推定高温、长期浸水、化学侵蚀、火灾等情况下的砂浆抗压强度。

测位宜选在承重墙的可测面上，并避开门窗洞口及预埋件等附近的墙体，墙面上每个测位的面积宜大于 0.3m^2。

测位处的粉刷层、勾缝砂浆、污物等应清除干净；弹击点处的砂浆表面，应仔细打磨平整，并除去浮灰；每个测位内均匀布置 12 个弹击点，选定弹击点应避开砖的边缘、气孔或松动的砂浆，相邻两弹击点的间距不应小于 20mm；在每个弹击点上，使用回弹仪连续弹击 3 次，第 1 次、第 2 次不读数，仅记读第 3 次回弹值，精确至 1 个刻度。测试过程中，回弹仪应始终处于水平状态，其轴线应垂直于砂浆表面，且不得移位。在每个测位内，选择 1～3 处灰缝，用游标尺和浓度为 1% 的酚酞试剂测量砂浆碳化深度，读数应精确至 0.5mm。

从每个测位的 12 个回弹值中，分别剔除最大值、最小值，将余下的 10 个回弹值计算算术平均值，以 R 表示。每个测位的平均碳化深度，应取该测位各次测量值的算术平均值，以 d 表示，精确至 0.5mm。平均碳化深度大于 3mm 时，取 3.0mm。第 i 个测区第 j 个测位的砂浆强度换算值，应根据该测位的平均回弹值和平均碳化深度值，分别按下列各式计算：

$$f_{2ij} = 13.97 \times 10^{-5} R^{2.57} \qquad d \leqslant 1.0 \tag{7.35}$$

$$f_{2ij} = 4.85 \times 10^{-4} R^{3.04} \qquad 1.0 < d < 3.0 \tag{7.36}$$

$$f_{2ij} = 6.34 \times 10^{-5} R^{3.60} \qquad d \geqslant 3.0 \tag{7.37}$$

式中　f_{2ij}——第 i 个测区第 j 个测位的砂浆强度值，MPa；

d——第 i 个测区第 j 个测位的平均碳化深度，mm；

R——第 i 个测区第 j 个测位的平均回弹值。

测区的砂浆抗压强度平均值应按式(7.38)计算：

$$f_{2i} = \frac{1}{n_1} \sum_{j=1}^{n_1} f_{2ij} \tag{7.38}$$

7.3.4 砌体强度检测

（1）原位轴压法

原位轴压法适用于推定240mm厚普通砖砌体的抗压强度。检测时，在墙体上开凿两条水平槽孔，安装原位压力机。原位压力机由手动油泵、扁式千斤顶、反力平衡架等组成。

测点选取要具有代表性：检测部位宜选在墙体中部距楼、地面1m左右的高度处；槽间砌体每侧的墙体宽度不应小于1.5m；同一墙体上，测点不宜多于1个，且宜选在沿墙体长度的中间部位；多于1个时，其水平净距不得小于2.0m；测试部位不得选在挑梁下、应力集中部位以及墙梁的墙体计算高度范围内。

（2）扁顶法

扁顶法是指采用扁式液压千斤顶在墙体上进行抗压试验，本方法适用于推定普通砖砌体的受压工作应力、弹性模量和抗压强度。扁顶法试验装置（图7.17）是由扁式液压千斤顶（扁顶）、手动液压泵等组成的。试验时，将所检墙体的水平灰缝处砂浆掏空，形成两条水平空槽，然后把扁顶放入空槽内，通过手动液压泵加压，由压力表测定施加压力的大小。在被测试砌体部位布置应变测点进行检测。它也可测量墙体的受压工作应力和砌体的弹性模量。首先在砖墙内开凿水平灰缝槽并在槽内装入扁顶，然后通过扁顶对墙体加载，使墙体的变形恢复到开槽之前的状态。加载系统压力表显示的压力就是墙体的受压工作应力。

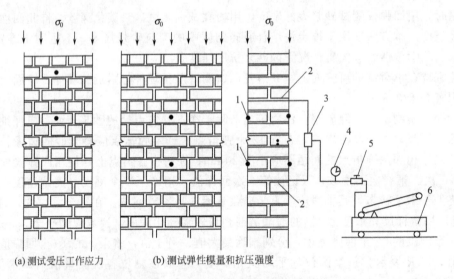

图7.17 扁顶法试验装置与变形测点布置

1—变形测点脚标；2—扁式液压千斤顶；3—三通接头；4—压力表；5—溢流阀；6—手动液压泵

（3）原位单剪法及原位单砖双剪法

原位单剪法与原位单砖双剪法均是现场检测水平通缝中砂浆抗剪强度的方法，检测装置如图7.18所示。为了便于检测时设备的安放以及降低试验对砌体半破损造成的影响，测试部位选在窗洞口或其他洞口以下3皮砖范围内。本方法适用于推定砖砌体沿通缝截面的抗剪强度。原位单砖双剪法是将原位剪切仪的主机安放在墙体的槽孔内，其检测示意图如图7.19所示。本方法适用于推定烧结普通砖砌体的抗剪强度。

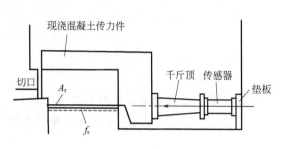

图 7.18　检测装置

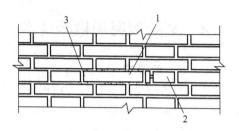

图 7.19　原位单砖双剪法检测示意图
1—剪切被测件；2—剪切仪主机；3—掏空的竖缝

测点的选择，应符合下列规定：每个测区随机布置 n_1 个测点，在墙体两面的数量宜接近或相等，以一块完整的顺砖及其上下两条水平灰缝作为两个测点（被测件）；被测件两个受剪面的水平灰缝厚度应为 8~12mm；有些部位不应布设测点，如门、窗洞口侧边 120mm 范围内，后补的施工洞口和经修补的砌体，独立砖柱和窗间墙；同一墙体的各测点之间，水平方向净距不应小于 0.62m，垂直方向净距不应小于 0.5m。

原位单砖双剪法宜选用释放受剪面上部压应力 σ_0 作用下的检测方案；当能准确计算上部压应力 σ_0 时，也可选用在上部压应力 σ_0 作用下的检测方案。当采用释放上部压应力 σ_0 的检测方案时，应按图 7.20 进行检测。掏空水平灰缝，掏空范围由剪切被测件的两端向上按 45°扩散至掏空的水平缝，掏空长度应小于 620mm，大于 240mm。将剪切仪主机放入开凿好的孔洞中，使仪器的承压板与被测件的砖块顶面重合，仪器轴线与砖块轴线吻合。若开凿孔洞过长，在仪器尾部应另加垫块。操作剪切仪，匀速施加水平荷载，直至被测件和砌体之间发生相对位移，被测件达到破坏状态。加荷的全过程宜为 1~3min。

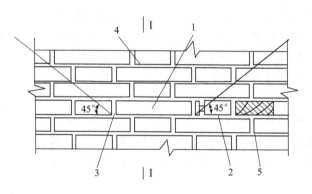

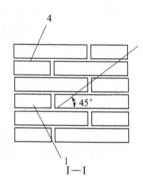

图 7.20　原位单砖双剪法方案示意图
1—试样；2—剪切仪主机；3—掏空的竖缝；4—掏空的水平缝；5—垫块

按下式计算被测件沿通缝截面的抗剪强度：

$$f_{vij} = \frac{0.64 N_{vij}}{2 A_{vij}} - 0.7\sigma_{0ij} \tag{7.39}$$

式中　A_{vij}——第 i 个测区第 j 个测点单个受剪截面的面积，mm^2；

N_{vij}——第 i 个测区第 j 个测点的抗剪破坏荷载，N；

σ_{0ij}——第 i 个测区第 j 个测点上部墙体的压应力，MPa。

7.4 钢结构现场检测技术

7.4.1 一般要求

钢结构的检测是指钢结构与钢构件质量或性能的检测。可分为钢结构材料性能、连接、构件的尺寸与偏差、变形与损伤、构造以及涂装等项的检测工作，必要时，可进行结构或构件性能的实荷检验或结构的动力测试。

（1）外观质量检测

钢材外观质量检测可分为均匀性，是否有夹层、裂纹、非金属夹杂和明显的偏析等检测项目。当对钢材的质量有怀疑时，应对钢材原材料进行力学性能检验或化学成分分析。

钢材裂纹，可采用观察的方法和渗透法检测。采用渗透法检测时，应用砂轮和砂纸将检测部位的表面及其周围 20mm 范围内打磨光滑，不得有氧化皮、焊渣、飞溅、污垢等；用清洗剂将打磨表面清洗干净，干燥后喷涂渗透剂，渗透时间不应少于 10min；然后再用清洗剂将表面多余的渗透剂清除；最后喷涂显示剂，停留 10～30min 后，观察是否有裂纹显示。

杆件的弯曲变形和板件凹凸等变形情况，可用观察和尺量的方法检测，量测出变形的程度；变形评定，应按现行《钢结构工程施工质量验收规范》（GB 50205—2001）的规定执行。

螺栓和铆钉的松动或断裂，可采用观察或锤击的方法检测。

结构构件的锈蚀，可按《涂装前钢材表面锈蚀等级和除锈等级》（GB 8923—88）确定锈蚀等级，对 D 级锈蚀，还应量测钢板厚度的削弱程度。

钢结构构件的挠度、倾斜等变形与位移和基础沉降等，可采用经纬仪、激光定位仪、三轴定位仪或吊锤的方法检测，宜区分倾斜中施工偏差造成的倾斜、变形造成的倾斜、灾害造成的倾斜等。基础不均匀沉降，可用水准仪检测；当需要确定基础沉降的发展情况时，应在结构上布置测点进行观测，观测操作应遵守《建筑变形测量规程》（JGJ/T 8—1997）的规定。结构的基础累计沉降差，可参照首层的基准线推算。

（2）尺寸偏差检测

尺寸检测的范围，应检测所抽样构件的全部尺寸，每个尺寸在构件的 3 个部位量测，取 3 处测试值的平均值作为该尺寸的代表值；尺寸量测的方法，可按相关产品标准的规定量测，其中钢材的厚度可用超声测厚仪测定；构件尺寸偏差的评定指标，应按相应的产品标准确定。

钢构件的尺寸偏差，应以设计图纸规定的尺寸为基准，计算尺寸偏差。偏差的允许值，应按《钢结构工程施工质量验收规范》（GB 50205—2001）确定。

钢构件安装偏差的检测项目和检测方法，同样应按上述规范确定。

7.4.2 材料力学性能检测

对结构构件钢材的力学性能检验可分为屈服点、抗拉强度、伸长率、冷弯和冲击功等项目。对已建钢结构鉴定时，当工程尚有与结构同批的钢材时，可以将其加工成试件，进行钢材力学性能检验；当工程没有与结构同批的钢材时，可在构件上截取试样，但会损伤结构，影响它的正常工作，因此，截取试样时应确保结构构件的安全，并进行补强。

钢材力学性能检验试件的取样数量、取样方法、试验方法和评定标准应符合表 7.6 的规定。当被检验钢材的屈服点或抗拉强度不满足要求时，应补充取样进行拉伸试验。补充试验应将同类构件同一规格的钢材划为一批，每批抽样 3 个。

表 7.6 材料力学性能检验项目和方法

检验项目	取样数量/(个/批)	取样方法	试验方法	评定标准
屈服点、抗拉强度、伸长率	1	《钢材力学及工艺性能试验取样规定》（GB 2975—1998）	《金属拉伸试验试样》(GB 6397—86)；《金属材料室温拉伸试验方法》(GB/T 228—2002)	《碳素结构钢》(GB 700—88)；《低合金高强度结构钢》（GB/T 1591—2008）；其他钢材产品标准
冷弯	1		《金属弯曲试验方法》(GB/T 232—1999)	
冲击功	3		《金属夏比缺口冲击试验方法》(GB/T 229—1994)	

既有钢结构钢材的抗拉强度，可采用检测表面硬度的方法检测抗拉强度，应用表面硬度法检测钢结构钢材抗拉强度时，应有取样检验钢材抗拉强度的验证。

7.4.3 超声法检测钢材和焊缝缺陷

超声法检测钢材和焊缝缺陷的工作原理与检测混凝土内部缺陷相同，试验时较多采用脉冲反射法。超声波脉冲经换能器发射进入被测材料传播时，当通过材料不同界面（构件材料表面、内部缺陷和构件底面）时，会产生部分反射，这些超声波各自往返的路程不同，回到换能器的时间不同，在超声波探伤仪的示波屏幕上分别显示出各界面的反射波及其相对的位置，分别称为始脉冲、伤脉冲和底脉冲（图 7.21）。由缺陷反射波与始脉冲和底脉冲的相对距离可确定缺陷在构件内的相对位置。如材料完好内部无缺陷，则显示屏上只有始脉冲和底脉冲，不出现伤脉冲。

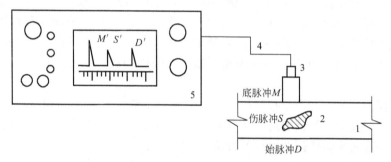

图 7.21 脉冲反射法探伤
1—试件；2—缺陷；3—探头；4—电缆；5—探伤仪

进行焊缝内部缺陷检测时，换能器常采用斜向探头。图 7.22 中用三角形标准试块经比较法确定内部缺陷的位置。当在构件焊缝内探测到缺陷时，记录换能器在构件上的位置 l 和缺陷反射波在显示屏上的相对位置。然后将换能器移到三角形标准试块的斜边上做相对移动，使反射脉冲与构件焊缝内的缺陷脉冲重合，当三角形标准试块的 α 角度与斜向换能器超声波的折射角度相同时，量取换能器在三角形标准试块上的位置 L，则可确定缺陷的深度 h：

$$l = L\sin^2\alpha \tag{7.40}$$

$$h = L\sin\alpha\cos\alpha \tag{7.41}$$

由于钢材密度比混凝土大得多，为了能够检测钢材或焊缝内较小的缺陷，要求选用较高的超声频率，常用工作频率为 0.5～2MHz，比混凝土检测时的工作频率高。

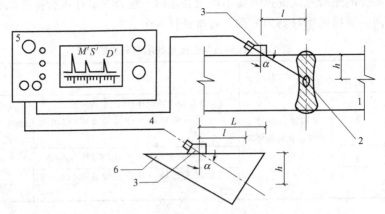

图 7.22 斜向探头探测缺陷位置

1—试件；2—缺陷；3—探头；4—电缆；5—探伤仪；6—标准试块

7.4.4 钢结构性能的静力荷载检验

（1）一般规定

钢结构性能的静力荷载检验可分为使用性能检验、承载力检验和破坏性检验。

检验装置和设置应能模拟结构实际荷载的大小和分布，应能反映结构或构件实际工作状态，加荷点和支座处不得出现不正常的偏心，同时应保证构件的变形和破坏不影响测试数据的准确性和不造成检验设备的损坏和人身伤亡事故。

检验的荷载应分级加载，每级荷载不宜超过最大荷载的 20%，在每级加载后应保持足够的静止时间，并检查构件是否存在断裂、屈服、屈曲的迹象。变形的测试应考虑支座的沉降变形的影响，正式检验前应施加一定的初试荷载，然后卸荷，使构件贴紧检验装置。加载过程中应记录荷载-变形曲线，当这条曲线表现出明显非线性时，应减小荷载增量。达到使用性能或承载力检验的最大荷载后，应持荷至少 1h，每隔 15min 测取一次荷载和变形值，直到变形值在 15min 内不再明显增加为止。然后应分级卸载，在每级荷载和卸载全部完成后测取变形值。

当检验用模型的材料与所模拟结构或构件的材料性能有差别时，应检验材料的性能。

以上适用于普通钢结构性能的静力荷载检验，不适用于冷弯型钢和压型钢板以及钢-混组合结构性能和普通钢结构疲劳性能的检验。

（2）使用性能检验

使用性能检验用于证实结构或构件在规定荷载的作用下不出现过大的变形和损伤，经过检验且满足要求的结构或构件应能正常使用。在规定荷载作用下，某些结构或构件可能会出现局部永久性变形，但这些变形的出现应是事先确定的且不表明结构或构件受到损伤。

检验的荷载，应取下列荷载之和：实际自重×1.0；其他恒载×1.15；可变荷载×1.25。

经检验的结构或构件应满足下列要求：荷载-变形曲线基本为线性曲线；卸载后残余变形不应超过所记录的最大变形值的 20%。

当不满足要求时，可重新进行检验。第二次检验中的荷载-变形应基本上呈现线性关系，新的残余变形不得超过第二次检验中所记录的最大变形的 10%。

（3）承载力检验

承载力检验用于证实结构或构件的设计承载力。在进行承载力检验前，宜先进行使用性能检验且检验结果满足相应的要求。承载力检验的荷载，应采用永久和可变荷载适当组合的承载力极限状态的设计荷载。检验荷载作用下,结构或构件的任何部分不应出现屈曲破坏或断裂破坏;卸载后结构或构件的变形应至少减少 20%。

(4) 破坏性检验

破坏性检验用于确定结构或模型的实际承载力。进行破坏性检验前,宜先进行设计承载力的检验,并根据检验情况估算被检验结构的实际承载力。破坏性检验的加载,应先分级加到设计承载力的检验荷载,根据荷载-变形曲线确定随后的加载增量,然后加载到不能继续加载为止,此时的承载力即为结构的实际承载力。

7.4.5　钢结构防火涂层厚度的检测

(1) 检测项目与方法

钢结构防火保护工程竣工后,应对防火涂层进行检测,检测项目与方法如下:用目视法检测涂料品种与颜色,与选用的样品相对比;用目视法检测涂层颜色及漏涂和裂缝情况,用 0.75~1.0kg 榔头轻击涂层检测其强度等,用直尺检测涂层平整度;检测涂层厚度。

(2) 防火涂层要求

薄涂型钢结构防火涂层应符合下列要求:涂层厚度符合设计要求;无漏涂、脱粉、明显裂缝等,如有个别裂缝,其宽度不大于 0.5mm;涂层与钢基材之间和各涂层之间应黏结牢固,无脱层、空鼓等情况;颜色与外观符合设计规定,轮廓清晰,接槎平整。

厚涂型钢结构防火涂层应符合下列要求:涂层厚度符合设计要求,如厚度低于原制定标准,必须大于原制定标准的 85%,且厚度不足部位的连续面积的长度不大于 1m,并在 5m 范围内不再出现类似情况;涂层应完全闭合,不应露底、漏涂;涂层不宜出现裂缝,如有个别裂缝其宽度不应大于 1mm;涂层与钢基材之间和各涂层之间应黏结牢固,无空鼓、脱层和松散等情况;涂层表面应无凸起,有外观要求的部位,母线直线度和圆度允许偏差不应大于 8mm。

(3) 钢结构防火涂层厚度测定方法

测针(厚度测量仪)由针杆和可滑动的圆盘组成,圆盘始终保持与针杆垂直,并在其上装有固定装置,圆盘直径不大于 30mm,以保证完全接触被测试件的表面。如果厚度测量仪不易插入被测材料中,也可使用其他适宜的方法测试。测试时,将测厚探针垂直插入防火涂层直至钢基材表面,记录标尺读数(图 7.23)。

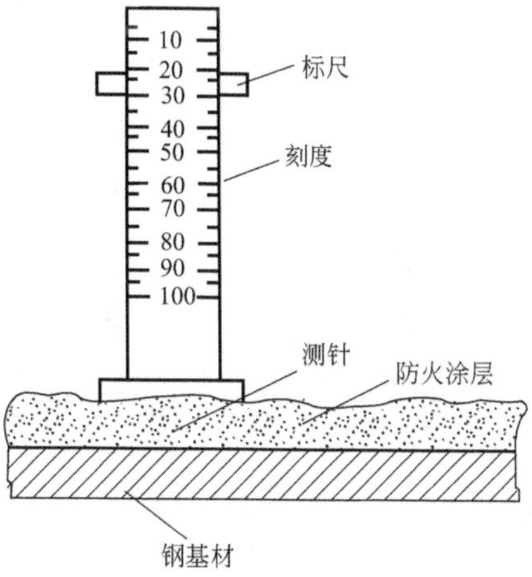

图 7.23　防火涂层厚度测试示意图

(4) 测点选定

楼板和防火墙的防火涂层厚度测定,可选两相邻纵、横轴线相交围成的面积为一个单元,在其对角线上,按每米长度选一点进行测试;全钢框架结构的梁和柱的防火涂层厚度测定,在构件长度内每隔 3m 取一截面,按图 7.24 所示位置测试;桁架结构上弦和下弦每隔 3m 取一截面检测,其他腹杆每根取一截面检测。

(5) 测量结果

对于楼板和墙面,在所选择的面积中,至少测出 5 个点,对于梁和柱在所选择的位置

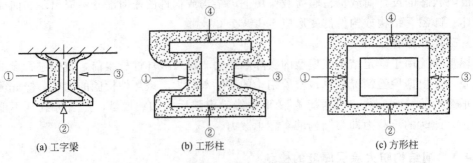

图 7.24 测点示意图

中，分别测出 6 个和 8 个点，分别计算出它们的平均值，精确到 0.5mm。

思 考 题

1. 混凝土结构检测包括哪些内容？
2. 如何进行混凝土结构裂缝的检测？
3. 混凝土强度检测方法有哪些？
4. 砌体结构检测包括哪些内容？
5. 简述钢结构外观质量的检测方法。
6. 简述超声波检测钢材和焊缝缺陷的工作原理及方法。

第8章 路基路面现场检测技术

路面是公路的重要组成部分，其使用性能直接影响道路为用户提供的舒适性、安全性和快捷性等服务水平，也影响道路本身的使用寿命。路基路面现场检测是指路基路面的原位测试，为在施工过程中进行质量管理与检查，施工竣工后的竣工验收及道路使用期的路况评定提供可靠数据，而且还可以为科学养护决策提供依据。本章分别介绍路基路面的质量控制参数、路面的使用性能两方面的检测。

8.1 路基路面质量控制参数现场检测

路基路面在施工中和竣工后，均需要进行质量控制和质量验收，主要涉及的控制参数有路基路面几何尺寸、压实度、结构层厚度、强度和模量（弯沉与回弹模量）、加州承载比CBR，水泥混凝土强度。

8.1.1 取样方法

路面取样一般采用路面取芯钻机或路面切割机在现场钻取或切割路面的代表试样，适用于对水泥混凝土面层、沥青混合料面层或水泥、石灰、粉煤灰等无机结合料稳定基层取样，以测定其密度或其他物理力学性质。

（1）主要仪器与器具

① 路面取芯钻机　有牵引式和车载式，钻机由发动机或电力驱动。钻头直径根据需要可选用 $\phi100mm$ 或 $\phi150mm$，有淋水冷却装置。

② 路面切割机　有手推式和牵引式，由发动机或电力驱动，也可利用汽车动力由液压泵驱动，含金刚石锯片和淋水冷却装置。

（2）取样步骤

在选取采样地点的路面上，先用粉笔对钻孔位置做出标记或画出切割路面的大致面积，面积根据目的和需要确定。用钻机在取样地点垂直对准路面放下钻头，牢固安放钻机，使其在运转过程中不得转动。开冷却水，启动电动机，徐徐压下钻杆，钻取芯样，但不得用蛮力下压钻头。采取的路面混合料试样应整层取样，试样不得破碎。将钻取的芯样或切割的试块，妥善盛放于盛样器中，并封装好。在样品上贴上标签，方便找寻和记录备查。对钻孔或被切割的路面坑洞，应采用同类型材料填补压实。

8.1.2 几何尺寸的测试

路基路面的几何尺寸，即宽度、纵断面高程、横坡及中线偏位等是施工质量检查及竣工验收的规定项目。所用的仪器与器具有钢卷尺、经纬仪、精密水准仪、塔尺或全站仪。

（1）方法与步骤

① 准备工作

a. 在路基或路面上准确恢复桩号。

b. 按《公路路基路面现场测试规程》(JTG E60—2008) 中规定的方法，在一个检测路段内选取测定的断面位置及里程桩号，在测定断面上做好标记。通常将路面宽度、横坡、高程及中线平面偏位选取在同一断面位置，且宜在整数桩号上测定。

c. 根据道路设计的要求，确定路基路面各部分的设计宽度的边界位置，并用粉笔做好记号；确定设计高程的纵断面位置，并用粉笔做好记号；在与中线垂直的横断面上确定成型后路面的实际中心线位置。

d. 根据道路设计的路拱形状，确定曲线与直线部分的交界位置及路面与路肩的交界处，作为横坡检验的基准；当有路缘石或中央分隔带时，以两侧路缘石边缘为横坡测定的基准点，并用粉笔做好记号。

② 路基路面各部分宽度及总宽度的测试　用钢尺沿中心线垂直方向水平（测量时钢尺应保持水平，不得将尺紧贴路面，也不得使用皮尺）量取路基路面各部分的宽度，以米（m）表示。对高速公路及一级公路，准确至 0.005m；对其他等级公路，准确至 0.01m。

③ 纵断面高程测试　将精密水准仪架设在路面平顺处调平，将塔尺竖立在中线的测定位置上，以路线附近的水准点高程作为基准。测量并记录（简称测记）测定点的高程读数，以米（m）表示，准确至 0.001m。连续测定全部测点，并与水准点闭合。

④ 路面横坡测试

a. 设有中央分隔带的路面：将精密水准仪架设在路面平顺处调平，将塔尺分别竖立在路面与中央分隔带分界的路缘带边缘 d_1 及路面与路肩交界位置（或外侧路缘石边缘）d_2 处，d_1 与 d_2 两测点必须在同一横断面上，测量 d_1 与 d_2 处的高程，记录高程读数，以米（m）表示，准确至 0.001m。

b. 无中央分隔带的路面：将精密水准仪架设在路面平顺处调平，将塔尺分别竖立在路拱曲线与直线部分的交界位置 d_1 及路面与路肩的交界位置 d_2 处，d_1 与 d_2 两测点必须在同一横断面上，测量 d_1 与 d_2 处的高程，记录高程读数，以米（m）表示，准确至 0.001m。

c. 用钢尺测量两测点的水平距离，以米（m）表示。对高速及一级公路，准确至 0.005m；对其他等级公路，准确至 0.01m。

⑤ 中线偏位测试　对有中线坐标的道路，首先从设计资料查出待测点 P 的设计坐标，用经纬仪对设计坐标进行放样，并在放样点 P' 做好标记，量取 PP' 的长度，即为中线平面偏位 Δ_{cl}，以毫米（mm）表示。对高速公路及一级公路，准确至 5mm；对其他等级公路，准确至 10mm。无中桩坐标的低等级道路：应首先恢复交点或转点，实测偏角和距离，然后采用链距法、切线支距法或偏角法等传统方法敷设道路中线的设计位置，量取设计位置与施工位置之间的距离，即为中线平面偏位 Δ_{cl}，以毫米（mm）表示，准确至 10mm。

（2）计算

① 按式(8.1)计算各个断面的实测宽度 B_{1i} 与设计宽度 B_{0i} 之差，总宽度为路基路面各部分宽度之和。

$$\Delta B_i = B_{1i} - B_{0i} \tag{8.1}$$

式中　B_{1i}——各断面的实测宽度，m；

　　　B_{0i}——各断面的设计宽度，m；

　　　ΔB_i——各断面的实测宽度和设计宽度的差值，m。

② 按式(8.2)计算各个断面的实测高程 H_{1i} 与设计高程 H_{0i} 之差。

$$\Delta H_i = H_{1i} - H_{0i} \tag{8.2}$$

式中　H_{1i}——各个断面的纵断面实测高程，m；

　　　H_{0i}——各个断面的纵断面设计高程，m；

ΔH_i——各个断面的纵断面实测高程和设计高程的差值，m。

③ 按式(8.3)计算各测定断面的路面横坡（%）。按式(8.4)计算实测横坡 i_{1i} 与设计横坡 i_{0i} 之差。

$$i_{1i} = \frac{d_{1i} - d_{2i}}{B_{1i}} \times 100\% \tag{8.3}$$

$$\Delta i_i = i_{1i} - i_{0i} \tag{8.4}$$

式中　i_{1i}——各测定断面的横坡；

d_{1i}，d_{2i}——各断面测点 d_1 与 d_2 处的高程读数，m；

B_{1i}——各断面测点 d_1 与 d_2 之间的水平距离，m；

i_{0i}——各断面的设计横坡；

Δi_i——各测定断面的横坡和设计横坡的差值。

④ 根据相关规范的规定计算一个评定路段内测定值的平均值、标准差、变异系数，计算测定值与设计值之差，按照数理统计原理计算一个评定路段内测定值的代表值。

8.1.3　路面厚度检测

路面结构的厚度是保证路面使用性能的基本条件，路面结构可靠度分析结果表明，路面厚度的变异性对路面结构的整体可靠度影响很大，要求路面结构厚度的变异性较小，一般情况下可用强度高的材料填充强度低的材料。同时，路面厚度的变化将导致路面受力不均匀，局部将可能有应力集中现象，加快路面结构的破坏。

（1）挖坑法

① 按有关规范规定和《公路路基路面现场测试规程》(JTG E60—2008) 选择挖坑检查的位置，如为旧路，该点有坑洞等显著缺陷或接缝时，可在其旁边检测，在被选地点选一块约 40cm×40cm 的平坦表面，用毛刷将其清扫干净。

② 根据材料坚硬程度，选择合适工具，开挖这一层材料，直至层位底面（开挖面积尽量缩小，边开挖边把材料铲出置于搪瓷盘中）。用毛刷将坑底清扫干净，确认为下一层的顶面。

③ 将钢板尺平放横跨于坑的两边，用另一把钢尺或卡尺等量具在坑的中部位置垂直伸至坑底，测量坑底至钢板尺的距离，即为检查层的厚度，以毫米（mm）计，准确至 1mm。

（2）钻芯法

① 按有关规范规定随机取样，决定钻孔检查的位置。

② 按规定的方法用路面取芯钻机钻孔，芯样的直径应符合规定的要求，钻孔深度必须达到层厚。

③ 仔细取出芯样，清除底面灰土，找出与下层的分界面。

④ 用钢板尺或卡尺沿圆周对称的十字方向四处量取表面至上下层界面的高度，取其平均值，即为该层的厚度，准确至 1mm。

（3）短脉冲雷达法

短脉冲雷达是目前国内外已普遍用于测试路面结构层厚度的一种无损测试设备。数据采集、传输、记录和数据处理分别由专门软件自动控制进行。适用于新建、改建路面工程质量验收和旧路加铺路面设计的厚度调查。雷达最大探测速度是由雷达系统的参数以及路面材料的电磁属性决定的。

由于地下介质具有不同的介电常数，造成各种介质具有不同的电导性，电导性的差异影响了电磁波的传播速度。按式(8.5)计算电磁波在介质中的传播速度，按式(8.6)计算面层厚度。

$$v=\frac{c}{\sqrt{\varepsilon_r}} \qquad (8.5)$$

式中　v——电磁波在介质中的传播速度，mm/ns；

　　　c——电磁波在空气中的传播速度，取 300mm/ns；

　　　ε_r——介质的相对介电常数。

$$T=\frac{\Delta t \times c}{2\sqrt{\varepsilon_r}} \qquad (8.6)$$

式中　T——面层厚度，mm；

　　　Δt——雷达波在路面面层中的双层走时，ns。

8.1.4　路基路面压实度检测

路基路面压实质量是道路工程施工质量管理最重要的内在指标之一，只有对路基、路面结构层进行充分压实，才能保证路基路面的强度、刚度及路面的平整度，延长路基路面的使用寿命。路基路面现场压实质量用压实度表示，对于路基土及路面基层，压实度是指工地实际达到的干密度与室内标准击实试验所得的最大干密度的比值；对沥青路面是指现场实际达到的密度与室内标准密度的比值。

（1）灌砂法

灌砂法是利用均匀颗粒的砂去置换试洞的体积，是当前最通用的方法。当集料的最大粒径小于 13.2mm，测定层厚度不超过 150mm 时，宜采用直径为 100mm 的小型灌砂筒测试；当集料的最大粒径等于或大于 13.2mm，但不大于 31.5mm，测定层的厚度不超过 200mm 时，应用直径为 150mm 的大型灌砂筒测试。

① 主要仪器与器具　灌砂筒和金属标定罐（图 8.1）、基板、玻璃板、试样盘、天平或台秤、含水率测定器具、铝盒、烘箱等、粒径为 0.30～0.60mm 清洁干燥的砂。

② 准备工作

a. 按现行试验方法对检测对象用同样材料进行击实试验，得到最大干密度 ρ_c 及最佳含水量。

b. 按规定选用适宜的灌砂筒。

c. 标定灌砂筒下部圆锥体内砂的质量。

d. 标定量砂的单位质量 γ_s，单位为 g/cm^3。

③ 试验方法与步骤

a. 随机选点并清扫干净，面积不得小于基板面积。

b. 将基板放在平坦表面上。当表面的粗糙度较大时，则将盛有量砂（质量为 m_5）的灌砂筒放在基板中间的圆孔上，将灌砂筒的开关打开，让砂流入基板的中孔内，直到储砂筒内的砂不再下流时关闭开关，取下灌砂筒，并称量筒内砂的质量（m_6），准确至 1g。

c. 沿基板中孔凿洞，并随时将凿松的材料取出装入塑料袋中，不使水分蒸发，称取全部取出材料的总质量为 m_w，准确至 1g。

d. 取有代表性的样品，放在铝盒或洁净的搪瓷盘中，测定其含水量 $\omega(\%)$，烘干后称其质量 m_d，准确至 1g。

e. 储砂筒内放满砂到要求质量 m_1，使灌砂筒的下口对准基板的中孔及试筒，打开灌砂筒的开关，让砂流入试坑内。直到储砂筒内的砂不在下流时，关闭开关。称量剩余砂的质量 m_4，准确至 1g。

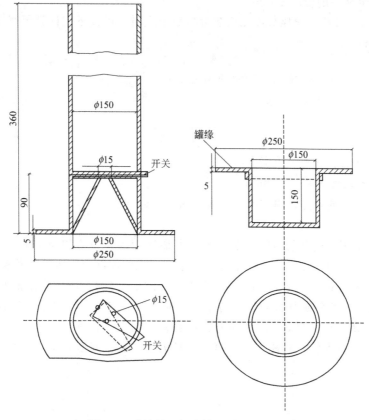

图 8.1　灌砂筒和标定罐（单位：mm）

f. 如清扫干净的平坦表面的粗糙度不大，也可省去上述ⓑ和ⓒ的操作。按上述步骤操作，并称量剩余砂的质量 m_4'，准确至 1g。

④ 结果计算

a. 按式(8.7)或式(8.8)计算填满试坑所用的砂的质量 m_b(g)。

灌砂时，试坑上放有基板：
$$m_b = m_1 - m_4 - (m_5 - m_6) \tag{8.7}$$

灌砂时，试坑上不放基板：
$$m_b = m_1 - (m_4' - m_2) \tag{8.8}$$

式中　m_b——填满试坑的砂的质量，g；

$\quad m_1$——灌砂前灌砂筒内砂的质量，g；

$\quad m_2$——灌砂筒下部圆锥体内砂的质量，g；

m_4, m_4'——灌砂后，灌砂筒剩余砂的质量，g；

$m_5 - m_6$——灌砂筒下部圆锥体内及基板和粗糙表面间砂的合计质量，g。

b. 按式(8.9)计算试坑材料的湿密度 ρ_w(g/cm³)：
$$\rho_w = \frac{m_w}{m_b} \times \rho_s \tag{8.9}$$

式中　m_w——试坑中取出的全部材料的质量，g；

$\quad \rho_s$——量砂的松方密度，g/cm³。

c. 按下式计算试坑材料的干密度 ρ_d(g/cm³)：
$$\rho_d = \frac{\rho_w}{1 + 0.01\omega} \tag{8.10}$$

式中　ω——试坑材料的含水率，%。

d. 当为水泥、石灰、粉煤灰等无机结合料稳定土时，可按下式计算干密度 ρ_d（g/cm³）：

$$\rho_d = \frac{m_d}{m_b} \times \rho_s \tag{8.11}$$

式中　m_d——试坑中取出的稳定土的烘干质量，g。

e. 按式（8.12）计算施工压实度：

$$K = \frac{\rho_d}{\rho_c} \times 100 \tag{8.12}$$

式中　K——测试地点的施工压实度，%；

　　　ρ_d——试样的干密度，g/cm³；

　　　ρ_c——由击实试验得到的试样的最大干密度，g/cm³。

（2）环刀法

环刀法是测量现场密度的传统方法。国内习惯采用的环刀容积通常为 200cm³，环刀高度通常为 5cm。用环刀法测得的密度是环刀内土样所在的深度范围内的平均密度。它不能代表整个碾压层的平均密度。因此，在用环刀法测定土的密度时，应使所得密度能代表整个压实层的平均密度。环刀法适用面较窄，对于含有粒料的稳定土及松散性材料不适用。主要仪器与器具：人工取土器（图 8.2）由环刀、环盖、定向筒和击实锤系统组成；电动取土器（图 8.3）由底座、行走轮、立柱、齿轮箱、升降机构、取芯头等组成；天平。

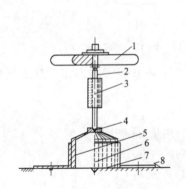

图 8.2　人工取土器

1—手柄；2—导杆；3—落锤；4—环盖；
5—环刀；6—定向筒；7—定向筒
齿钉；8—试验地面

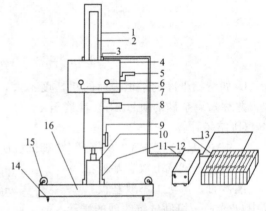

图 8.3　电动取土器

1—立柱；2—升降轴；3—电源输入；4—直流电动机；
5—升降手柄；6,7—电源指示；8—锁紧手柄；
9—升降手轮；10—取芯头；11—立柱套；
12—调速器；13—蓄电池；14—定位销；
15—行走轮；16—底座平台

① 试验方法与步骤

a. 用人工取土器测定黏性土及无机结合料稳定细粒土密度。

b. 用人工取土器测定砂性土或砂层密度。

c. 用电动取土器测定无机结合料细粒土和硬塑土密度。

② 试验结果计算　按式（8.13）、式（8.14）分别计算试样的湿密度及干密度：

$$\rho = \frac{4(m_1 - m_2)}{\pi d^2 h} \tag{8.13}$$

$$\rho_d = \rho/(1+0.01\omega) \tag{8.14}$$

式中　ρ——试样的湿密度，g/cm³；

ρ_d——试样的干密度，g/cm³；

m_1——环刀或取芯套筒与试样的合计质量，g；

m_2——环刀或取芯套筒的质量，g；

d——环刀或取芯套筒的直径，mm；

h——环刀或取芯套筒的高度，mm；

ω——试样的含水率，%。

按式(8.12)计算施工压实度。

(3) 核子密度湿度仪法

该法是利用放射性元素（通常是 γ 射线或中子射线）测量土或路面材料的密度和含水量。由于受测定层温度及多种环境因素的影响，其测值的波动性较大。主要仪器与器具有核子密度湿度仪、细砂、天平或台秤、毛刷等。

① 准备工作　用于测定沥青混合料面层压实度或硬化水泥混凝土等难以打孔材料的密度时，在表面用散射法测定，所测定沥青面层的厚度应不大于根据仪器性能决定的最大厚度。用于测定土基或基层材料的压实度及含水率时，打洞后用直接投射法测定，测定层的厚度不宜大于 30cm。

a. 每天使用前应用标准计数块测定仪器的标准值。

b. 进行沥青混合料压实层密度测定前，应用核子仪法对钻孔取样的试件进行标定。测定其他材料密度时，宜对照挖坑灌砂法的结果进行标定。

c. 测试位置的选择。按照随机取样的方法确定测试位置，但距路面边缘或其他物体的最小距离不得小于 30cm，核子仪距其他射线源不得小于 10m。当用散射法测定，应用细砂填平测试位置路表结构凹凸不平的空隙，使路表面平整，能与仪器紧密接触；当使用直接投射法测定时，应在表面上用钻杆打孔，孔深略深于要求测定的深度，孔应竖直圆滑，并稍大于射线源探头。按照规定的时间，预热仪器。

② 测定步骤

a. 如用散射法测定，应按图 8.4 所示的方法将核子仪平稳地置于测试位置。

b. 如用直接透射法测定，应按图 8.5 所示的方法将放射源棒插入已预先打好的孔内。

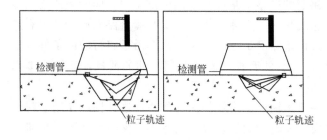

图 8.4　用散射法测定

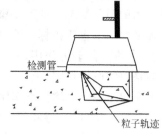

图 8.5　用直接透射法测定

c. 打开仪器，测试员退至距仪器 2m 以外，按照选定的测定时间进行测量。到达测定时间后，读取显示的各项数值，并迅速关机。

③ 计算　按式(8.14)和式(8.12)计算施工干密度及压实度。

(4) 钻芯法

　　沥青路面是松散的沥青混合料在规定的温度和碾压条件下形成的结构层。沥青混合料面层的施工压实度是指按规定方法测得的混合料试样的毛体积密度与标准密度之比，以百分数表示。压实度的好坏决定了沥青混合料的物理力学性质和沥青路面使用的耐久性。对沥青混合料，国内外均以钻芯取样测定作为标准试验方法。主要仪器与器具有路面取芯钻机、天平、水槽、吊篮等。

　　① 方法与步骤　钻取芯样、测定试件密度。

　　② 试验结果计算

　　a. 当沥青混合料的标准密度采用马歇尔击实试件成型密度或试验路段钻孔取样密度时，沥青面层的压实度按式(8.15)计算：

$$K = \frac{\rho_s}{\rho_0} \times 100 \tag{8.15}$$

式中　K——沥青面层某一测定部位的压实度，%；

　　　　ρ_s——沥青混合料芯样试件的实际密度，g/cm^3；

　　　　ρ_0——沥青混合料的标准密度，g/cm^3。

　　b. 由沥青混合料实测最大理论密度计算压实度时，应按式(8.16)计算，作为标准密度，再按式(8.15)计算压实度。

$$\rho_0 = \rho_t (100 - W)/100 \tag{8.16}$$

式中　ρ_t——沥青混合料实测最大理论密度，g/cm^3；

　　　　W——试样的空隙率，%。

　　c. 按《公路路基路面现场测试规程》(JTG E60—2008) 中的方法，计算一个评定路段检测的压实度平均值、标准差、变异系数，并计算代表压实度。

8.2　路面使用性能检测

　　路面的使用性能，从不同侧面反映了路面状况对行车要求的满足或适应程度。路面的使用性能可分为五个方面：功能性能、结构性能、结构承载力、安全性和外观。

8.2.1　平整度检测

　　路面的功能性能即路面的平整度。路面的平整度是以规定的标准量规，间断地或连续地量测路表面的凹凸情况，即不平整度，它既是一个整体性指标，又是衡量路面质量及现有路面破坏程度的一个重要指标。除可以用来评定路面工程的质量，汽车沿道路行驶的条件（安全、舒适），汽车的动力作用，行驶速度，轮胎的磨损，燃料和润滑油的消耗，运输成本以外还影响路面的使用年限。

　　不平整的路表面会增大行车阻力，并使车辆产生附加的振动作用，这种振动作用会对路面施加冲击力，从而加剧路面和汽车的损坏和轮胎的磨损等。而且不平整的路面还会积滞雨水，加速路面的破坏，影响路面的使用年限。因此道路工作者必须对路面的平整度给予高度重视。

　　平整度的测量有两个目的：一是确定路面是否具有适应汽车行驶的舒适性；二是作为一个相关因素，用来判明路面结构中一层或几层的破坏情况。

　　路面的不平整性有纵向和横向两类，但这两种不平整性的形成原因基本是相同的。首先是由于施工原因引起的建筑不平整，其次是由于个别的或多数的结构层承载能力过低，特别是沥青面层中使用的混合料抗变形能力低，致使道路产生永久变形。

纵向不平整性主要表现为坑槽波浪。研究表明不平整所造成的纵向高低畸变，不同频率和不同振幅的跳动会使行驶在这种路面上的汽车产生振荡，从而影响行车速度或乘客的舒适性。

横向不平整性主要表现为车辙和隆起，它除造成车辆跳动外，还妨碍行驶时车道变换及雨水的排出，以致影响行车的安全和舒适。

由此可知，纵向和横向的不平整对车辆产生的影响虽有所不同，但它们都影响交通安全和不同程度地影响车辆及行驶舒适性。

目前国际上对路面的平整度测试方法大致有以下三种：一是 3m 直尺法；二是连续式平整度仪法；三是车载颠簸累积仪法。路面的不平整度的主要表示方法有：单位长度上的最大间隙；单位长度间的间隙累计值；单位长度内间隙超过某定值的个数；路面不平整的斜率；路面的纵断面；振动和加速度。

（1）3m 直尺测定法

依据《公路路基路面现场测试规程》（JTG E60—2008）规定，用 3m 直尺测定距离路表面的最大间隙表示路基路面的平整度，以毫米（mm）计。适用于测定压实成型的路面各层表面的平整度，也可用于路基表面成型后的施工平整度检测。

① 主要仪器与器具　3m 直尺、楔形塞尺、深度尺、皮尺或钢尺、粉笔等。

② 方法与步骤

a. 按有关规范规定选择测试路段。测试路段的测试地点选择：当为沥青路面施工过程中的质量控制时，测试地点应选在接缝处，以单杆测定评定；除高速公路以外，可用于其他等级公路路基路面工程质量检查验收或进行路况评定，每 200m 测 2 处，每处连续测量 10 尺。除特殊需要者外，应以行车道一侧车轮轮迹（距车道线 0.8～1.0m）作为连续测定的标准位置。对旧路已形成车辙的路面，应取车辙中间位置为测定位置，用粉笔在路面上做好标记。

b. 施工过程中检测时，按根据需要确定的方向，将 3m 直尺摆在测试地点的路面上。目测 3m 直尺底面与路面之间的间隙情况，确定最大间隙的位置。用有高度标线的塞尺塞进间隙处，量测其最大间隙的高度（mm）；或者用深度尺在最大间隙位置量测直尺上顶面距地面的深度，该深度减去尺高即为测试点的最大间隙的高度，准确至 0.2mm。施工结束后检测时，按规定，每处连续检测 10 尺，按上述步骤测记 10 个最大间隙。

c. 单杆检测路面的平整度计算，以 3m 直尺与路面的最大间隙为测定结果。连续测定 10 尺时，判断每个测定值是否合格，根据要求，按式（8.17）计算合格率，并计算 10 个最大间隙的平均值。

$$合格率＝合格尺数/总测尺数×100\% \tag{8.17}$$

（2）连续式平整度仪测定法

依据《公路路基路面现场测试规程》（JTG E60—2008）的规定，用连续式平整度仪量测路面的不平整度的标准差 σ，以表示路面的平整度，以毫米（mm）计。本方法适用于测定路表面的平整度，评定路面的施工质量和使用质量，但不适用于在已有较多坑槽、破损严重的路面上测定。主要仪器与器具有连续式平整度仪（图 8.6）、牵引车、皮尺或测绳。

按有关规范规定选择测试路段，当施工过程中需要质量检测时，测试地点根据需要确定。当为路面工程质量检查验收或进行路况评定需要质量检测时，通常以行车道一侧车轮轮

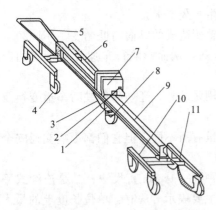

图 8.6 连续式平整度仪构造图

1—测量架；2—离合器；3—拉簧；4—脚轮；
5—牵引架；6—前架；7—记录计；8—测定
轮；9—纵梁；10—后架；11—软轴

迹作为连续测定的标准位置。清扫路面测定位置处的脏物。检查仪器，检测箱各部分应完好、灵敏，并将各连接线接妥，安装记录设备。

① 测试步骤

a. 将连续式平整度仪置于测试路段路面起点。

b. 在牵引汽车的后部，将连续式平整度仪与牵引汽车连接好，按照仪器使用手册依次完成各项操作。

c. 启动牵引汽车，沿道路纵向行驶，横向位置保持稳定。

d. 确认连续式平整度仪工作正常，牵引连续式平整度仪的速度应保持匀速，速度宜为 5km/h，最大不得超过 12km/h。

② 试验结果计算

a. 连续式平整度仪测定后，可按每 10cm 间距采集的位移值自动计算得到每 100m 计算区间的平整度标准差（mm），还可记录测试长度（m）。

b. 每个计算区间的路面平整度以该区间测定结果的标准差表示，按式（8.18）计算：

$$\sigma_i = \sqrt{\frac{\sum d_i^2 - (\sum d_i)^2 / N}{N-1}} \tag{8.18}$$

式中　σ_i——各计算区间的平整度计算值，mm；

d_i——以 100m 为一个计算区间，每隔一定距离（自动采集间距为 10cm，人工采集间距为 1.5m）采集的路面凹凸偏差位移值，mm；

N——计算区间用于计算标准差的测试数据个数。

计算一个评定路段内各区间的平整度标准差的平均值、标准差、变异系数。

（3）车载式颠簸累积仪测定法

依据《公路路基路面现场测试规程》(JTG E60—2008) 的规定，用车载式颠簸累积仪测量车辆在路面上通行时后轴与车厢之间的单向位移累积值 VBI，表示路面的平整度，以 cm/km 计。用于各类颠簸累积仪在新建、改建路面工程质量验收和无严重坑槽、车辙等病害的正常行车条件下连续采集路段平整度数据，以评定路面的施工质量和使用期的舒适性。

主要采用的车载式颠簸累积仪（图 8.7）由机械传感器、测试车、数据处理器及微型打印机组成，传感器固定安装在测试车的底板上。

测试车以一定的速度在路面上行驶，由于路面上凹凸不平，引起汽车的激振，通过机械传感器可测量后轴同车厢之间的单向位移累积值 VBI，以 cm/km 计。VBI 越大，说明路面平整性越差，人体乘坐汽车时越不舒适。

颠簸累积仪直接测试输出的颠簸累积值 VBI，要按照相关性标定试验得到相关关系式，并以 100m 为计算区间换算成国际平整度指数 IRI（以 m/km 计）。试验结果与 IRI 建立相关关系。

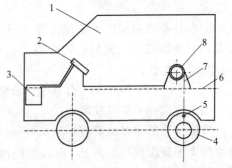

图 8.7 车载式颠簸累积仪安装示意图

1—测试车；2—数据处理器；3—电瓶；
4—后桥；5—挂钩；6—底板；
7—钢丝绳；8—机械传感器

国际平整度指数 IRI 是国际上公认的衡量路面行驶舒适性或路面行驶质量的指数,是一项标准化的平整度指标。建立 VBI 与 IRI 的相关关系时,可选择不同的测试速度进行标定试验。

8.2.2　路面破损状况现场检测

(1) 路面破损的分类

公路使用一段时间后,路面会出现各种各样的破损。破损程度可分轻微、中度、严重三种情况。公路路面一般分为刚性路面和柔性路面。

① 水泥混凝土路面破损分类

a. 断裂类破损:包括板角断裂、纵向裂缝、横向裂缝、断板等。

b. 接缝类破损:包括接缝材料损坏、接缝脱开、无接缝料、缝被砂石尘土填塞、边角剥落、错台(台阶)、拱起(翘曲)等。

c. 表面类破损:包括表面网状细裂缝、层状剥落、起皮、露骨、集料磨光、坑洞等。

d. 其他类破损:如板块沉陷等。

② 沥青混凝土路面破损分类

a. 裂缝类破损:包括龟裂、块裂及各类单根裂缝等。

b. 变形类破损:包括车辙、沉陷、拥包、波浪等。

c. 松散类破损:包括掉粒、松散、脱皮等引起的集料散失现象及坑槽等。

d. 其他类破损:包括泛油、磨光(抗滑性能差)及各类修补。

(2) 路面破损现场检测

① 水泥混凝土路面错台检测　依据《公路路基路面现场测试规程》(JTG E60—2008)的规定,本方法适用于测定水泥混凝土路面在人工构造物端部接头、水泥混凝土路面或桥梁的伸缩缝两侧由于沉降所造成的错台(台阶)高度,以评价路面行车舒适性能(跳车情况),并作为计算维修工作量的依据。测试采用主要仪器与器具有皮尺、水准仪、3m 直尺、钢板尺、钢卷尺、粉笔。

a. 方法与步骤。将精密水平仪架在距构造物端部不远的路面平顺处调平。

从构造物端部无沉降或鼓包的断面位置起,沿路线纵向用皮尺量取一定距离,作为测点,在该处立起塔尺,测量高程。再向前量取一定距离,作为测点,测量高程。如此重复,直至无明显沉降的断面为止。无特殊需要,从构造物端部起的 2m 内应每隔 0.2m 量测一次,2～5m 内宜每隔 0.5m 量测一次,5m 以上可每隔 1m 量测一次,由此得出沉降纵断面及最大沉降值,即最大错台高度,准确至 1mm。

测定由水泥混凝土路面或桥梁的伸缩缝或路面横向开裂造成的接缝错台、裂缝错台时,可按上述方法用水平仪测定接缝或裂缝两侧一定范围内的道路纵断面,确定最大错台的位置及高度,准确至 1mm。

当发生错台变形的范围不足 3m 时,可在错台最大位置沿路线纵向用 3m 直尺架在路面上,其一端位于错台高出的一侧,另一端位于无明显沉降变形处,作为基准线。用钢板尺或钢卷尺每隔 0.2m 量取路面与基准线之间高度,同时测记最大错台高度,准确至 1mm。

b. 试验结果计算。以测定的错台读数与各测点的距离绘成的纵断面图作为测定结果。图中应标明相应断面的设计纵断面高程,最大错台的位置与高度,准确至 0.001mm。

② 沥青混凝土路面车辙测试

a. 主要仪器与器具。

ⅰ．路面横断面仪（图 8.8），其长度不小于一个车道宽度，横梁上有一个位移传感器，可自动记录横断面形状，测试间距小于 20cm，测试精度为 1mm。

ⅱ．激光或超声波车辙仪：包括多点激光或超声波车辙仪、线激光车辙仪和线扫描激光车辙仪等类型，通过激光测距技术或激光成像和数字成像分析技术得到车道横断面相对高程数据，并按规定模式计算车辙深度。

ⅲ．路面横断面尺（图 8.9）：硬木或金属制直尺，刻度间距为 5cm，长度不小于一个车道宽度。顶面平直，最大弯曲不超过 1mm，两端有把手及高度为 10～20cm 的支脚，两支脚的高度相同。

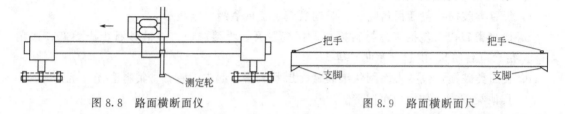

图 8.8　路面横断面仪　　　　　　　　　图 8.9　路面横断面尺

ⅳ．量尺：钢板尺、卡尺、塞尺，量程大于车辙深度，刻度至 1mm。

ⅴ．其他：皮尺、粉笔等。

b. 方法与步骤。

ⅰ．车辙测定的基准测量宽度应符合下列规定：对高速公路及一级公路，以发生车辙的一个车道两侧标线宽度中点到中点的距离为基准测量宽度。对二级及二级以下公路，有车道区画线时，以发生车辙的一个车道两侧标线宽度中点到中点的距离为基准测量宽度；无车道区画线时，以形成车辙部位的一个设计车道宽度作为基准测量宽度。

ⅱ．以一个评定路段为单位，用激光车辙仪连续检测时，测定断面间隔不大于 10m。用其他方法非连续测定时，在车道上每隔 50m 选一测定断面，用粉笔画上标记进行测定。

ⅲ．采用激光或超声波车辙仪的测试步骤。将检测车辆就位于测定区间起点前。启动并设定检测系统参数，启动车辙和距离测试装置，开动测试车沿车道轮迹位置且平行于车道线平稳行驶，测试系统自动记录每个横断面和距离数据。到达测定区间终点后，结束测定。

ⅳ．采用路面横断面仪的测试步骤。将路面横断面仪就位于测定断面上，方向与道路中心线垂直，两端支脚立于测定车道的两侧边缘，记录断面桩号。调整两端支脚高度，使其等高。移动横断面仪的测量器，从测定车道的一端移至另一端，记录断面形状。

ⅴ．采用路面横断面尺的测试步骤。将横断面尺就位于测定断面上，两端支脚置于测定车道两侧。沿横断面尺每隔 20cm 一点，用量尺垂直立于路面上，用目平视测记横断面尺顶面与路面之间的距离，准确至 1mm。如断面的最高处或最低处明显不在测定点上应加测该点距离。记录测定读数，绘出断面图，最后连接成圆滑的横断面曲线。横断面尺也可用线绳代替。当不需要测定横断面，仅需要测定最大车辙时，亦可用不带支脚的横断面尺架在路面上由目测确定最大车辙位置，用尺量取。

c. 计算。

ⅰ．根据断面线按图 8.10 所示的方法画出横断面图及顶面基准线。

ⅱ．在横断面图上确定车辙深度 D_1 及 D_2，读至 1mm，以其中最大值作为断面的最大车辙深度。

ⅲ．求取各测定断面最大车辙深度的平均值作为评定路段的平均车辙深度。

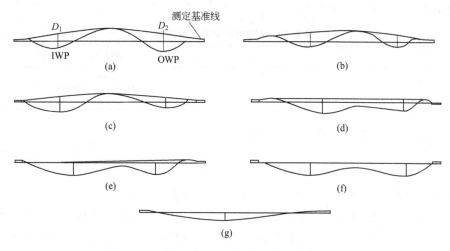

图 8.10　不同形状、不同程度的路面车辙示意图

IWP—内侧轮迹带；OWP—外侧轮迹带

8.2.3　承载能力检测

国内外普遍采用回弹弯沉值来表示路基路面的承载能力，回弹弯沉值越大，承载能力越小，反之则越大。通常提到的弯沉是指在规定的标准轴载作用下，路基或路面表面轮隙位置产生的总垂直变形（总弯沉）或垂直回弹变形值（回弹弯沉），以 0.01mm 为单位。

路表面在荷载作用下的弯沉值，可以反映路基、路面的综合承载能力。路面的结构破坏可以是由于过量的变形所造成的；也可能是由于某一结构层的断裂破坏所造成的。对于前者，采用最大弯沉值表征结构的承载能力较为合适；而对于后者，则采用路面在荷载作用下的弯沉盆曲率半径表征其能力更为合适。

目前弯沉值的测定一般采用非破损试验，方法有很多。用得最多的是贝克曼梁法，在我国已有成熟的经验。另外用得比较普遍的有法国洛克鲁瓦式自动弯沉仪，丹麦等国家发明的落锤式弯沉仪等，现将几种弯沉测试方法各自的特点做简单比较，见表 8.1。

表 8.1　几种弯沉测试方法比较

方　法	特　点
贝克曼梁法	传统方法,速度慢,静态测试,比较成熟,目前属于标准方法
自动弯沉仪法	利用贝克曼梁原理快速连续,属于静态测试范畴,但测定的是总弯沉,因此使用时应用贝克曼梁进行标定换算
落锤式弯沉仪法	利用重锤自由落下的瞬间产生的冲击荷载测定弯沉,属于动态弯沉,并能反算路面的回弹模量,快速连续,使用时应用贝克曼梁进行标定换算

（1）贝克曼梁法

适用于测定各类路基路面的回弹弯沉以评定其整体承载能力。沥青路面的弯沉检测以沥青面层平均温度 20℃时为准，当路面平均温度在（20±2）℃以内可不修正，在其他温度测试时，对沥青层厚度大于 5cm 的沥青路面，弯沉值应予温度修正。

① 主要仪器与器具　标准车：双轴，后轴双侧 4 轮的载重车。其主要参数应符合表 8.2 的要求。测试车应采用后轴 10t 标准轴载 BZZ-100 的汽车。路面弯沉仪：由贝克曼梁、百分表及表架组成。通常由铝合金制成，总长为 3.6m 和 5.4m 两种，杠杆比（前臂与后臂长度之比）一般为 2：1。要求刚度好、重量轻、精度高、灵敏度高和使用方便。还有接触式路

表温度计等。

表 8.2　弯沉测定用的标准车参数

标准轴载等级	BZZ-100
后轴标准轴载/kN	100±1
一侧双轮荷载/kN	50±0.5
轮胎充气压力/MPa	0.70±0.05
单压传压面当量圆直径/cm	21.30±0.5
轮隙宽度	应满足能自由插入弯沉仪测头的测试要求

②　方法与步骤　检查并保持测定用标准车的车况及制动性能良好，轮胎胎压符合规定充气压力。向汽车车槽中装载（铁块或集料），并用地中衡称量后轴总质量及单侧轮荷载，均应符合要求的轴重规定，汽车行驶及测定过程中，轴重不得变化。测定轮胎接地面积：在平整光滑的硬质路面上用千斤顶将汽车后轴顶起，在轮胎下方铺一张新的复写纸和一张方格纸，轻轻落下千斤顶，即在方格纸上印上轮胎印痕，用求积仪或数方格的方法测算轮胎接地面积，准确至 0.1cm²。检查弯沉仪百分表量测灵敏情况。当在沥青路面上测定时，用路表温度计测定试验时的气温及路表温度（一天中气温不断变化，应随时测定），并通过气象台了解前 5 天的平均气温（日最高气温与最低气温的平均值）。

③　测试步骤

a. 在测试路段布置测点，其距离随测试需要而定。测点应在路面行车车道的轮迹带上，并用白油漆或粉笔画上标记。将试验车后轮轮隙对准测点后约 3~5cm 处的位置。

b. 将弯沉仪插入汽车后轮之间的缝隙处，与汽车方向一致，梁臂不得碰到轮胎，弯沉仪测头置于测点上（轮隙中心前方 3~5cm 处），并安装百分表于弯沉仪的测定杆上，百分表调零，用手指轻轻叩打弯沉仪，检查百分表，应稳定回零。

弯沉仪可以是单侧测定，也可以是双侧同时测定。

c. 测定者吹哨发令指挥汽车缓缓前进，百分表随路面变形的增加而持续向前转动。当表针转动到最大值时，迅速读取初读数 L_1。汽车仍在继续前进，表针反向回转，待汽车驶出弯沉影响半径（约 3m 以上）后，吹口哨或挥动指挥红旗，汽车停止。待表针回转稳定后，再次读取终读数 L_2。汽车前进的速度宜为 5km/h 左右。

④　结果计算及修正

a. 弯沉仪的支点变形修正。当采用长度为 3.6m 的弯沉仪进行弯沉测定时，有可能引起弯沉仪支座处变形，在测定时应检验支点有无变形。如果有变形，此时应用另一台检测用的弯沉仪安装在测定用弯沉仪的后方，其测点架置于测定用弯沉仪的支点旁。当汽车开出时，同时测定两台弯沉仪的弯沉读数，如检验弯沉仪百分表有读数，即应该记录并进行支点变形修正。当在同一结构层上测定时，可在不同位置测定 5 次，求其平均值，以后每次测定时以此作为修正值。支点变形修正的原理如图 8.11 所示。

路面测点的回弹弯沉值按式（8.19）计算：

$$l_t = 2(L_1 - L_2) \tag{8.19}$$

式中　l_t——路面温度为 t 时的回弹弯沉值，0.01mm；

L_1——车轮中心临近弯沉仪测头时百分表的最大读数，0.01mm；

L_2——汽车驶出弯沉影响半径后百分表的终读数，0.01mm。

当需进行弯沉仪支点变形修正时，路面测点回弹弯沉值按式（8.20）计算。应注意，此

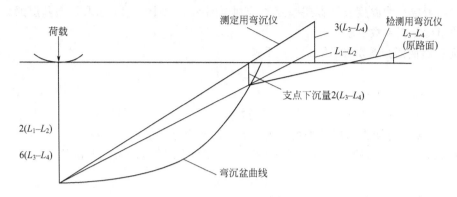

图 8.11　弯沉仪支点变形修正原理

式适用于测定用弯沉仪支座处有变形，但百分表架处路面已无变形的情况。

$$l_t = 2(L_1 - L_2) + 6(L_3 - L_4) \tag{8.20}$$

式中　L_1——车轮中心临近弯沉仪测头时测定用弯沉仪的最大读数，0.01mm；

　　　L_2——汽车驶出弯沉影响半径后测定用弯沉仪的终读数，0.01mm；

　　　L_3——车轮中心临近弯沉仪测头时检验用弯沉仪的最大读数，0.01mm；

　　　L_4——汽车驶出弯沉影响半径后检验用弯沉仪的终读数，0.01mm。

b. 沥青路面厚度大于 5cm 的沥青路面，回弹弯沉值应进行温度修正。

测定时的沥青层平均温度按式(8.21) 计算：

$$t = (t_{25} + t_m + t_e)/3 \tag{8.21}$$

式中　t——测定时沥青层平均温度，℃；

　　　t_{25}——根据 T_0 由图 8.12 确定的路表下 25mm 处的温度，℃；

　　　t_m——根据 T_0 由图 8.12 确定的沥青层中间处的温度，℃；

　　　t_e——根据 T_0 由图 8.12 确定的沥青层底面处的温度，℃。

图 8.12 中 T_0 为测定时路表温度与测定前 5 天日平均气温的平均值之和，日平均气温为日最高气温与最低气温的平均值。线上的数字表示路表下的不同深度。

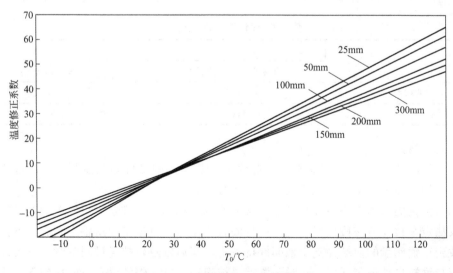

图 8.12　沥青层平均温度的决定

根据沥青层平均温度及沥青层厚度，分别由图 8.13 及图 8.14 求取不同基层的沥青路面弯沉值的温度修正系数 K。

c. 沥青路面回弹弯沉按式（8.22）计算：

$$l_{20} = l_t K \qquad (8.22)$$

式中　K——温度修正系数；

　　　l_{20}——换算为 20℃ 的沥青路面回弹弯沉值，0.01mm；

　　　l_t——测定时沥青面层的平均温度为 t 时的回弹弯沉值，0.01mm。

⑤ 结果评定　根据检测数据，按式（8.23）计算评定路段的代表弯沉值：

$$l_r = \bar{l} + Z_a S \qquad (8.23)$$

式中　l_r——一个评定路段的代表弯沉值，0.01mm；

　　　$\bar{l}$——一个评定路段内经各项修正后的各测点弯沉的平均值，0.01mm；

　　　S——一个评定路段内经各项修正后的全部测点弯沉的标准差，0.01mm；

　　　Z_a——保证率系数，当设计弯沉值按《公路沥青路面设计规范》（JTG D50）确定时，采用表 8.3 中的规定值。

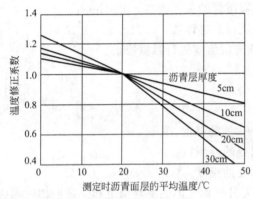

图 8.13　路面弯沉温度修正系数曲线
（适用于无机结合料稳定的半刚性基层）

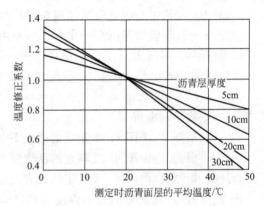

图 8.14　路面弯沉温度修正系数曲线
（适用于粒料基层及沥青稳定基层）

表 8.3　保证率系数 Z_a 的取值

层　位	Z_a	
	高速公路、一级公路	二级、三级公路
沥青层面	1.645	1.5
路基	2.0	1.645

（2）自动弯沉仪法

主要仪器与器具：Lacroix 型自动弯沉仪由承载车，测量机架及控制系统、位移、温度和距离传感器，数据采集与处理系统等基本部分组成。

自动弯沉仪的基本工作原理与贝克曼梁的原理是相同的，都是采用简单的杠杆原理。自动弯沉仪测定车载检测路段仪以一定速度行驶，将安装在测试车前后轴之间底盘下面的弯沉测定梁放到车辆底盘的前端并支于地面保持不动，当后轴双轮隙通过测头时，弯沉通过位移传感器等装置被自动记录下来，这时，测定梁被拖动，以 2 倍的汽车速度拖到下一测点，周而复始地向前连续测定。通过计算机可输出路段弯沉检测统计计算结果。

自动弯沉仪测定的是总弯沉，因而与贝克曼梁测定的回弹弯沉有所不同。可通过自动弯沉仪与贝克曼梁回弹弯沉对比试验，得到两者相关关系式，换算为回弹弯沉，用于路基、路面强度测定。关于自动弯沉仪测定路面弯沉试验方法可参见《公路路基路面现场测试规程》（JTG E60—2008）。

（3）落锤式弯沉仪法

弯沉技术的发展大致经历了静态弯沉量测、稳态弯沉量测和脉冲弯沉量测 3 个阶段。静态弯沉量测主要有贝克曼式弯沉仪、加利福尼亚移动式弯沉仪等。其中贝克曼梁弯沉仪应用最广，但固定不变的基准点很难得到，只能量测单点最大弯沉值，不能模拟汽车荷载实际情况，且测速慢、精度低。稳态弯沉量测存在自重静预载，对应力敏感的材料有一定的影响。脉冲动力弯沉仪量测的典型代表是落锤式弯沉仪（简称 FWD），目前来看，FWD 是较为理想的弯沉量测设备，它能较好地模拟汽车荷载的作用且可以进行分级加载，全过程数据计算机自动采集，速度快，精度高，尤其适合于大规模测试。弯沉盆由一组传感器测定，这使得无损评价多层路面结构成为可能。

FWD 测试时一般安装在挂车上，靠汽车拖引，由下述装置组成。

冲击荷载发生装置：由落锤和缓冲块组成。将落锤举至某一高度，让其自由下落，即产生冲击力，冲击力可由改变落锤重量或落距来定，荷重的大小还可由力传感器直接测得。

弯沉检验装置：信号检验装置即弯沉（挠度）传感器，是一种速度计（地震检波器）或差动变压器式位移计（LVDT）。自中心开始，沿道路纵向隔开一定距离布设一组传感器，传感器总数不少于 7 个，建议布置在 0～250cm 范围以内，必须包括 0cm、30cm、60cm、90cm 四点，其他根据需要及设备性能决定。

计算控制装置：能在冲击荷载作用的瞬间，记录冲击荷载及各个传感器所在位置测点的动态变形。

8.2.4　路面抗滑性能检测

路面抗滑性能是指车辆轮胎受到制动时沿表面滑移所产生的力。通常，抗滑性能被看做路面的表面特性，并用轮胎与路面间的摩阻系数来表示。路面的抗滑能力直接影响高速行驶车辆的安全性，为了保证路面在湿润状态下也能提供足够的摩阻力，必须对路面的抗滑性能进行检测。路面的抗滑性能常用的测试方法有制动距离法、摆式仪法、摩擦系数测定法以及测试构造深度法。

评价指标主要有横向力系数 SFC、摆式仪摆值 BPN 和构造深度 TD。为了保证检测数据的精度、检测过程的安全以及减少对交通的干扰，对高速公路沥青混凝土路面的抗滑性能宜采用以 SFC 为主、BPN 为辅的评价体系。

（1）构造深度的测定

路面表面的构造深度（TD）又称纹理深度，是表面粗糙度的重要指标，它与路表抗滑性能、排水、噪声等都有一定的关系。目前工程上最为基本也是最为常用的方法为手工铺砂法与 T0962 电动铺砂法。

① 手工铺砂法

a. 主要器具与材料。人工铺砂仪，由量砂筒（图 8.15）、推平板（图 8.16）组成。

b. 准备工作。量砂准备：取洁净的细砂，晾干过筛，取粒径为 0.15～0.3mm 的砂置于适当的容器中备用。量砂只能使用一次，不宜重复使用。

对测试路段按随机取样选点的方法，决定测点所在的横断面位置。测点应选在车道的轮迹带上，距路面边缘不应小于1m。

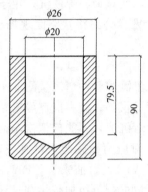

图 8.15 量砂筒

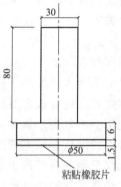

图 8.16 推平板

c. 测试步骤。

ⅰ. 用扫帚或毛刷子将测点附近的路面清扫干净，面积不小于 30cm×30cm。

ⅱ. 用小铲装砂，沿筒壁向筒中注满砂，手提圆筒上方，在硬质路面上轻轻地叩打 3 次，使砂密实，补足砂面用钢尺一次刮平（可直接用量砂筒装砂，以免影响量砂密度的均匀性）。

ⅲ. 将砂倒在路面上，用底面粘有橡胶片的平推板，由里向外重复做旋转摊铺运动，稍稍用力将砂尽可能地向外摊开，使砂填入凹凸不平的路表面的空隙中，尽可能将砂摊成圆形，并不得在表面留有浮动余砂。注意，摊铺时不可用力过大或向外摊挤。

ⅳ. 用钢板尺测量所构成圆的两个垂直方向的直径，取其平均值，准确至 5mm。

ⅴ. 按以上方法，同一处平行测定不少于 3 次，3 个测点均位于轮迹带上，测点间距 3～5m。对同一处，应该由同一个试验人员进行测定。该处的测定位置以中间测点的位置表示。

d. 计算。路面表面构造深度测定结果按式（8.24）计算：

$$TD = \frac{1000V}{\pi D^2/4} = \frac{31831}{D^2} \tag{8.24}$$

式中　TD——路面表面构造深度，mm；

　　　V——砂的体积，25cm³；

　　　D——摊平砂的平均直径，mm。

每处均取 3 次路面构造深度的测定结果的平均值作为试验结果，准确至 0.01mm。

按《公路路基路面现场测试规程》（JTG E60—2008）中的方法计算每个评定区间路面构造深度的平均值、标准差、变异系数。

② 电动铺砂法

a. 主要器具与材料。电动铺砂仪是利用可充电的直流电源将量砂通过砂漏铺设成宽度为 5cm，厚度均匀一致的器具（图 8.17）。足够数量的干燥洁净的均质砂，粒径为 0.15～0.3mm，容积为 50mL 的标准量筒、玻璃板、直尺、扫帚、毛刷等。

b. 准备工作（同手工铺砂法）。电动铺砂器标定（标定应在每次测定前进行，用同一种量砂，由承担测试的同一试验员进行标定。）

ⅰ. 将铺砂器平放在玻璃板上，将砂漏移至铺砂器端部。

ⅱ. 使灌砂漏斗口和量筒口大致齐平。通过漏斗向量筒中缓缓注入准备好的量砂至高出量筒成尖顶状，用直尺沿筒口一次刮平，其容积为 50mL。

ⅲ. 使漏斗口与铺砂器砂漏上口大致齐平。将砂通过漏斗均匀倒入砂漏，漏斗前后移动，使砂的表面大致齐平，但不得用任何其他工具刮动砂。

ⅳ. 开动电动机，使砂漏向另一端缓缓运动，量砂沿沙漏底部铺成图 8.18 所示的宽5cm 的带状，待砂全部漏完后停止。

ⅴ. 按图 8.18 依式(8.25)由 L_1 及 L_2 的平均值决定量砂的摊铺长度 L_0，准确至 1mm。

$$L_0 = (L_1 + L_2)/2 \tag{8.25}$$

ⅵ. 重复标定 3 次，取平均值决定 L_0，准确至 1mm。

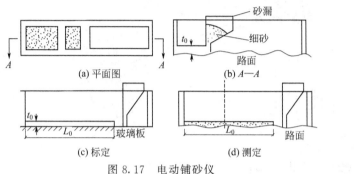

图 8.17　电动铺砂仪

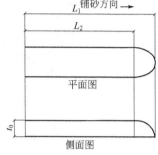

图 8.18　决定 L_0 的方法

c. 测试步骤。

ⅰ. 将测试地点用毛刷刷净，面积大于铺砂仪，将铺砂仪沿道路纵向平稳地放在路面上，将砂漏移至端部。

ⅱ. 按上述相同的步骤，在测试地点摊铺 50mL 量砂，按图 8.18 的方法量取摊铺长度 L_1 及 L_2，由式(8.26)计算 L，准确至 1mm。

$$L = (L_1 + L_2)/2 \tag{8.26}$$

ⅲ. 按以上方法，同一处平行测定不少于 3 次，3 个测点均位于轮迹带上，测点间距 3～5m。该处的测定位置以中间点的位置表示。

d. 按式(8.27)计算铺砂仪在玻璃板上摊铺的量砂厚度 t_0：

$$t_0 = \frac{V}{BL_0} \times 1000 = \frac{1000}{L_0} \tag{8.27}$$

式中　t_0——量砂在玻璃板上摊铺的标定厚度，mm；

　　　V——量砂体积，取 50mL；

　　　B——铺砂仪铺砂宽度，取 50mm。

按式(8.28)计算路面构造深度 TD：

$$TD = \frac{L_0 - L}{L} \times t_0 = \frac{L_0 - L}{L \times L_0} \times 1000 \tag{8.28}$$

每处均取 3 次路面构造深度的测定结果的平均值作为试验结果，准确至 0.1mm。

按此方法计算每个评定区间路面构造深度的平均值、标准差、变异系数。当平均值小于0.2mm 时，试验结果以＜0.2mm 表示。

(2) 路面抗滑值测定

① 摆式仪测定路面抗滑值试验方法　用摆式仪测定路面抗滑是用 BPN（即摆式仪的刻度）表示的，它通过测定沥青路面、标线或其他材料试件的抗滑值，用以评定路面或路面材料试件在潮湿状态下的抗滑能力。

a. 量测仪器与材料主要有摆式仪、橡胶片、标准量尺、洒水壶、橡胶刮板、路面温度计、喷水壶、硬毛刷、扫帚、记录表格等。

摆式仪（图8.19）的摆及摆的连接部分总质量为（1500±30）g，摆动中心至摆的重心距离为（410±5）mm，测定时摆在路面上滑动长度为（126±1）mm，摆上橡胶片端部距摆动中心的距离为510mm，橡胶片对路面的正向静压力为（22.2±0.5）N。

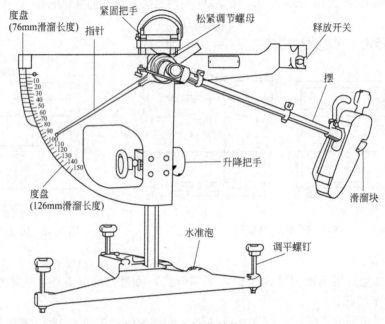

图8.19 摆式仪结构图

当用于测定路面抗滑值时，橡胶片的尺寸为6.35mm×25.4mm×76.2mm。橡胶物理性质应符合表8.4的要求。当橡胶片使用后，端部在长度方向上磨耗超过1.6mm或边缘在宽度方向上磨耗超过3.2mm，或有油类污染时，即应更换新橡胶片。新橡胶片应先在干燥路面上测试10次后再用于测试。橡胶片的有效使用期为12个月。

表8.4 橡胶物理性质技术要求

性质指标	温度/℃				
	0	10	20	30	40
弹性/%	43～49	58～65	66～73	71～77	74～79
硬度	55±5				

b. 准备工作。检查摆式仪的调零灵敏情况，并定期进行仪器的标定。选择测点，同手工铺砂法测构造深度选测点方法。

c. 测试步骤。

ⅰ. 清洁路面：用扫帚或其他工具将测点处的路面打扫干净。

ⅱ. 仪器调平：先将仪器置于路面测点上，并使摆的摆动方向与行车方向一致，然后转动底座上的调平螺钉，使水准泡居中。调零：允许误差为±1BPN。

ⅲ. 校核滑动长度，清扫路面表面，并用橡胶刮板清除摆动范围内路面上的松散材料。让摆自由悬挂，提起举升柄使其向左侧移动，然后放下举升柄使橡胶片下缘轻轻触底，紧靠橡胶片摆放滑动长度量尺，使量尺左端对准橡胶片下缘；再提起举升手柄使摆向右侧移动，然后放下举升手柄使橡胶片下缘轻轻触底，检查橡胶片下缘应与滑动长度量尺的右端齐平。若齐平，则说明橡胶片两次触地的距离（滑动长度）符合 126mm 的规定。校核滑动长度时，应以橡胶片长边刚刚接触路面为准，不可借摆的力量向前滑动，以免标定的滑动长度与实际不符。若不齐平，升高或降低摆或仪器底座的高度。微调时用旋转仪器底座上的调平螺钉调整仪器底座的高度的方法比较方便，但需要注意保持水准泡居中。

重复上述动作，直至滑动长度符合 126mm 的规定。将摆固定在右侧悬臂上，使摆处于水平释放位置，并把指针拨至右端与摆杆平行处。

ⅳ. 用水喷壶浇洒测点，使路面处于湿润状态。按下右侧悬臂上的释放开关，使摆在路面滑过。当摆杆回落时，用手接住，读数但不记录。然后使摆杆和指针重新置于水平释放位置。

ⅴ. 重复测定 5 次摆值（单点测定的 5 个值中最大值与最小值的差值不得大于 3，如差值大于 3，应检查产生的原因，并再次重复上述各项操作，至符合规定为止）。取 5 次测定的平均值作为单点的路面抗滑值（BPN_t），取整数。在测点位置用温度计测记潮湿路表温度，准确至 1℃。

ⅵ. 每个测点由 3 个单点组成，即需按以上方法在同一测定处平行测定 3 次，以 3 次测定结果的平均值作为该测点的代表值（精确到 1）。3 个单点均应位于轮迹带上，单点间距离为 3~5m。该测点的位置以中间单点的位置表示。

d. 抗滑值的温度修正。当路面温度为 t(℃) 时，测得的摆值为 BPN_t，必须按式(8.29)换算成标准温度 20℃ 的摆值 BPN_{20}。

$$BPN_{20} = BPN_t + \Delta BPN \tag{8.29}$$

式中　BPN_{20}——换算成标准温度 20℃ 时的摆值；

　　　BPN_t——路面温度为 t 时测得的摆值；

　　　ΔBPN——温度修正值，按表 8.5 采用。

表 8.5　温度修正值

温度/℃	0	5	10	15	20	25	30	35	40
温度修正值 ΔBPN	−6	−4	−3	−1	0	2	3	5	7

② 横向力系数测试系统测定路面摩擦系数试验方法

a. 测试系统构成。摩擦系数测定车 SCRIM 型由承载车辆、距离测试装置、横向力测试装置、供水装置和主控制系统组成（图 8.20）。

b. 测试要点。

ⅰ. 测试前对仪器设备进行标定、检查，保持测试车的规范性。

ⅱ. 输入所需的说明性数据，如测试日期、路段编号、里程桩号等。

ⅲ. 根据所需要确定采用连续或间断测定，以及每千米测定的长度。选择并设定"计算区间"，即输出一个测定数据的长度。标准的计算区间为 20m，根据要求也可选择为 5m 或 10m。

ⅳ. 标准车速为 50km/h，测试车行驶

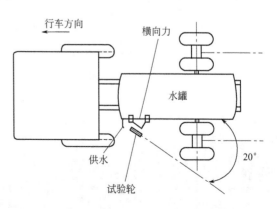

图 8.20　单轮车横向力系统测试系统构造示意图

过程中必须保持匀速。

Ⅴ. 进入测试段后，按开始键，开始测试。在显示器上监视测试运行变化情况，检查速度、距离有无反常波动，当需要标明特征（如桥位、路面变化等）时，操作功能键插入数据流中，整千米里程桩上也做相应的记录。

c. 数据整理。测定的摩擦系数数据存储在磁盘或磁带中，摩擦系数测定车 SCRIM 系统配有专门数据处理程序软件，可计算和打印出每个计算区间的摩擦系数值、行程距离、统计个数、平均值及标准差，同时还可打印出摩擦系数的变化图。根据要求将摩擦系数在 0～100 范围内分成若干个区间，作出各区间的路段长度占总测试里程百分比的统计表。

思 考 题

1. 常用测试路基路面平整度的方法有哪几种？各有什么特点？
2. 简述路面车辙的测试方法。
3. 简述贝克曼梁法测试路面回弹弯沉的方法和步骤。
4. 简述手工铺砂法的试验步骤。

第9章 地基及桩基础检测

建筑地基基础的检测是建筑结构可靠性鉴定的重要环节，其内容非常广泛，凡是影响建筑物可靠性的因素都可能成为检测的内容。本章将系统地介绍地基承载力检测、桩基静载试验和桩基动力检测。

9.1 地基承载力检测

9.1.1 地基土的载荷试验

地基土的载荷试验是确定岩土承载能力的主要方法，载荷试验主要包括浅层平板载荷试验和深层平板载荷试验。浅层平板载荷试验适用于浅层地基土层的承压板下应力主要影响范围内的承载力。深层平板载荷试验可适用于确定深层地基土层及大直径桩桩端土层在承压板下应力主要影响范围内的承载力。静载试验实际上是一种与建筑物基础工作条件相似，而且直接对天然埋藏条件下的土体进行的现场模拟试验。

（1）加载装置与量测仪器

图9.1(a) 所示的装置用油压千斤顶加载，是目前常用的静载试验设备。油压千斤顶的反力由堆放在钢梁上的重物来承担。一次堆足重物，再用千斤顶逐级加载。图9.1(b) 中油压千斤顶的反力由旋入土中的地锚来承担。千斤顶的加载通过钢梁或桁架或拉杆传给地锚。地锚的数量按每只地锚的锚固力来确定。

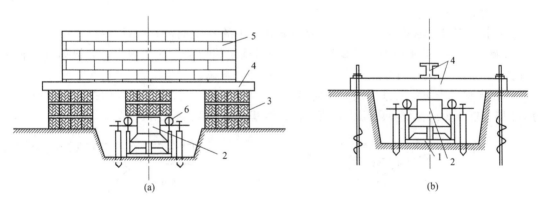

图9.1 两种常用的静载试验设计结构略图

1—承压板；2—千斤顶；3—木垛；4—钢梁；5—钢锭；6—百分表

载荷试验承压板一般用刚性的方形板或圆形板，其面积为0.25m² 或0.5m²，目前工程上常用的是0.707m×0.707m 和0.50m×0.50m。对于均质密实的土如 Q_3 老黏性土，也可用面积为0.1m² 的承压板。对于饱和软土层，考虑到在承压板边缘的塑性变形影响，承压板的面积不应小于0.5m²。试验标高处的坑底宽度不应小于承压板直径（或宽度）的3倍，尽可能减小坑底开挖和整平对土层的扰动，缩短开挖与试验的间隔时间。在试验开始前应保持土层的天然湿度和原状结构。当被试土层为软黏土或饱和松散砂土时，承压板周围应预留200～300mm 厚的原状土作为保护层。当试验标高低于地下水位时，应先将地下水位降低至试验标高以下，并在试坑底部铺设 50mm 厚的砂垫层，待水位恢复后进行试验。

承压板与土层接触处，一般应铺设厚度不超过 20mm 的中砂或粗砂层，以保证底板水平，并与土层均匀接触。对深层平板载荷试验的承压板应采用直径为 0.8m 的刚性板，紧靠承压板外侧的土层高度应不小于 80cm。

（2）现场试验

试验加载方法应采用分级维持荷载沉降相对稳定法（慢速法）。

浅层平板载荷试验加载分级不应少于 8 级。最大加载量不应小于设计要求的 2 倍。深层平板载荷试验加载等级可按预估极限承载力的 1/15～1/10 分级施加。每级加载后，第一个小时内按间隔 10min、10min、10min、15min、15min，以后为每隔 30min 测读一次沉降。当在连续 2h 内，每小时的沉降量小于 0.1mm 时，则认为已趋于稳定，可加下一级荷载。

试验点附近应有取土孔提供土工试验指标或其他原位测试资料，试验后，应在承压板中心向下开挖取土试验，并描述 2 倍承压板直径（或宽度）范围内土层的结构变化。

① 浅层平板载荷试验在试验工程中出现下列现象之一时，即可认为土体已达到极限状态，应终止试验：承压板周围的土体有明显侧向挤出，周边岩土出现明显的隆起或径向裂缝持续发展；本级荷载的沉降量大于前级荷载沉降量的 5 倍，荷载与沉降曲线出现明显陡降；在某级荷载下，24h 沉降速率不能达到相对稳定标准；总沉降量与承压板直径（或宽度）之比超过 0.06。

② 深层平板载荷试验在试验过程中出现下列现象之一时，即可认为土体已达到极限状态，应终止试验：沉降量 s 急剧增大，荷载-沉降（p-s）曲线上有可判定极限承载力的陡降段，且沉降量超过 $0.04d$（d 为承压板直径）；本级荷载的沉降量大于前级荷载沉降量的 5 倍；在某级荷载下 24h 沉降速率不能达到相对稳定标准；当持力层土层坚硬，沉降量很小时，最大加载量不小于设计要求的 2 倍。

（3）数据分析

静载试验的主要成果是 p-s 曲线及在一定压力下的 s-t（时间）关系曲线。

① 确定地基土的承载力 根据静载试验资料确定该地基土的承载力，应根据 p-s 曲线（或同时应用 s-t 曲线）的全部特征，按下列方法综合考虑。

a. 拐点法。当 p-s 关系曲线有较明显的直线段时，一般就用直线段的拐点所对应的压力 p_0（即临塑压力或比例界限压力）值，作为地基土的承载力特征值（图 9.2）。

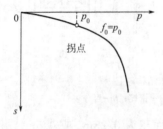

图 9.2 p-s 曲线拐点法

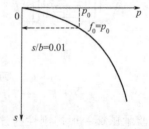

图 9.3 缓变型 p-s 曲线

在饱和软土地基中，p-s 曲线拐点往往不明显（图 9.3），此时，可利用 $\lg p$-$\lg s$ 曲线（图 9.4）和 p-$\Delta s/\Delta p$ 曲线（图 9.5），特别是在双对数纸上，$\lg p$-$\lg s$ 的线性关系很好，拐点很容易确定。

b. 相对沉降法。当 p-s 曲线无明显拐点时，还可以用相对沉降 s/b（b 为承压板边长或直径）来确定地基土的承载力特征值。我国《建筑地基基础设计规范》（GB 50007—2002）规定，当承压板面积为 $0.25 \sim 0.5 m^2$ 时，可取 $s/b = 0.010 \sim 0.015$ 所对应的荷载作为地基土的承载力特征值，但其值不应大于最大加载量的一半。

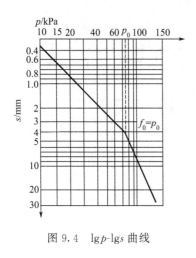

图 9.4　$\lg p$-$\lg s$ 曲线

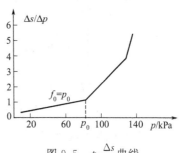

图 9.5　p-$\dfrac{\Delta s}{\Delta p}$ 曲线

c. 极限荷载法。当 p-s 曲线上第一拐点 p_0 出现后，土体很快达到破坏状态，即 p_0 与极限荷载 p_u 接近时，可用 p_u 除以安全系数 K 作为地基土承载力的特征值；也可取相对沉降 $s/b = 0.06$ 所对应的荷载作为极限荷载 p_u。安全系数 K 一般取 2。

在某些情况下，试验加载至土体呈破坏状态，p-s 曲线上既有 p_0，又有 p_u 时，地基土的承载力特征值还可以按下式确定：

$$f_{ak} \leqslant p_0 + \frac{p_u - p_0}{F} \tag{9.1}$$

式中　f_{ak}——地基土承载力特征值，kPa；

　　　F——经验系数，一般选用 $3 \sim 5$。

② 确定地基土的变形模量 E_0。一般取 p-s 曲线的直线段，用下式计算 E_0 值：

$$E_0 = (1 - \mu^2) \frac{\pi B}{4} \times \frac{\Delta p}{\Delta s} \tag{9.2}$$

式中　B——承压板直径，m，当为方形板时 $B = 2\sqrt{A/\pi}$；

　　　A——方形板面积，m^2；

　　$\Delta p / \Delta s$——曲线直线段的斜率，kPa/m；

　　　μ——地基土的泊松比，对于砂土和粉土，$\mu = 0.33$，对于可塑-硬塑黏性土，$\mu = 0.38$，对于软塑-流塑黏性土和淤泥质黏性土，$\mu = 0.41$。

当 p-s 曲线的直线段不明显时，可用前面介绍的确定地基土承载力的方法来确定地基承载力的基本值与相应的沉降量并代入式(9.2) 计算 E_0，但此时应与其他原位测试资料比较，综合考虑确定 E_0 值。

在应用静载试验资料确定地基土的承载力和变形模量时，必须注意：一是静载试验的受载面积比较小，加载后受影响的深度不会超过 2 倍承压板边长或直径，加载时间也比较短，不能通过静载试验提供建筑物的长期沉降资料；二是在沿海软黏土分布地区，地表往往有一层"硬壳层"，当用小尺寸的承压板时，常常受压范围还在地表"硬壳层"内，其下软弱土层还未受到承压板的影响，对于实际建筑物的大尺寸基础，下部软弱土层对建筑物沉降起着主要影响（图 9.6）。因此，当地基压缩层范围内土层单一而且均匀时，可以直接在基础埋置标高处进行静载试验；如果地基压缩层范围内土层是成层变化的，或者是不均匀的，则要进行不同尺寸承压板或不同深度的静载试验。

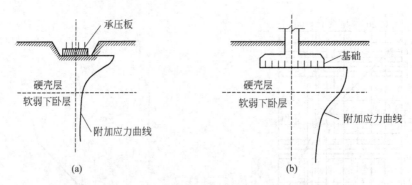

图 9.6 承压板与基础尺寸的差异对评价建筑物沉降的影响

9.1.2 复合地基静载试验

（1）加载装置

① 单桩复合地基载荷试验的承压板可用圆形或方形，面积为一根桩承担的处理面积；多桩复合地基载荷试验的承压板可用方形或矩形，其尺寸按实际桩数所承担的处理面积确定，桩的中心（或形心）应与承台板中心保持一致，并与荷载作用点重合。

② 承压板底高程应与基础底面设计高程相同，压板下宜设中粗砂找平层，垫层厚度取 $50\sim150\text{mm}$。试验标高处的试坑长度和宽度应不小于承压板尺寸的 3 倍，基准梁的支点应设在坑外。

（2）现场试验

① 加载等级可分为 $8\sim12$ 级，总加载量不宜少于设计要求值的 2 倍。

② 每加一级荷载，在加载前后应各读记压板沉降一次，以后每 0.5h 读记一次。当 1h 内沉降增量小于 0.1mm 时即可加下一级荷载；对饱和黏性土地基中的振冲桩或砂石桩，1h 内沉降增量小于 0.25mm 时即可加下一级荷载。

③ 终止加载条件。当出现下列现象时，可终止试验：沉降急剧增大、土被挤出或压板周围出现明显的裂缝；累计的沉降量大于承压板宽度或直径的 10%；总加载量已为设计要求值的 2 倍以上。

④ 卸载级数可为加载级数的一半，等量进行，每卸一级，间隔 0.5h，读记回弹量，待卸完全部荷载后间隔 3h 读记总回弹量。

（3）数据分析

复合地基承载力特征值按下述要求确定。

① 当 $p\text{-}s$ 曲线上有明显的比例极限时，可取该比例极限所对应的荷载。

② 当比例极限能确定，而其值又小于对应比例极限荷载值的 1.5 倍时，可取极限荷载的一半。

③ 按相对变形值确定。

a. 振冲桩和砂石桩复合地基：对以黏性土为主的地基，可取 s/b 或 $s/d=0.015$ 所对应的压力（s 为载荷试验承压板的沉降量，b 和 d 分别为压板的宽度和直径，当其值大于 2m 时，按 2m 计算）；对于粉土或砂土为主的地基，可取 s/b 或 $s/d=0.012$ 所对应的荷载。

b. 土挤密桩复合地基，可取 s/b 或 $s/d=0.010\sim0.015$ 所对应的荷载；对于灰土挤密桩复合地基，可取 s/b 或 $s/d=0.008$ 所对应的荷载。

　　c. 深层搅拌桩或旋喷桩复合地基，可取 s/b 或 $s/d=0.006$ 所对应的荷载。

　　d. 对水泥粉煤灰碎石桩或夯实水泥土桩复合地基，以卵石、圆砾、密实粗中砂为主的地基，可取 s/b 或 s/d 等于 0.008 所对应的压力；以黏性土、粉土为主的地基，可取 s/b 或 s/d 等于 0.010 所对应的压力。

　　试验点的数量不应少于 3 点，当满足其极差不超过平均值的 30% 时，可取其平均值作为复合地基承载力特征值。

9.2　桩基静载试验

　　桩基静载试验的主要目的是确定桩的承载力，即确定桩的允许荷载和极限荷载，查明桩基础强度的安全储备。桩基础静载试验分为竖向荷载试验与水平荷载试验。竖向荷载试验又分为静压试验和静拔试验。

9.2.1　单桩静压试验

（1）加载装置与量测仪器

　　一般采用油压千斤顶加载，试验前应对千斤顶进行标定。千斤顶的反力装置可根据现场条件选用。单桩静压试验的加载方法主要有锚桩法和压重法。

　　锚桩法的反力装置主要由锚梁、横梁和油压千斤顶等组成（图 9.7）。用千斤顶逐级施加荷载，反力通过横梁、锚梁传递给已经施工完毕的桩基，用油压表或压力传感器量测荷载的大小，用百分表或位移计量测试桩的下沉量，以便进一步分析。锚桩一般采用 4 根，如入土较浅或土质较松散时刻增加至 6 根。锚桩与试桩的中心间距，当试桩直径（或边长）小于或等于 800mm 时，可为试桩直径（或边长）的 5 倍；当试桩直径大于 800mm 时，上述距离不得小于 4m。锚桩承载梁反力装置能提供的反力，应不小于预估最大荷载的 1.3～1.5 倍。

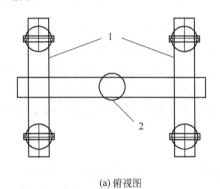
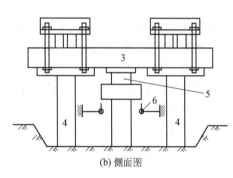

（a）俯视图　　　　　　　　　　　　　　　（b）侧面图

图 9.7　锚桩法反力装置

1—锚梁；2—试桩；3—横梁；4—锚桩；5—千斤顶；6—百分表

　　压重法，也称为堆载法，是在试桩的两侧设置枕木垛，上面放置型钢或钢轨，将足够重量的钢锭或铅块堆放其上作为压重，在型钢下面安放主梁，千斤顶则放在主梁和桩顶之间，通过千斤顶对试桩逐级施加荷载，同时用百分表或位移计量测试桩的下沉量（图 9.8）。由于这种加载方法临时工程量较大，多用于承载力较小的桩基静载试验。压重不得小于预估最大试验荷载的 1.2 倍，压重应在试验开始前一次加上。

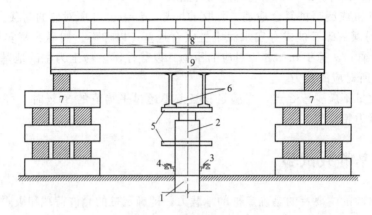

图 9.8　压重法反力装置

1—试桩；2—千斤顶；3—百分表；4—基准桩；5—钢板；6—主梁；
7—枕木；8—堆放的荷载；9—次梁

表 9.1　基准桩中心至试桩、锚桩中心（或压重平台支承边缘）的距离

反力系统	基准桩与试桩	基准桩与锚桩(或压重平台支承边缘)
锚桩法反力装置	$\geq 4d$	$\geq 4d$
压重法反力装置	$\geq 2.0\text{m}$	$\geq 2.0\text{m}$

注：当试桩直径 d（或边长）小于或等于 800mm 时，可为试桩直径（或边长）的 5 倍；当试桩直径大于 800mm 时，表中距离不得小于 4m。

表 9.2　测量装置的固定点与试桩、锚桩桩间的距离

锚桩数目	测量装置的固定点与试桩、锚桩间的最小距离/m	
	测量装置与试桩	测量装置与锚桩
4	2.4	1.6
6	1.7	1.0

　　测量仪表一般使用百分表、水平仪等。支承仪表的基准梁应有足够的刚度和稳定性。基准梁的一端在其支承桩上可以自由移动而不受温度影响引起上拱或下挠。基准桩应埋入地基表面以下一定深度，不受气候条件等影响，符合表 9.1 的规定。

　　试桩受力后，会引起周围的土体变形，为了能够准确地量测试桩的下沉量，测量装置的固定点，如基准桩，应与试桩、锚桩保持适当的距离，见表 9.2。

　　(2) 现场试验

　　① 试桩试验时间要求　对于砂性土地基的打入式预制桩，沉桩后距静载试验的时间间隔不得少于 7d（天）；对于黏性土地基的打入式预制桩，沉桩后距静载试验的时间间隔不得少于 14d；对于钻孔灌注桩要满足桩身混凝土养护时间，一般情况下不少于 28d。此外，试桩的桩顶应完好无损，桩顶露出地面的长度应满足试桩仪器设备安装的需要，一般不小于 600mm。

　　② 试桩的加载、卸载方法　加载应分级进行，采用逐级等量加载。分级荷载宜为最大加载量或预估极限承载力的 1/10，其中第 1 级可取分级荷载的 2 倍。卸载应分级进行，每级卸载量取加载时分级荷载的 2 倍，逐级等量卸载。加载、卸载时应使荷载传递均匀、连续、无冲击，每级荷载在持荷过程中的变化幅度不得超过分级荷载的 ±10%。

③ 试验步骤

a. 每级荷载施加后按第 5min、15min、30min、45min、60min 测读桩顶沉降量，以后每隔 30min 测读一次。

b. 试桩沉降相对稳定标准：每小时内桩顶沉降量不超过 0.1mm，并连续出现 2 次（从分级荷载施加后第 30min 开始，按 1.5h 连续 3 次每 30min 的沉降观测值计算）。

c. 当桩顶沉降速率达到相对稳定标准时，再施加下一级荷载。

d. 卸载时，每级荷载维持 1h，按第 15min、30min、60min 测读桩顶沉降量后，即可卸下一级荷载。卸载至零后，应测读桩顶残余沉降量，维持时间为 3h，测读时间为第 15min、30min，以后每隔 30min 测读 1 次。

④ 终止加载条件　当出现下列情况之一时，一般认为试桩已达破坏状态，所施加的荷载即为破坏荷载，试桩即可终止加载。

a. 试桩在某级荷载作用下的沉降量，大于前一级荷载沉降量的 5 倍。试桩桩顶的总沉降量超过 40mm。若桩长大于 40m，则控制的总沉降量可放宽，桩长每增加 10m，沉降量限值相应地增大 10mm。

b. 试桩在某级荷载作用下的沉降量大于前一级荷载沉降量的 2 倍，且经 24h 尚未达到相对稳定。

c. 已达到设计要求的最大加载量。

d. 当工程桩作锚桩时，锚桩上拔量已达到允许值。

e. 当荷载-沉降曲线呈缓变形时，可加载至桩顶总沉降量为 60～80mm；在特殊情况下，可根据具体要求加载至桩顶累计沉降量超过 80mm。

（3）数据分析

为了比较准确地确定试桩的极限承载力，要根据试验原始记录资料，作试桩曲线来分析。常用方法有以下几种。

① Q-s 曲线的转折点确定法　一般认为在极限荷载下，桩顶下沉量急剧增加，极限荷载就是 Q-s 曲线的转折点，即 Q-s 曲线在此点的切线斜率急剧增大，或从此点后的陡降直线段比较明显 [图 9.9(a)]。这种转折点称为拐点，由 Q-s 曲线直接寻求拐点，从而确定桩的极限荷载的方法称为拐点法，也称转折点确定法。该法为我国目前各规程首推的方法。

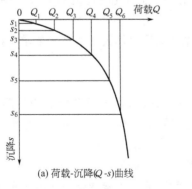
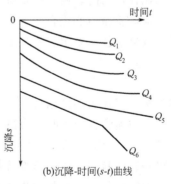

图 9.9　试桩曲线

使用拐点法时绘图所用比例尺寸大小及荷载级大小都会改变 Q-s 曲线的形状，影响极限荷载 Q 的选取，并存在一定人为因素的影响。为克服比例尺寸方面的影响，须有统一的规定，一般可取坐标轴总长 s : Q＝1 : 1 或 1 : 2。

有些时候，Q-s 曲线的转折点不够明显，此时极限荷载就难以确定，需借助其他方法辅助判断，例如绘制各级荷载作用下的沉降-时间（s-t）曲线 [图 9.9(b)]，或采用对数坐标绘制 lg$Q$-lg$s$ 曲线，可能会使转折点显得明确一些。

② 桩顶下沉量确定法　桩的极限荷载往往与桩顶下沉量有关，由规定的桩顶下沉量所对应的荷载作为桩的极限荷载，《建筑桩基检测技术规范》（JGJ 106—2003）规定：对于缓变形 Q-s 曲线，宜取 $s=40$mm 对应的荷载；当桩长大于 40m 时，宜考虑桩身弹性压缩量；对于直径大于或等于 800mm 的桩，可取 $s=0.05D$（D 为桩端直径）所对应的荷载。

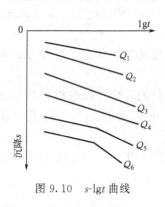

图 9.10　s-lg$t$ 曲线

③ 沉降速率法（s-lg$t$）　是按照沉降随时间变化的特征来确定极限荷载的，根据对以往大量试桩资料的分析，发现桩在破坏荷载之前的每级下沉量（s）与时间（t）的对数呈线性关系（图 9.10），可表示为

$$s=M\lg t \tag{9.3}$$

直线的斜率 M 在某种程度上反映了桩的沉降速率，斜率不是常数，它随着桩顶荷载增大而增大，斜率越大则桩的沉降速率越大。当桩顶荷载继续增大时，如发现绘制的 s-lg$t$ 曲线不是一条直线而是折线时，则说明该级荷载作用下桩的沉降速率骤增，标志着桩已破坏。因此，可将相应于 s-lg$t$ 线由直线变为折线的那一级荷载定为试桩的破坏荷载，其前一级荷载即为桩的极限荷载。

9.2.2　单桩静拔试验

单桩竖向抗拔静载试验是检测单桩竖向抗拔承载力最直观、可靠的方法。与抗压静载试验一样，抗拔试验也采用了国内外惯用的维持荷载法，并规定应采用慢速维持荷载法。

（1）加载装置与量测仪器

加载装置可采用由油压千斤顶、两根锚桩和承载梁组成的千斤顶反力装置。试桩和承载梁用拉杆连接，将千斤顶置于两根锚桩之上，顶推承载梁，引起试桩上拔，试桩与锚桩间中心距离可以按照静压试验中的有关规定确定。反力架系统应具有 1.2 倍的安全系数并符合下列规定：采用反力桩（或工程桩）提供制作反力时，反力桩顶面应平整并具有一定的强度；采用天然地基提供制作反力时，施加于地基的压应力不宜超过地基承载力特征值的 1.5 倍，反力梁的支点重心应与支座中心重合。

荷载测量及其仪器的技术要求、桩顶上拔量测量及其仪器的技术要求等按静压试验中的规定进行。

（2）现场试验

对混凝土灌注桩、有接头的预制桩，在拔桩试验前宜采用低应变法检测桩身的完整性，为设计提供依据。抗拔灌注桩施工时，应进行成孔质量检测，桩身中、下部位有明显扩径的桩不宜作为抗拔试验桩，对有接头的预制桩，应验算接头强度。

单桩竖向抗拔静载试验宜采用慢速维持荷载法，需要时，也可采用多循环加卸载方法。慢速维持荷载法的加卸载分级、试验方法及稳定标准应按静载试验中的规定进行，并仔细观察桩身混凝土开裂情况。当出现下列情况之一时，可终止加载：在某级荷载作用下，桩顶上拔量大于前一级荷载作用下上拔量的 5 倍；按桩顶上拔量控制，累计桩顶上拔量超过100mm；按钢筋抗拉强度控制，桩顶上拔荷载达到钢筋强度标准值的 0.9 倍；工程桩达到设计要求的最大上拔荷载值。

（3）数据分析

数据整理应绘制上拔荷载-桩顶上拔量（u-δ）关系曲线和桩顶上拔量-时间对数（δ-$\lg t$）关系曲线。

单桩竖向抗拔极限承载力按下列方法综合判定：根据上拔量随荷载变化的特征确定，对陡变型 u-δ 曲线，取陡升起始点对应的荷载值；根据上拔量随时间变化的特征确定，取 δ-$\lg t$ 曲线斜率明显变陡或曲线尾部明显弯曲的前一级荷载值；当在某级荷载下抗拔钢筋断裂时，取前一级荷载值。

9.2.3　单桩水平荷载试验

桩的水平承载力静载试验的目的主要是确定桩的水平承载力、桩侧地基土水平抗力系数的比例系数。

（1）加载装置与量测仪器

加载方法选用单向多循环加载法或慢速维持荷载法。

单桩的水平荷载试验装置（图 9.11）主要由垫板、导木、滚轴（钢管）和卧式千斤顶等组成，采用千斤顶而逐级施加荷载，反力直接传递给已经施工完毕的桩基，用油压表或力传感器量测荷载的大小，用百分表或位移计量测试桩的水平位移。应注意：反力装置的承载能力及其抗推刚度不应小于试桩，当采用顶推法加载时，反力装置与试桩之间的净间距不小于试桩直径的 5 倍；采用牵引法加载时，净间距不小于试桩直径的 10 倍，且不小于 6m。另外，基准点应设置在试桩及反力装置影响的范围以外，其与试桩的净距一般不小于试桩直径的 5 倍，当设置在与加载轴线垂直方向或与试桩位移相反方向时，间距可适当减小，但不宜小于 2m。

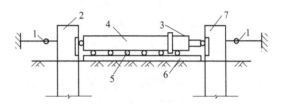

图 9.11　单桩水平荷载试验装置

1—百分表；2—桩；3—千斤顶；4—导木；
5—钢管；6—垫板；7—试桩

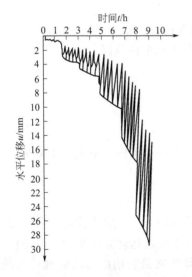

图 9.12　水平静载试验
位移-时间曲线

（2）现场试验

单向多循环加载法的反击荷载应小于预估水平极限承载力或最大试验荷载的 1/10。每级荷载施加以后，恒载 4min 后可测读水平位移，然后卸载至零，停 2min 测读残余水平位移，至此完成一个加卸载循环。循环 5 次，完成一级荷载的位移观测，试验不得中间停顿，直至试桩达到极限荷载为止。根据实测资料，绘制水平静载试验位移-时间（u-t）曲线（图 9.12）。

当出现下列情况之一时，可终止加载：桩身折断；水平位移超过 30～40mm（软土取 40mm）；水平位移达到设计要求的水平位移允许值。

（3）数据分析

① 检测数据整理的一般要求

a. 采用单向多循环加载法时应绘制水平力-时间-作用点位移（H-t-Y_0）关系曲线和水平力-位移梯度（H-

$\Delta Y_0 / \Delta H$）关系曲线。

b. 采用慢速维持荷载法时应绘制水平力-力作用点位移（H-Y_0）关系曲线、水平力-位移梯度（H-$\Delta Y_0 / \Delta H$）关系曲线、力作用点位移-时间对数（Y_0-$\lg t$）关系曲线和水平力-力作用点位移双对数（$\lg H$-$\lg Y_0$）关系曲线。

c. 绘制水平力、水平力作用点水平位移与地基土水平抗力系数的比例系数的关系曲线（H-m，Y_0-m）。

当桩顶自由且水平力作用位置位于地面处时，m 值可按下列公式确定：

$$m = \frac{(\nu_y H)^{\frac{5}{3}}}{b_0 Y_0^{\frac{5}{3}} (EI)^{\frac{2}{3}}} \tag{9.4}$$

$$\alpha = \left[\frac{m b_0}{EI} \right]^{\frac{1}{5}} \tag{9.5}$$

式中　m——地基土水平力抗力系数的比例系数，kN/m^4；

$\quad\alpha$——桩的水平变形系数，m^{-1}；

$\quad\nu_y$——桩顶水平位移系数，由式（9.5）试算 α，当 $\alpha h \geqslant 4.0$ 时（h 为桩的入土深度），$\nu_y = 2.441$；

$\quad H$——作用于地面的水平力，kN；

$\quad Y_0$——水平力作用点的水平位移，m；

$\quad EI$——桩基抗弯刚度，$kN \cdot m^2$；

$\quad E$——桩身材料弹性模量，kN/m^2；

$\quad I$——桩身换算截面惯性矩，m^4；

$\quad b_0$——桩身计算宽度，m，对于圆形桩，当桩径 $D \leqslant 1m$ 时，$b_0 = 0.9(1.5D + 0.5)$，当桩径 $D > 1m$ 时，$b_0 = 0.9(D + 1)$，对于矩形桩，当边宽 $B \leqslant 1m$ 时，$b_0 = 1.5B + 0.5$，当边宽 $B > 1m$ 时，$b_0 = B + 1$。

② 单桩的水平极限承载力确定方法

a. 取单向多循环加载法时的 H-t-Y_0 曲线产生明显陡降的前一级，或慢速维持荷载法时的 H-Y_0 曲线发生明显陡降的起始点对应的水平荷载值。

b. 取慢速维持荷载法时的 Y_0-$\lg t$ 曲线尾部出现明显弯曲的前一级水平荷载值。

c. 取 H-$\Delta Y_0 / \Delta H$ 曲线或 $\lg H$-$\lg Y_0$ 曲线上第二拐点对应的水平荷载值。

d. 取桩身或受拉钢筋屈服时的前一级水平荷载值。

9.3　桩基动力检测

根据桩基激振后桩土的相对位移或桩身所产生的应变量大小，国内所采用的动测法可分为低应变法和高应变法两大类。

9.3.1　低应变法

低应变法也称反射波法，主要用于桩身质量的检测。其原理是：当应力波在一根均匀的杆中传播时，其大小不会发生变化，波的传播方向与压缩波中质点运动方向相同，但与拉伸波中质点的运动方向相反。应力波反射法检验桩的结构完整性就是利用应力波的这种性质，当桩身某截面出现扩、缩颈或有夹泥截面等情况时，就会引起阻抗的变化，从而使一部分波产生反射并到达桩顶，由安装在桩顶的拾振器测试并记录，由此可以判断桩的完整性。

（1）量测仪器

反射波法检测的试验仪器主要是：加速度传感器、信号调整装置及记录仪。

检测仪器的主要技术性能指标应符合现行行业标准《建筑基桩检测技术规范》（JGJ 106—2003）的有关规定，且应具有信号显示、存储和处理分析功能。

瞬态激振设备应包括能激发宽脉冲和窄脉冲的力锤和锤垫；力锤可装有力传感器；稳态激振设备应包括激振力可调、扫频范围为 10～2000Hz 的电磁式稳态激振器。

测量传感器安装和激振操作应符合下列规定。

① 传感器安装应与桩顶面垂直；用耦合剂黏结时，应具有足够的黏结强度。

② 实心桩的激振点位置应选择在桩中心，测量传感器安装位置宜为距桩中心 2/3 半径处；空心桩的激振点与测量传感器安装位置宜在同一水平面上，且与桩中心连线形所成的夹角宜为 90°，激振点和测量传感器安装位置宜为桩壁厚的 1/2 处。

③ 激振点与测量传感器安装位置应避开钢筋笼的主筋影响。

④ 激振方向应沿桩轴线方向。

⑤ 瞬态激振应通过现场敲击试验，选择合适重量的激振力锤和锤垫，宜用宽脉冲获取桩底或桩身上部缺陷反射信号。

⑥ 稳态激振应在每一个设定频率下获得稳定响应信号，并应根据桩径、桩长及桩周土约束情况调整激振力的大小。

（2）现场试验

① 受检桩应符合下列规定。

a. 当采用低应变法或声波投射法检测时，受检桩混凝土强度至少达到设计强度的 70%，且不小于 15MPa。

b. 桩头的材质、强度、截面尺寸应与桩身基本等同。

c. 桩顶面应平整、密实并与桩轴线基本垂直。

② 测试参数设定应符合下列规定。

a. 时域信号记录的时间段长度应在 $2L/c$（L 为测点以下的桩长，c 为桩身波速）时刻后延续不少于 5ms；幅频信号分析的频率范围上限不应小于 2000Hz。

b. 设定桩长应为桩顶测点至桩底的施工桩长，设定桩身截面积应为施工截面积。

c. 桩身波速可根据本地区同类型桩的测试值初步设定。

d. 采样时间间隔或采样频率应根据桩长、桩身波速和频域分辨率合理选择；时域信号采样点数不宜少于 1024 点。

e. 传感器的设定值应按计量检定结果设定。

③ 信号采集和筛选应符合下列规定。

a. 根据桩径大小，桩心对称布置 2～4 个检测点；每个检测点记录的有效信号数不宜少于 3 个。

b. 检查判断实测信号是否反映桩身完整性特征。

c. 不同检测点及多次实测时域信号一致性较差，应分析原因，增加检测点数量。

d. 信号不应失真和产生零漂，信号幅值不应超过测量系统的量程。

（3）数据分析

对于桩身波速平均值的确定，当桩身已知、桩底反射信号明确时，在地质条件、设计桩型、成桩工艺相同的基桩中，选取不少于 5 根 I 类桩的桩身波速值按下式计算其平均值，然后根据表 9.3 判断桩身混凝土质量。

表 9.3 应力波波速与桩混凝土质量的关系

序号	桩身混凝土质量	应力波波速/(m/s)	序号	桩身混凝土质量	应力波波速/(m/s)
1	极差	<1920	4	良好	3300~4120
2	较差	1920~2750	5	优良	>4120
3	可疑	2750~3300			

$$c_{\mathrm{m}} = \frac{1}{n}\sum_{i=1}^{n} c_i \qquad (9.6)$$

$$c_i = 2L/\Delta T \qquad (9.7)$$

式中　c_{m}——波速，m/s；

　　　c_i——第 i 根受检桩的桩身波速值，m/s，$|c_i - c_{\mathrm{m}}|/c_{\mathrm{m}} \leqslant 5\%$；

　　　L——测点以下的桩长，m；

　　　ΔT——入射波与反射波之间的时间差，s；

　　　n——参加波速平均值计算的基桩数量（$n \geqslant 5$）。

当不能按上述方法确定时，波速平均值可根据本地区相同桩型及成桩工艺的其他桩基工程的实测值，结合桩身混凝土的骨料品种和强度等级综合确定。

① 桩身完整性检测的实测型信号曲线的分析　图 9.13～图 9.15 所示为典型的桩身完整性检测的实测信号曲线。由图 9.13(a) 可见，在 $2L/c$ 时间内完好桩无反射波；但由图 9.13(b) 所示的缺陷桩实测信号曲线可知，在 $2L/c$ 时间内存在反射波现象，这说明完好桩与有缺陷桩的波形有着明显的区别。

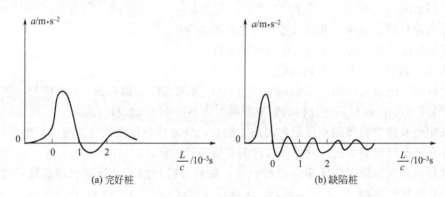

图 9.13　桩的实测信号曲线

图 9.14 所示为接桩的桩身完整性检测的实测信号曲线，图 9.14(a) 所示的曲线在桩中部略有反射波，说明接桩质量很好。图 9.14(b) 所示的曲线在桩的中部出现了很强的反射波，这种现象说明接桩的质量很差，在接触面之间有较大的空隙。图 9.15 所示为严重缺陷桩的实测信号曲线，桩身浅部使波形呈现低频大振幅衰减振动，无桩底反射波。

② 桩身缺陷位置计算

$$x = \frac{1}{2}\Delta t_{\mathrm{x}} c \qquad (9.8)$$

式中　x——桩身缺陷至传感器安装点的距离，m；

　　　Δt_{x}——速度波第一峰与缺陷反射波峰间的时间差，s；

　　　c——受检桩的桩身波速，m/s，无法确定时用 c_{m} 值替代。

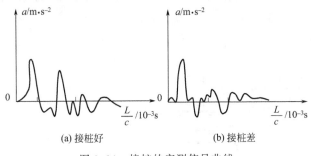

(a) 接桩好 (b) 接桩差

图 9.14 接桩的实测信号曲线

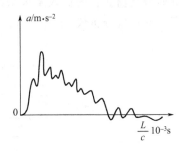

图 9.15 缺陷的实测信号曲线

桩身完整性分类应结合缺陷出现的深度、测试信号衰减特性以及设计桩型、成桩工艺、地质条件、施工情况。按表 9.4 的规定和表 9.5 所列实测时域或幅频信号特征进行综合分析判定。

表 9.4 桩身完整性分类表

桩身完整性分类	分 类 原 则
Ⅰ 类桩	桩身完整
Ⅱ 类桩	桩身有轻微缺陷,不会影响桩身结构承载力的正常发挥
Ⅲ 类桩	桩身有明显缺陷,对桩身结构承载力有影响
Ⅳ 类桩	桩身存在严重缺陷

表 9.5 桩身完整性判定表

类别	时域信号特征	幅频信号特征
Ⅰ	$2L/c$ 时刻前无缺陷反射波,有桩底反射波	桩底谐振峰排列基本等间距,其相邻频差 $\Delta f \approx c/(2L)$
Ⅱ	$2L/c$ 时刻前出现轻微缺陷反射波,有桩底反射波	桩底谐振峰排列基本等间距,其相邻频差 $\Delta f \approx c/(2L)$,轻微缺陷产生的谐振峰与桩底谐振峰之间的频差 $\Delta f' > c/(2L)$
Ⅲ	有明显反射波,其他特征介于 Ⅱ 类和 Ⅳ 类之间	
Ⅳ	$2L/c$ 时刻前出现严重缺陷反射波或周期性反射波,无桩底反射波; 或因桩身浅部严重缺陷使波形呈现低频大振幅衰减振动,无桩底反射波	缺陷谐振峰排列基本等间距,其相邻频差 $\Delta f' > c/(2L)$,无桩底谐振峰; 或因浅部严重缺陷只出现单一谐振峰,无桩底谐振峰

注:对同一场地、地质条件相近、桩型和成桩工艺相同的基桩,因桩端部分桩身阻力与持力层阻力相匹配导致实测信号无桩底反射波时,可按本场地同条件下有桩底反射波的其他桩实测信号判定桩身完整性类别。

9.3.2 高应变法

在应用高应变法测试桩的承载力时,采用重锤锤击贯入激振,使桩顶产生较大贯入度,或使桩身产生较大的应变,因此称为锤击贯入试验法。

(1) 测试装置与仪器

锤击贯入法测试装置主要由锤击装置、测量装置、记录仪等组成。锤击贯入试验装置如图 9.16 所示。高应变检测用重锤应材质均匀、形状对称、锤底平整,高径(宽)比不得小于 1,并采用铸铁或铸钢制作。当采取自由落锤安装加速度传感器的方式实测锤击力时,重锤应整体铸造,且高径(宽)比应在 1.0～1.5 范围内。进行高应变承载力检测时,锤的重力应大于预估单桩极限承载力的 1.0%～1.5%,混凝土桩的桩径大于 600mm 或桩长大于

30m 时取高值。桩的贯入度可采用精密水准仪等仪器测定。测量装置、记录仪等可直接采用高应变打桩分析仪。

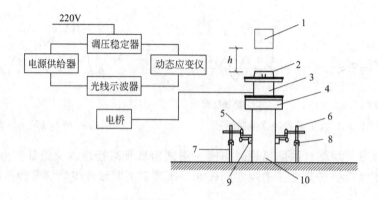

图 9.16 锤击贯入试验装置示意图
1—重锤；2—桩垫；3—力传感器；4—桩帽；5—百分表；6—表架；
7,8—基准桩；9—加速度传感仪；10—试桩

（2）现场试验

分级向桩顶施加锤击荷载，锤的落距按等差级数递增。每一落距锤击一次，每根试桩总锤击数控制在 10 击左右。一般从 100mm 开始，每次提高 100mm，直至 1m。第一次锤击，当落锤提高到 100mm 时，应进行仪器的调平标定，读出百分表读数，调整好仪器并打开记录仪后，再发出落锤信号。

记录每次锤击力 Q_d 及由其引起的桩顶贯入度。

当满足以下三个条件之一时即可终止试验：锤击力增加很少，而贯入度却继续增大或突然急剧增大；最大试验锤击力不小于设计要求的单桩承载力的 3 倍；每击贯入度 $e > 2mm$，且累计贯入度 $\Sigma e > 20mm$。

（3）数据分析

① Q_d-Σe 曲线分析　在初始阶段的几击中，随着落锤高度的增加，当 Q_d 大到某种程度时，e 的增加开始逐渐变快，亦即 $\Delta e/\Delta Q_d$ 的值逐渐变大，以至于到了锤击后期，很小的 Q_d 增量即可引起较大的 e 增量（图 9.17）。

取拐点 2 对应的 Q_d 值为试桩的 Q_{dj} 值（Q_{dj} 称为试桩的动极限荷载），对预制桩取 $\Sigma e = 6mm$ 对应的 Q_d 值为试桩的 Q_{dj} 值。

② 动静对比试验（Q_d-Σe 曲线与 Q_j-s 曲线）分析　锤击试验贯入试桩法 Q_d-Σe 曲线与静载试验的 Q_j-s 曲线非常相似（图 9.18）。同类型的桩在地质条件相似的条件下，试桩的动极限承载力 Q_{du} 与试桩的静极限承载力 Q_{ju} 数值之间具有线性关系，利用这种关系可以"动"求"静"。

③ 静极限承载力 Q_{ju}

$$Q_{ju} = Q_{du} C_{dj} / M_c \qquad (9.9)$$

式中　Q_{ju}——静极限承载力；

　　　Q_{du}——动极限承载力；

　　　C_{dj}——动、静极限承载力之比，一般应由动静对比试验确定，也可参照表 9.6 确定；

　　　M_c——安全保证系数，可参照表 9.6 取值。

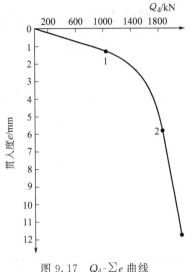

图 9.17　Q_d-$\sum e$ 曲线

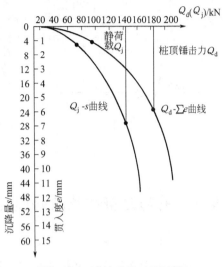

图 9.18　试桩动静对比试验

表 9.6　锤击贯入试桩及取值参考表

序号	试桩类型	试桩规格			地质条件			C_{dj}	M_c
		截面 /mm	入土深度 /mm	扩大头 直径/mm	桩周 土类	桩尖 土类	虚土厚 度/cm		
1	预制桩	250×250 300×300	8~8.5 8.5~9.5		亚黏土、轻亚黏土	中砂		1.25	1.15
2	钻孔贯入桩	ϕ400	6.0~10		黏性土、粉细砂	粉细砂、中粗砂	≥30	1.30	1.20
		ϕ300 ϕ300 ϕ400	3.6 6.8 3.6~6.8		中轻砂黏土、亚黏土、粉砂	砂黏土、黏砂土、粉细砂土	<30	2.00	1.00
3	扩底桩	ϕ350 ϕ400	3~3.5 3.5~5.5	ϕ1000	中轻砂黏土、砂黏土	轻重砂黏土、黏砂土	<30	1.35	1.20

④ Q_w-e 曲线（波动方程法）　事先根据波动方程法，通过计算得到试桩的 Q_w-e 曲线，然后根据试桩在各落距和 e 值时对应的 Q_w 值，再取其算术平均值。

⑤ 经验公式法　将实测的不同落距下的 Q_d 值和 e 值用下面的经验公式求得静极限承载力 Q_u：

$$Q_u = \eta \frac{Q_d}{1+e} \tag{9.10}$$

式中　Q_u——静极限承载力；

　　　η——贯入系数，支承在岩石或卵石上的预制桩取 1.1，其他桩取 1.0。

⑥ 打桩分析仪法　可直接给出按照 CASE 法（波动方程半径经验解析解法）确定的桩静极限承载力、结构完整性系数 β 和实测曲线的分析结果。根据随机取样的方法，抽检试桩不少于总数的 20%，打桩分析仪绘出速度及力随时间变化曲线，结合 β 值可直接判断缺陷部位。如图 9.19 所示，当 $\beta=1$，速度峰值与力峰值相吻合时为完好桩；当 $\beta<1$，且速度峰值高于力峰值，并在时间 $2L/c$ 之内速度曲线又出现一次反射，说明桩的上、下部均有缺陷，当在 $2L/c$ 之内速度曲线无反射时，说明桩下部完好，上部有缺陷；$\beta<0.6$ 时速度曲线出现多次反射，则桩有断裂面。

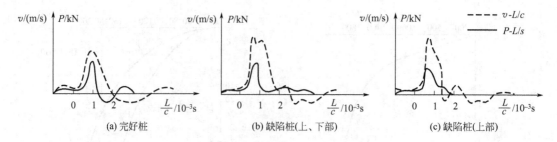

图 9.19　CASE 法试验成果曲线

9.4　桩基完整性及缺陷检测

9.4.1　声波透射法

在预埋声测管之间发射并接收声波，通过实测声波在混凝土介质中传播的声时、频率和波幅衰减等声学参数的相对变化，对桩身完整性进行检测的方法，称为声波透射法。

（1）测试装置与仪器

① 声波发射与接收换能器的要求

a. 声波发射器与接收换能器为圆柱状，径向振动，沿径向无指向性。

b. 外径小于声测管内径，有效工作面轴向长度不大于 150mm。

c. 谐振频率宜为 30～50kHz。

d. 水密性满足 1MPa 水压不渗水。

② 声波检测仪的要求

a. 具有实时显示和记录接收信号的时程曲线以及频率测量或频谱分析功能。

b. 声时测量分辨力优于或等于 0.5μs，声波幅值测量相对误差小于 5%，系统频带宽度为 1～200kHz，系统最大动态范围不小于 100dB。

c. 声波发射脉冲宜为阶跃或矩形脉冲，电压幅值为 200～1000V。

③ 声测管埋设要求

a. 声测管内径宜为 50～60mm。浇筑混凝土灌注桩时预埋在桩身位置。

b. 声测管应下端封闭、上端加盖、管内无异物；声测管连接处应光滑过渡，管口应高出桩顶 100mm 以上，且各声测管管口高度宜一致。应采取适宜方法固定声测管，使之成桩后相互平行。

c. 声测管埋设数量应符合下列要求：受检测桩桩身设计直径 $D \leqslant 800$mm 时，埋设 2 根管；800mm$<D \leqslant$2000mm 时，不少于 3 根管；$D>$2000mm 时，不少于 4 根管。

d. 声测管应沿桩截面外侧呈对称形状布置（图 9.20），按箭头方向顺时针旋转依次编号。

北

$D \leqslant 800$mm

800mm$<D \leqslant$2000mm

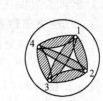

$D>$2000mm

图 9.20　声测管布置图

（2）现场试验

① 现场检测前准备工作应符合下列规定：采用标定法确定仪器系统拖延时间；计算声测管及耦合水层声时修正值；在桩顶测量相应声测管外壁间净距离；将各声测管内注满清水，检查声测管畅通情况；换能器应能在全程范围内升降顺畅。

② 现场检测步骤应复合下列规定：将发射与接收声波换能器通过深度标志分别置于两根声测管中的测点处；发射与接收声波换能器应以相同标高［图 9.21(a)］或保持固定高差［图 9.21(b)］同步升降，测点间距不宜大于 250mm；实时显示和记录接收信号的时程曲线，读取声时、首波峰值和周期值，宜同时显示频谱曲线及主频值；将多根声测管以 2 根为一个检测剖面进行全组合，分别对所有检测剖面完成检测；在桩身质量可疑的测点周围，应采用加密测点，或采用斜测［图 9.21(b)］、扇形扫测［图 9.21(c)］进行复测，进一步确定桩身缺陷的位置和范围；在同一根桩的各检测剖面的检测过程中，声波发射电压和仪器设置参数应保持不变。

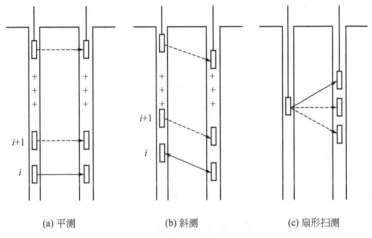

(a) 平测　　　　　(b) 斜测　　　　　(c) 扇形扫测

图 9.21　平测、斜测和扇形扫测示意图

（3）数据分析及判定

① 各测点的声时 t_c、声速 v、波幅 A_p 及主频 f 应根据现场检测数据，按下列各式计算，并绘制声速-深度（$v\text{-}z$）曲线和波幅-深度（$A_p\text{-}z$）曲线，需要时可绘制辅助的主频-深度（$f\text{-}z$）曲线：

$$t_{ci}=t_i-t_0-t' \tag{9.11}$$

$$v_i=\frac{l'}{t_{ci}} \tag{9.12}$$

$$A_{pi}=20\lg\frac{a_i}{a_0} \tag{9.13}$$

$$f_i=1000/T_i \tag{9.14}$$

式中　t_{ci}——第 i 测点声时，μs；

　　　t_i——第 i 测点声时测量值，μs；

　　　t_0——仪器系统延迟时间，μs；

　　　t'——声测管及耦合水层声时修正值，μs；

　　　l'——每检测剖面相应两声测管的外壁间净距离，mm；

　　　v_i——第 i 测点声速，km/s；

　　　A_{pi}——第 i 测点波幅值，dB；

a_i——第 i 测点信号首波峰值，V；

a_0——0dB 信号幅值，V；

f_i——第 i 测点信号主频值，也可由信号频谱的主频求得，kHz；

T_i——第 i 测点信号周期，μs。

② 声速临界值应按下列步骤计算。

a. 将同一检测剖面各测点的声速值 v_i 由大到小依次排序，即

$$v_1 \geqslant v_2 \geqslant \cdots \geqslant v_i \geqslant \cdots \geqslant v_{n-k} \geqslant \cdots \geqslant v_n \quad (k=0,1,2,\cdots) \tag{9.15}$$

式中　v_i——按序排列后的第 i 个声速测量值；

　　　n——检测剖面测点数；

　　　k——从零开始逐一去掉式(9.15) v_i 序列尾部最小数值的数据个数。

b. 对从零开始逐一去掉 v_i 序列中最小数值后余下的数据进行统计计算。当去掉最小数值的数据个数为 k 时，对包括 v_{n-k} 在内的余下数据 $v_1 \sim v_{n-k}$ 按下列公式进行统计计算：

$$v_0 = v_m - \lambda s_x \tag{9.16}$$

$$v_m = \frac{1}{n-k} \sum_{i=1}^{n-k} v_i \tag{9.17}$$

$$s_x = \sqrt{\frac{1}{n-k-1} \sum_{i-1}^{n-k} (v_i - v_m)^2} \tag{9.18}$$

式中　v_0——异常判断值；

　　　v_m——$n-k$ 个数据的平均值；

　　　s_x——$n-k$ 个数据的标准差；

　　　λ——由表9.7查得的与 $n-k$ 相对应的系数。

表9.7　统计数据个数 $n-k$ 与对应的 λ 值

$n-k$	20	22	24	26	28	30	32	34	36	38
λ	1.64	1.69	1.73	1.77	1.80	1.83	1.86	1.89	1.91	1.94
$n-k$	40	42	44	46	48	50	52	54	56	58
λ	1.96	1.98	2.00	2.02	2.04	2.05	2.07	2.09	2.10	2.11
$n-k$	60	62	64	66	68	70	72	74	76	78
λ	2.13	2.14	2.15	2.17	2.18	2.19	2.20	2.21	2.22	2.23
$n-k$	80	82	84	86	88	90	92	94	96	98
λ	2.24	2.25	2.26	2.27	2.28	2.29	2.29	2.30	2.31	2.32
$n-k$	100	105	110	115	120	125	130	135	140	145
λ	2.33	2.34	2.36	2.38	2.39	2.41	2.42	2.43	2.45	2.46
$n-k$	150	160	170	180	190	200	220	240	260	280
λ	2.47	2.50	2.52	2.54	2.56	2.58	2.61	2.64	2.67	2.69

c. 将 v_{n-k} 与异常判断值 v_0 进行比较，当 $v_{n-k} \leqslant v_0$ 时，v_{n-k} 及其以后的数据均为异常，去掉 v_{n-k} 及其以后的异常数据；再用数据 $v_1 \sim v_{n-k}$ 并重复式(9.16)～式(9.18) 的计算步骤，直到 v_i 序列中余下的全部数据满足：

$$v_i > v_0 \tag{9.19}$$

此时，v_0 为声速的异常判断临界值 v_c。

声速异常时的临界值判据为

$$v_i \leqslant v_c \tag{9.20}$$

当式(9.20)成立时,声速可判定为异常。

③ 当检测剖面 n 个测点的声速值普遍偏低且离散性很小时,宜采用声速低限值判据:

$$v_i \leqslant v_L \tag{9.21}$$

式中　v_i——第 i 测点声速,km/s;

　　　v_L——声速低限值,由预留同条件混凝土试件的抗压强度与声速对比试验结果,结合本地区实际经验确定,km/s。

当式(9.21)成立时,声速可判定为异常。

④ 波幅异常时的临界值判据应按下列公式计算:

$$A_m = \frac{1}{n} \sum_{i=1}^{n} A_{pi} \tag{9.22}$$

$$A_{pi} < A_m - 6 \tag{9.23}$$

式中　A_m——波幅平均值,dB;

　　　n——检测剖面测点数。

当式(9.23)成立时,波幅可判定为异常。

⑤ 当采用斜率法的 PSD 值(即判定的一个值)作为辅助异常点判据时,PSD 值应按下列公式计算:

$$\text{PSD} = K\Delta t \tag{9.24}$$

$$K = \frac{t_{ci} - t_{c,i-1}}{z_i - z_{i-1}} \tag{9.25}$$

$$\Delta t = t_{ci} - t_{c,i-1} \tag{9.26}$$

式中　t_{ci}——第 i 测点声时,μs;

　$t_{c,i-1}$——第 $i-1$ 测点声时,μs;

　　　z_i——第 i 测点深度,m;

　　z_{i-1}——第 $i-1$ 测点深度,m。

根据 PSD 值在某深度处的突变,结合波幅变化情况,进行异常点判定。

⑥ 当采用信号主频值作为辅助异常点判据时,主频-深度曲线上主频值明显降低可判定为异常。

⑦ 桩身完整性类别应结合桩身混凝土各声学参数临界值、PSD 判据、混凝土声速低限值以及桩身质量可疑点加密测试(包括斜测或扇形扫测)后确定的缺陷范围,按表9.8的特征进行综合判定。桩身完整性检测结果应根据表9.5进行评价。

表 9.8　声波投射法检测桩身完整性判定表

类　别	特　　征
Ⅰ	各检测剖面的声学参数均无异常,无声速低于低限值异常
Ⅱ	某一检测剖面个别测点的声学参数出现异常,无声速低于低限值异常
Ⅲ	某一检测剖面连续多个测点的声学参数出现异常; 两个或两个以上检测剖面在同一深度测点的声学参数出现异常; 局部混凝土声速出现低于低限值异常
Ⅳ	某一检测剖面连续多个测点的声学参数出现明显异常; 两个或两个以上检测剖面在同一深度测点的声学参数出现明显异常; 桩身混凝土声速出现普遍低于低限值异常,无法检测首波或声波接收信号严重畸变

9.4.2 钻芯法

用钻机钻取芯样以检测桩长、桩身缺陷、桩底沉渣厚度以及桩身混凝土强度、密实性和连续性，判定桩端岩土性状的方法称为钻芯法。

（1）测试设备

钻取芯样宜采取液压操纵的钻机。

（2）现场试验

每根受检桩的钻芯孔数和钻孔位置宜符合下列规定。

① 桩径小于1.2m的桩钻1个孔，桩径为1.2~1.6m的桩钻2个孔，桩径大于1.6m的桩钻3个孔。

② 当钻芯孔为1个时，宜在距桩中心10~15cm的位置开孔；当钻芯孔为2个或2个以上时，开孔位置宜在距桩中心（0.15~0.25）D内均匀对称布置。

③ 对桩端持力层的钻探，每根受检桩不应少于1个孔，且钻探深度应满足设计要求。

钻机设备安装必须周正、稳固、底座水平。钻机立轴中心、天轮中心（天车前沿切点）与孔口中心必须在同一铅垂线上。应确保钻机在钻芯过程中不发生倾斜、移位，钻芯孔垂直度偏差不大于0.5%。当桩顶面与钻机底座的距离较大时，应安装孔口管，孔口管应垂直且牢固。钻进过程中，钻孔内循环水流不得中断，应根据回水含砂量及颜色调整钻进速度。提钻卸取芯样时，应拧卸钻头和扩孔器，严禁敲打卸芯。每回次进尺宜控制在1.5m内；钻至桩底时，宜采取适宜的钻芯方法和工艺钻取沉渣并测定沉渣厚度，并采用适宜的方法对桩端持力层岩土性状进行鉴别。

钻取的芯样应由下而上按回次顺序放进芯样箱中，芯样侧面上应清晰标明回次数、块号、本回次总块数，并应及时记录钻进情况和钻进异常情况对芯样质量进行初步描述。

当单桩质量评价满足设计要求时，应采用0.5~1.0MPa压力，从钻芯孔孔底向上用水泥浆回灌封闭；否则应封存钻芯孔，留待处理。

（3）芯样试验

① 芯样的截取与加工 截取混凝土抗压芯样试件应符合下列规定：当桩长为10~30m时，每孔截取3组芯样，当桩长小于10m时，可取2组，当桩长大于30m时，不少于4组；上部芯样位置距桩顶设计标高不宜大于桩径或1m，下部芯样位置距桩底不宜大于桩径或1m，中间芯样宜等间距截取；缺陷位置能取样时，应截取一组芯样进行混凝土抗压试验；当同一基桩的钻芯孔数大于1个，其中某孔在某深度存在缺陷时，应在其他孔的该深度处截取芯样进行混凝土抗压试验。

当桩端持力层为中、微风化岩层且岩芯可制作成试件时，应在接近桩底部位截取一组岩石芯样；遇分层岩性时宜在各层取样。每组芯样应制作3个芯样抗压试件。

② 芯样试验 芯样试件制作完毕可立即进行抗压强度试验。混凝土芯样试件的抗压强度试验应按现行国家标准《普通混凝土力学性能试验方法标准》（GB/T 50081—2002）的有关规定执行。抗压强度试验后，当发现芯样试件平均直径小于2倍试件内混凝土粗骨料最大粒径，且强度值异常时，该试件的强度值不得参与统计平均。

混凝土芯样试件抗压强度应按式（9.27）计算：

$$f_{cu} = \xi \frac{4P}{\pi d^2} \tag{9.27}$$

式中 f_{cu}——混凝土芯样试件抗压强度，精确至0.1MPa；

P——芯样试件抗压试验测得的破坏荷载，N；

　　　　d——芯样试件的平均直径，mm；

　　　　ξ——混凝土芯样试件抗压强度折算系数，应考虑芯样尺寸效应，钻芯机械对芯样扰动和混凝土成型条件的影响，通过试验统计确定，当无试验统计资料时，宜取为1.0。

（4）数据分析及判定

　　混凝土芯样试件抗压强度代表值应按一组三块试件强度值的平均值确定。同一受检桩同一深度部位有两组或两组以上混凝土芯样试件抗压强度代表值时，取其平均值作为该桩该深度处混凝土芯样试件抗压强度代表值。对于受检桩中不同深度位置的混凝土芯样试件抗压强度代表值，以其中的最小值为该桩混凝土芯样试件抗压强度代表值。

　　成桩质量评价应按单桩进行。当出现下列情况之一时，应判定该受检桩不满足设计要求。

　　① 桩身完整性类别为Ⅳ类的桩。

　　② 受检桩混凝土芯样试件抗压强度代表值小于混凝土设计强度等级的桩。

　　③ 桩长、桩底沉渣厚度不满足设计或规范要求的桩。

　　④ 桩端持力层岩土性状（强度）或厚度未达到设计或规范要求的桩。

　　桩端持力层性状应根据芯样特征、岩石芯样单轴抗压强度试验、动力触探或标准贯入试验结果，综合判定桩端持力层岩土性状。桩身完整性类别应结合钻芯孔数、现场混凝土芯样特征、芯样单轴抗压强度试验结果，参考表9.9和表9.5进行综合判定。

表 9.9　钻心法检测桩身完整性判定表

类　　别	特　　征
Ⅰ	混凝土芯样连续、完整、表面光滑、胶结好、骨料分布均匀、呈长柱状、断口吻合,芯样侧面仅见少量气孔
Ⅱ	混凝土芯样连续、完整、胶结较好、骨料分布基本均匀、呈柱状、断口基本吻合,芯样侧面局部见蜂窝麻面、沟槽
Ⅲ	大部分混凝土芯样胶结较好,无松散,夹泥或分层现象,但有下列情况之一： 芯样局部破碎且破碎长度不大于10cm； 芯样骨料分布不均匀； 芯样多呈短柱状或块状； 芯样侧面蜂窝麻面、沟槽连续
Ⅳ	有下列情况之一： 钻进很困难； 芯样任一段松散、夹泥或分层； 芯样局部破碎且破碎长度大于10cm

思　考　题

1. 简述地基静载试验的基本原理和意义。
2. 地基静载试验有哪些基本技术要求？
3. 如何根据地基静载试验资料确定地基土承载力？
4. 单桩竖向静载试验的加载形式有哪些？
5. 如何检测桩身的完整性？
6. 简述常用的高应变法测桩承载力的基本原理。

参 考 文 献

[1] 湖南大学等三校. 建筑结构试验 [M]. 第 2 版. 北京：中国建筑工业出版社，1991.

[2] 王天稳. 土木工程结构试验 [M]. 武汉：武汉理工大学出版社，2003.

[3] 周明华. 土木工程结构试验与检测 [M]. 南京：东南大学出版社，2002.

[4] 马永欣，郑山锁. 结构试验 [M]. 北京：科学出版社，2001.

[5] 姚谦峰，陈平. 土木工程结构试验 [M]. 北京：中国建筑工业出版社，2001.

[6] 赵顺波，靳彩，赵瑜，李凤兰. 工程结构试验 [M]. 郑州：黄河水利出版社，2001.

[7] 李忠献. 工程结构试验理论与技术 [M]. 天津：天津大学出版社，2004.

[8] 姚振纲. 建筑结构试验 [M]. 上海：同济大学出版社，2002.

[9] 王娴明. 建筑结构试验 [M]. 北京：清华大学出版社，1987.

[10] 张亚非. 建筑结构检测 [M]. 武汉：武汉工业大学出版社，1995.

[11] 朱伯龙. 结构抗震试验 [M]. 北京：地震出版社，1989.

[12] 邱法维，钱稼茹，陈志鹏. 结构抗震试验方法 [M]. 北京：科学出版社，2000.

[13] 王济川，卜良桃. 建筑物的检测与抗震鉴定 [M]. 长沙：湖南大学出版社，2002.

[14] 周详，刘益虹. 工程结构检测 [M]. 北京：北京大学出版社，2007.

[15] 杨德建，王宁. 建筑结构试验（精编本）[M]. 武汉：武汉理工大学出版社，2006.

[16] 袁海军，姜红. 建筑结构检测鉴定与加固手册 [M]. 北京：中国建筑工业出版社，2003.

[17] 张立人. 建筑结构检测、鉴定与加固 [M]. 武汉：武汉理工大学出版社，2003.

[18] 刘明. 土木工程结构试验与检测 [M]. 北京：高等教育出版社，2008.

[19] 邱平. 建筑工程结构检测数据的处理 [M]. 北京：中国环境科学出版社，2002.

[20] 混凝土结构试验方法标准（GB 50152—92）[S]. 北京：中国建筑工业出版社，1992.

[21] 回弹法检测混凝土抗压强度技术规程（JGJ/T 23—2001）[S]. 北京：中国建筑工业出版社，2001.

[22] 超声回弹综合法检测混凝土强度技术规程（CECS 02：2005）[S]. 北京：中国计划出版社，2005.

[23] 钻芯法检测混凝土强度技术规程（CECS 03：2007）[S]. 北京：中国建筑工业出版社，2008.

[24] 后装拔出法检测混凝土强度技术规程（CECS 69：94）[S]. 北京：中国建筑工业出版社，1995.

[25] 超声法检测混凝土缺陷技术规程（CECS 21：2000）[S]. 北京：中国建筑工业出版社，2001.

[26] 砌体工程现场检测技术标准（GB/T 50315—2000）[S]. 北京：中国建筑工业出版社，2001.

[27] 混凝土结构设计规范（GB 50010—2002）[S]. 北京：中国建筑工业出版社，2002.

[28] 建筑抗震设计规范（GB 50011—2001）[S]. 北京：中国建筑工业出版社，2001.

[29] 钢结构检测评定及加固技术规程（YB 9257—1996）[S]. 北京：冶金工业出版社，1999.

[30] 周明华. 土木工程结构试验与检测 [M]. 南京：东南大学出版社，2002.

[31] 宋彧，张贵文. 建筑结构试验 [M]. 重庆：重庆大学出版社，2005.

[32] 公路路基路面现场测试规程（JTG E60—2008）[S]. 北京：中国建筑工业出版社，2008.

[33] 张超，郑南翔，王建设. 路基路面试验检测技术 [M]. 北京：人民交通出版社，2004.

[34] 建筑地基基础设计规范（GB 50007—2002）[S]. 北京：中国建筑工业出版社，2002.

[35] 建筑基桩检测技术规范（JGJ 106—2003）[S]. 北京：中国建筑工业出版社，2003.

[36] 建筑桩基技术规范（JGJ 94—2008）[S]. 北京：中国建筑工业出版社，2008.

[37] 公路桥涵设计通用规范（JTG D60—2004）[S]. 北京：人民交通出版社，2004.

[38] 公路钢筋混凝土及预应力混凝土桥涵设计规范（JTG D62—2004）[S]. 北京：人民交通出版社，2004.